特高压变电站运维一体化培训教材

国网浙江省电力公司检修分公司　组编

董建新　主编

TEGAOYA BIANDIANZHAN YUNWEI YITIHUA
PEIXUN JIAOCAI

中国电力出版社
CHINA ELECTRIC POWER PRESS

内 容 提 要

特高压变电站安全稳定运行，是保障特高压电网安全稳定运行的必要条件，但变电站运维人员传统的变电运行技能已不能完全满足特高压变电站设备运维管理的需求，需要在变电运维人员"运"的基本技能基础上，进一步提升运维人员设备"维"的能力，从而提升特高压变电站运维人员运维技能水平及工作效率。本书总结了国网浙江电力检修分公司交流特高压"运维一体化"模式运检管理经验，旨在通过总结特高压变电站典型运维一体项目实施方法、典型设备异常和故障分析处理方法等，提高运维人员的运维技能水平。

全书共四章，分别是概述、特高压运维一体化常规工作项目实例、运维一体化模式下的事故及异常处置案例、特高压变电站运维一体化仿真事故案例分析。

本书可供电力系统交流特高压运维、检修、建设从业人员实践参考及培训使用；可供各电力培训机构交流特高压电网课题教学使用。

图书在版编目（CIP）数据

特高压变电站运维一体化培训教材 / 董建新主编；国网浙江省电力公司检修分公司组编 . —北京：中国电力出版社，2019.3

ISBN 978-7-5198-2817-2

Ⅰ . ①特… Ⅱ . ①董… ②国… Ⅲ . ①特高压输电–变电所–电力工程–运营管理–技术培训–教材 Ⅳ . ①TM63

中国版本图书馆 CIP 数据核字（2018）第 300239 号

出版发行：中国电力出版社
地　　址：北京市东城区北京站西街 19 号（邮政编码 100005）
网　　址：http://www.cepp.sgcc.com.cn
责任编辑：邓慧都（010-63412636）
责任校对：黄　蓓　太兴华
装帧设计：张俊霞
责任印制：石　雷

印　　刷：北京瑞禾彩色印刷有限公司
版　　次：2019 年 3 月第一版
印　　次：2019 年 3 月北京第一次印刷
开　　本：787 毫米×1092 毫米　16 开本
印　　张：19.25
字　　数：458 千字
印　　数：0001—2000 册
定　　价：100.00 元

编 委 会

前　言

　　随着近年来特高压交流输电技术的快速发展，以及特高压工程项目的快速建设，目前，国内已有 25 座交流特高压变电站、44 回交流特高压输电线路在运。中国实现了电力跨流域调节和水、火电互济，减少备用和弃水电量，极大地发挥了特高压输变电工程输送容量大、输送距离远、线路损耗小、占地走廊少等优点，有效提升了我国长距离、大容量能源转移的能力。对于缓解能源运输压力、提高经济效益、提升能源利用效率、服务清洁能源、促进生态文明建设和转变经济发展方式、调整能源结构产生了深远的影响。

　　特高压变电站安全稳定运行，是保障特高压电网安全稳定运行的必要条件，但变电站运维人员传统的变电运行技能则不能完全满足特高压变电站设备运维管理的需求，需要在变电运维人员"运"的基本技能基础上，进一步提升运维人员对设备"维"的能力，从而提升特高压变电站运维人员运维技能水平及工作效率。为深化转型培养电网亟需的特高压复合型人才，国网浙江电力检修分公司持续深化交流特高压"运维一体化"模式，显著提升了交流特高压变电站运检管理水平及效率。本书总结了国网浙江电力检修分公司交流特高压"运维一体化"模式运检管理经验，旨在通过总结特高压变电站典型运维一体化项目实施方法、典型设备异常和故障分析处理方法等，提高运维人员的运维技能水平，全面提升运维人员驾驭特高压交流变电设备的能力，为保障特高压交流变电站的安全稳定运行做出更大的贡献。

　　本书共四章，第一章概述主要由张毅、夏石伟编写；第二章特高压运维一体化常规工作项目实例主要由马国鹏、姜涛、李显鹏、张东明、刘杰、郑文棋编写；第三章运维一体化模式下的事故及异常处置案例主要由吴展锋、徐庆峰编写；第四章特高压变电站运维一体化仿真事故案例分析主要由程兴民、刘世安、朱永昶编写。全书由袁东栋、唐超颖统稿，并由彭晨光进行最终补充和修编。本书可供电力系统交流特高压运维、检修、建设从业人员实践参考及培训使用，也可供各电力培训机构交流特高压电网课题教学使用。

　　由于时间仓促、水平有限，书中难免出现疏漏之处，恳请各位专家、读者批评指正。同时本书在编写过程中得到了多位上级领导专家的大力支持，国网浙江省电力有限公司培训中心为本书提供了大力帮助，本书引用了公开发表的国内外有关研究成果和各设备制造厂家公开发布的技术成果，在此特向有关专家和作者一并表示衷心的感谢！

编　者

2018 年 10 月

目　录

第一章

概　　述

第一节　特高压电网现状及特高压变电站简介

一、特高压电网现状

能源是经济社会发展的基本保障。随着全球资源紧张、气候变化问题日益加剧，资源和环境对能源发展的约束越来越强。如何以新一轮能源革命为契机，加快能源战略转型，保障能源安全、高效、清洁供应，是世界各国面临的共同挑战。

我国 76%的煤炭资源储藏在北部和西北部地区，80%的水能资源分布在西南地区，陆地风能主要集中在西北、东北和华北北部，而 70%以上的能源需求来自东中部地区，随着煤炭开发的重点逐步西移和北移，西北水电大规模、集约化开发利用，电力发展方式正在加快转变，由就地平衡发展模式转变为大电网联网供电模式。建设以特高压电网为骨干网架的坚强智能电网是解决能源和电力发展层次矛盾的治本之策，是满足各类大型能源基地和新能源大规模发展的迫切需要。特高压电网承担着西北、东北、蒙西、川西、西藏及境外电力输送至我国东中部负荷中心地区的重要职能。

电网的发展主要是更高电压等级输电网的发展，随着技术的不断进步，促进了更高电压等级的电网发展，以将更大容量的电力输送到更远距离的负荷中心。输电网电压等级一般分为高压、超高压和特高压。国际上，对于交流输电，高压（HV）通常指 35～220kV 电压等级，超高压（EHV）通常指330kV 及以上、1000kV 以下的电压等级，特高压（UHV）通常指 1000kV 及以上电压等级。对于直流输电，超高压（HVDC）通常指的是±500（±400）、±600kV 等电压等级，特高压通常指±800kV 及以上电压等级。

我国发展特高压输电旨在现有 500kV 交流和±500kV 直流电网之上，采用更高电压等级输电技术，形成以 1000kV 交流电网为骨干网架，特高压直流系统直接接入或分层接入1000kV/500kV 系统的特高压同步电网。目前，已经建成 1000kV 特高压交流和±800kV 特高压直流工程，正在建设±1100kV 直流输电工程，1000kV 已成为国际标称电压。

特高压电网具备超远距离、超大容量、低损耗的送电能力，建设特高压电网，促进大煤电、大水电、大核电、大规模可再生能源建设，推进资源集约开发和高效利用，缓解环境压力，节约土地资源，实现能源资源在全国乃至更大范围的优化配置，具有显著的经济效益和社会效益。

随着特高压输电等先进技术的全面推广应用，电网不仅是传统意义上的电能输送载体，还是功能强大的能源转换、高效配置和互动服务平台。通过这个平台，能够将煤炭、水能、风能、太阳能、核能、生物质能、潮汐能等一次能源转换为电能，实现多能互补、协调开发、合理利用；能够连接大型能源基地和负荷中心，实现电力远距离、大规模、高效率输送，在更大范围内优化能源配置；能够与互联网、物联网、智能移动终端等相互融合，服务智能家居、智能社区、智能交通、智慧城市发展，电网将成为我国未来的能源互联网平台。

在特高压电网发展的基础上，我国加速推进全球能源互联互通。在亚洲，形成由中国、东北亚、东南亚、中亚、南亚、西亚六大电网组成的联网格局。在非洲，推动埃塞俄比亚到肯尼亚、苏丹等跨国联网工程，促进中、东部非洲水电送出。

我国率先提出了全球能源互联网技术标准体系，涵盖智能电网、特高压及新型输电、清洁能源、电网互联等十多个技术领域。发布相关电力互联互通国际标准，主导全球能源互联网技术和装备发展。一个由中国主导、促进世界能源转型、加速推进能源基础设施建设的合作平台已初具规模。

二、特高压变电站简介

特高压电网为了实现电力输送，需要利用升压变压器将电压升高，再将电能进行远距离输送，在用电负荷所在地区，利用降压变压器降低电压，供给用户使用，因此，变电站成为特高压电网的重要环节。1000kV特高压交流变电站（简称特高压变电站）除了有一般变电站的共性外，由于电压等级高，还具有很多特殊性，要求其电气主接线的可靠性必须很高，因此其主接线方式多采用二分之三断路器接线方式。特高压变电站主要电气设备包括变压器、并联电抗器、组合电器、避雷器、电容式电压互感器以及低压无功补偿装置等。

1. 特高压变压器

特高压变压器大部分采用单相、油浸、无励磁调压自耦变压器，由主体变压器和调压补偿变压器两部分构成，其中主体变压器为单相、油浸式自耦变压器，采用单相五柱式或四柱式铁芯，高中低压绕组多柱并联结构。调压补偿变压器由调压变压器和补偿变压器构成。补偿变压器中补偿绕组的设置有效地保证了变磁通调压时，不同分接头下低压绕组电压的稳定；无励磁分接开关放置在调压变压器油箱内。主变压器与调压补偿补偿变压器通过油—空气套管在外部进行连接。此外，部分特高压变压器采用有载调压方式，内部结构相对更加复杂。

2. 特高压并联电抗器

并联电抗器分为容量固定（非可控）的线性电抗器和容量可变化的可控电抗器两种。特高压并联电抗器大部分为固定式电抗器，多采用双芯柱带两旁轭铁芯式结构，绕组采用先并联后串联的连接形式，采用此种方式漏磁相对较小，在同样的运输高度下，可以选择更大的绝缘尺寸，绕组高度增加，绝缘强度和可靠性更高。

3. 特高压组合电器

综合考虑特高压设备绝缘水平、集约利用土地资源等因素，特高压开关类设备多采用气体绝缘金属封闭组合电器（GIS）或混合气体绝缘金属封闭组合电器（HGIS）形式。

组合电器内部包含各类电气元件，并充以规定密度的 SF_6 气体，在构造上主要包括载流部件或内部导体、绝缘结构、外壳、操动系统、气体系统、接地系统、辅助回路和辅助构件等。其组成部分按功能可分为断路器、隔离开关、接地开关、电压互感器、电流互感器等，它们在结构上相互依托，有机地构成一个整体，以完成特高压系统正常运行的任务。

（1）断路器。断路器是高压开关设备中最主要、最复杂的一种器件，它既能关合、承载、开断运行回路的正常电流，又能关合、承载、开断规定的故障电流。特高压断路器除完成一般高压断路器的任务外，还加装了合闸电阻，以降低开断（关合）时的操作过电压。特高压断路器在设计上有双断口串联和四断口串联两种方式。

（2）隔离开关。隔离开关是一种在分闸位置时触头之间有符合规定的绝缘距离和可见的断口、在合闸位置时能承载正常工作电流及短路电流的开关设备。特高压隔离开关由于动作速度较慢，在分合闸过程中会发生多次击穿和重燃，六氟化硫良好的绝缘性能使电弧起弧速度很快，产生多种频率的振荡波，这个波在母线管道内发生多次折射、反射、叠加，形成波前时间很短、幅值很高的过电压，通常称为特快速暂态过电压（VFTO）。为此，某些工程在特高压隔离开关上装设了分、合闸电阻，将过电压降低到 1.2 倍以下。

（3）电压互感器。电压互感器是将一次侧交流电压按额定电压比转换成可供仪表、继电保护或控制装置使用的二次侧电压的变压设备。特高压 GIS 电压互感器采用电磁式结构，多应用于母线，有别于常规线路采用的电容式电压互感器。

（4）电流互感器。电流互感器是将一次侧交流电流按额定电流比转换成可供仪表、继电保护或控制装置使用的二次侧电流的变流设备。特高压 GIS 电流互感器为套装式结构，一次绕组为穿心式仅有一匝，每个二次绕组对应不同变比设置若干抽头，分为内置式和外置式两种结构。

4. 特高压避雷器

避雷器大部分安装在变电站内主要电气设备附近，用来限制雷电和操作过电压，以起到保护电气设备的作用。避雷器主要分为瓷套式和罐式两种，特高压变电站多采用瓷套式无间隙氧化锌避雷器。避雷器元件由电阻片、绝缘杆、瓷件、隔弧筒、防爆片、密封圈以及紧固件等构成。特高压避雷器其内部采用四柱电阻片柱并联结构，并在电阻片组间加装均流电极，用于改善电流分布性能。四柱并联的目的是为了降低避雷器残压，改进避雷器的性能。

5. 特高压电容式电压互感器

电容式电压互感器是电力系统中一次与二次电气回路之间不可缺少的连接设备，其主要作用是实现一次、二次系统的电气隔离，把一次侧的高电压变换成适合于继电保护装置和电压、功率、电能测量仪表等工作的低电压信号。特高压电容式电压互感器主要应用于线路及主变压器间隔，其结构形式与 GIS 电磁式电压互感器完全不同，主要由两大部分组成，即电容分压器和电磁单元。根据电容分压器和电磁单元的组装方式，可以分为一体式（叠装式）和分体式两大类。

6. 特高压低压无功补偿装置

在电力系统中由于无功功率不足，会使系统电压及功率因数降低，从而损坏用电设备，严重时会造成电压崩溃、系统瓦解，造成大面积停电等事故。无功补偿就是把具有容性功率负荷的装置与感性功率负荷并联接在同一电路，能量在两种负荷之间相互交换，这样感性负荷所需要的无功功率可由容性负荷输出的无功功率来补偿。特高压变电站低压无功补偿装置主要包括低压电容器组和低压电抗器两种，分别用以补充容性和感性无功功率。

3

7. 特高压套管

套管是用于供高压导体穿过与其电位不同的隔板或外壳，主要起绝缘和支撑作用。套管按电力设备的主绝缘材料可分为瓷套管和复合套管两类；按使用场合可分为变压器、电抗器、GIS、断路器、电压互感器、避雷器等设备用套管；按安装位置可分为户内和户外套管两类；按安装方式可分为垂直、倾斜和水平安装三类套管。特高压变电站应用了瓷套管和复合套管，安装方式有垂直、倾斜两类。

第二节　特高压变电站运维一体化基本概念

一、基本概念

在电网庞大复杂、电网安全可靠性要求不断提高的背景下，国家电网公司在构建"大运行、大检修"体系中提出在电网变电生产作业中实施"变电运维一体化"，改变由运维人员进行设备巡视和现场操作，由检修人员进行检修维护这种专业分工协作的生产组织方式，将设备巡视、现场操作、维护性检修业务和运维、检修人员进行重组整合。通过优化作业流程、优化资源配置来释放资源效能，提高作业效率和生产效益。

变电运维一体化的全称为变电运行维护一体化，这一模式是电网生产中的重大改革措施，它基于优化配置资源和作业流程等角度，将同一电力企业中倒闸操作、维护检修、设备巡视等工作实现了统一，对于电网运行与维护各项工作职责运用一体化模式进行分工，并逐渐形成全面的电网运行、调度、维护检修等合理的生产流程，合理有效地增强了电网生产与运行的安全稳定性。

二、实施原则

实施变电运维一体化，要在确保不影响电网安全生产的前提下，选择基础条件好、人员技术技能水平高的变电站进行试点。在总结经验和完善规章制度的基础上，应始终坚持"先易后难，逐步推进"的原则，分期、分阶段实施。在业务整合和人员重组的过程中，调整幅度不宜过大，要保障队伍的稳定和现有生产业务的正常开展，确保良好的安全生产局面。

变电运维一体化建设依托于多技能、双师型人才队伍的培养，必须将培训工作贯穿于变电运维一体化建设的全过程，着力于人员技能和素质的提升，为变电运维一体化建设提供人力资源保障。

坚定不移地以不断提高人力资源的综合利用率，把提高劳动生产率作为变电运维一体化建设的出发点和落脚点，以优化生产业务流程提升生产效率，以集约和整合生产业务、降低运维成本。压缩管理层级，建立与变电运维一体化相适应的扁平组织模式，优化流程设计，提高精益化管理水平。

三、保障措施

1. 健全制度标准体系

按照新的组织架构，梳理业务流程，建立以技术标准为核心、管理标准为支撑、工作标准为保障的一体化制度标准体系，健全完善运转高效的标准化工作机制。

2. 加强培训，实现员工"一岗多能"

运维工作要求有较强的综合知识，而维护性检修工作要求有较强的专业知识，这种差异性造成实施运维一体化时对人员素质的要求提高，因此对运维人员的培训十分重要。通过培训和轮岗等方式，引导和推动员工向双师型、复合型人才发展。建立完善的培训、认证和考核制度，根据人员的技能资格从事相应级别的运维工作，员工培训也要结合安全技术等级的培训同时开展。

3. 完善装备配置

根据运维业务开展情况，配备基本的维护试验用仪器，合理优化配置各专项试验仪器。开展仪器工作原理及使用方法培训，熟练掌握试验方法，了解试验原理、准确分析试验数据。根据各变电站实际情况，建立备品备件库，做好备品备件补充、仓储等管理工作。

4. 建立完善的激励保障制度

开展变电运维一体化工作，人员的劳动强度和安全风险增大，因此要建立健全与之相配套的人员培训激励保障制度。

四、作业范围

特高压变电运维一体化实施范围覆盖 1000kV 电压等级交流变电站的运维检修业务。

五、作业要求

1. 现场勘察工作要求

现场勘察要全面掌握"工作任务、作业范围、现场环境、安全措施、危险点预控"等情况，作为工作票签发和编制施工方案的重要依据。结合勘察情况找出危险点，制定危险点预控措施。

涉及下列运维一体工作的必须进行现场勘察并填写勘察记录：

（1）对首次开展的运维一体化工作；

（2）对涉及二次回路、工作过程存在低压触电风险的运维一体化工作；

（3）工作票签发人认为有必要进行勘察的运维一体化工作。

现场勘察要求：

（1）根据工作任务，全面了解运维一体项目，核对设备状态；

（2）确认工作过程作业环境条件是否安全，确定停电范围或隔离范围；

（3）核对设备存在的缺陷，是否可以一并消除；

（4）做好物资准备，包括材料、备品备件、配件、工具、试验设备、试验电源等，并确认上述物资符合使用条件；

（5）对具体的继电器、空气开关、电源板等相关设备参数必须明确，使用合格的备品、备件；

（6）现场确认需隔离的电压电流回路、跳闸回路、联跳回路、信号回路、交直流电源、网络等；

（7）了解施工过程、检修工艺及参数要求，掌握合理、清晰的作业步骤；

（8）明确工作前调度汇报、系统维护、申请单填报等相关工作要求；

（9）填写作业现场勘察单。

2. 班前（后）会工作流程及要求

班前会：在工作开工前，由当日工作负责人根据工作任务，结合现场工作环境、作业内容、安全措施等施工实际情况，进行人员分工、布置交代安全注意事项和危险点分析及预控等，召开的施工现场会议。

班后会：当日工作结束或已办理工作终结手续后，由工作负责人就工作过程中的安全生产、施工质量和文明作业等执行情况进行的评价总结会。

（1）班前会工作流程及要求。

班前会流程：站队、交底、检查、考问、确认、开工。

班前会要求：班前会重点突出"三交、三查"内容（即：交工作任务、交作业风险、交预控措施，查工作着装、查精神状态、查安全用具），通过班前会使工作班成员达到"六个明确"（工作任务明确、人员分工明确、安全措施及危险点明确、安全责任明确、停电设备明确、停电范围和时间明确）。

（2）班后会工作流程及要求。

班后会流程：讲评、教育、结束。

班后会要求：对全天工作实行闭环管理，对现场工作进行简要工作小结；对于工作现场发生的各类违章、异常或隐患提出整改意见和防范措施，并做好记录整理；对班组成员的表现进行点评。

3. 涉及一次设备的运维一体工作要求

（1）涉及一次设备运维一体工作，工作前必须明确并交代清楚工作区域周围的带电部位及注意事项。

（2）工作过程中存在低压触电风险或者工作前必须布置安全隔离措施，必须对照现场勘察记录和图纸做好隔离措施，包括电源线头包裹、空气开关拉开、验明确无电压等，必须做好安全措施并检查安全措施无误后执行。

（3）工作前必须重视原始状态的记录，必要时使用相机、手机等进行拍照记录。

（4）主变压器、高压并联电抗器交直流回路进行运维一体工作时，必须将图纸带到现场，并做好防止冷却器全停或影响冷却系统工作的措施，必要时采用手动运行方式，尽可能保障冷却系统正常运行，同时密切监视温度和负荷情况；若工作过程中涉及更换继电器、空气开关时，必须对拆开的端子、继电器标记清楚；记录正常工作继电器状态及参数，必要时与相邻间隔进行比对。

（5）交直流回路进行运维一体工作时，必须做好防止交流触电和直流接地的措施。

（6）隔离开关二次回路异常处理时，必须核对设备间隔名称及状态，处理过程中必须将图纸带至现场，处理过程须加强监护。

（7）隔离开关二次回路上的继电器、空气开关更换时，必须断开上级电源，拆开的线头及继电器必须做好标记。

4. 涉及二次设备的运维一体工作要求

（1）涉及二次设备运维一体工作，必须更加重视原始状态的记录，必要时使用相机、手机等进行拍照记录。

（2）工作过程中可能造成人身触电、设备跳闸以及影响监控的，必须布置安全措施进行隔离，布置安全措施必须做好记录，工作完毕后及时恢复。

（3）工作过程中若可能产生影响后台或调度自动化监控的信号，须提前告知。

（4）在运行设备的二次回路上进行拆、接线工作，以及在对检修设备执行隔离措施时，需拆断、短接和恢复同运行设备有联系的二次回路工作，应填用二次工作安全措施票。

5. 涉及其他类设备专业运维一体工作要求

（1）工作过程可能造成人身触电、设备跳闸以及影响监控的，必须布置安全措施进行隔离，布置安全措施必须做好记录，工作完毕后及时恢复。

（2）必须重视原始状态的记录，必要时使用相机、手机等进行拍照记录。

6. 工作结束相关要求

（1）工作负责人监护工作班成员将所做安全措施对照相关记录恢复至许可状态。

（2）工作负责人监护工作班成员对设备参数进行核对，确保相关参数符合运行要求。

（3）工作负责人对安全措施及设备参数进行复验。

（4）检查工作区域内工完、料尽、场地清。

（5）检查工作区域内防火封堵情况。

（6）填写检修结论，写明所修试验项目、发现的问题、试验结果、存在问题和是否可以投运的结论。

（7）工作许可人进行终结验收，缺陷闭环。

第二章

特高压运维一体化常规工作项目实例

第一节　特高压变电站一次设备带电检测实例分析

》 实例一：特高压变电站 GIS 设备超声检测及图谱分析

电力设备的绝缘系统中，只有部分区域发生放电，而没有贯穿施加电压的导体之间，即尚未击穿，这种现象称为局部放电（简称局放）。发生局部放电时，会有声、光、电等现象和化学反应产生气体。局部放电时发射的声波，可用超声波法检测。

一、超声（AE）原理

我们能够听到声音是因为声波传到了我们的耳内，声波的频率在 20～20 000Hz，频率低于或超过上述范围时人们无法听到声音，频率低于 20Hz 的声波称为次声波，频率超过 20 000Hz 的声波称为超声波。

超声波检测法是利用固定在 GIS 壳体上的传感器接收 GIS 内部放电超声波信号的一种方法，检测频率为 20～300kHz。

超声波产生条件：

（1）要有机械振动的波源。

（2）要有传播超声波的弹性介质。

超声波检测法特点：

（1）超声波信号在 SF_6 中衰减大，且与频率的平方成正比，检测范围小。

（2）对固体绝缘内部缺陷十分不灵敏。

（3）定位简单，仅仅依靠幅值法即可简单定位。

正常设备测量结果与背景相同，频率成分 1（50Hz）和频率成分 2（100Hz）相关性信号基本为零或与背景相同。如果测量的信号幅值与背景差值大于 3dB，或者 50Hz/100Hz 相关性出现，判断为疑似局放。同时还应与此测试点附近不同部位的测试结果进行横向对比，如果不一致，可判断为此测试点异常；也可对同一点不同时间段测试结果进行纵向对比，如果值增大，可判断为此测试点异常。超声波局放检测判断依据《国家电网公司变电检测管理规定（试行）第 4 分册　超声波局放检测细则》GIS 超声检测判断方法。局放类型判断依据如表 2−1 所示。

表 2−1   局 放 类 型 判 断 依 据

名称	自由粒子缺陷	电晕放电缺陷	悬浮屏蔽缺陷
信号水平	高	低	高
峰值/有效值	高	低	高
50Hz 频率相关性	无	高	低
100Hz 频率相关性	无	低	高
相位关系	无	有	有

二、检测条件

1. 环境要求

（1）环境温度 −10～40℃。

（2）环境相对湿度不宜大于 80%，若在室外不应在有雷、雨、雾、雪的环境下进行检测。

（3）检测时应避免大型设备振动、人员频繁走动等带来的影响。

（4）通过超声波局部放电检测仪器检测到的背景噪声幅值较小、无 50Hz/100Hz 频率相关性（1 个工频周期出现 1 次/2 次放电信号），不会掩盖可能存在的局部放电信号，不会对检测造成干扰。

2. 待测设备要求

（1）设备处于运行状态且额定气体压力。

（2）设备外壳清洁、无覆冰。

（3）设备的测试点宜在出厂及第 1 次测试时进行标注，以便今后的测试及比较。

（4）设备上无各种外部作业。

三、实施流程（如图 2−1 所示）

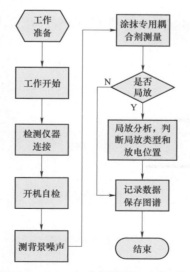

图 2−1 GIS 超声局放检测实施流程

四、作业步骤

标准作业卡如表 2-2 所示。

表 2-2 标 准 作 业 卡

步骤	序号	工 作 内 容	√
准备 阶段	1	准备所需工器具（超声局放检测仪、甘油凝胶、抹布、垃圾桶、示波器）	
	2	办理运维一体化标准作业卡	
工作 开始	1	核对需检测设备名称，在工作点设置"在此工作"标示牌	
	2	进行安全、技术交底，明确工作范围、带电部位、安全注意事项和应急处置措施	
作业 阶段	1	按照仪器说明书连接检测仪器各部件，将检测仪器正确接地后开机，并运行检测软件	
	2	进行仪器自检，确认超声波传感器和检测通道工作正常	
	3	将检测仪器调至适当量程，传感器悬浮于空气中，测量空间背景噪声并记录，根据现场噪声水平设定信号检测阈值	
	4	将超声传感器与测点部位间无气隙地均匀涂抹专用耦合剂，测量时保持静止状态	
	5	将传感器经耦合剂贴附在设备外壳上，连续检测模式，观察信号有效值、周期峰值、频率成分1、频率成分2的大小，并与背景信号比较，看是否有明显变化	
	6	在显示界面观察检测到的信号，观察时间不低于 15s，如果发现信号有效值/峰值无异常，50Hz/100Hz 频率相关性较低，则保存数据，继续下一点检测	
	7	当连续模式检测到异常信号时，应开展局部放电诊断与分析，首先通过挪动传感器位置，寻找信号最大值，查明可能的放电位置；然后通过应用相位检测模式、时域波形检测模式及脉冲检测模式判断放电类型	
	8	数据记录：通过仪器的谱图保存功能，保存检测谱图，包括连续模式谱图、相位模式谱图、时域波形谱图、脉冲模式谱图	
工作 结束	1	清理作业现场，做到"工完、料尽、场地清"	
	2	编制超声局放检测报告	

五、实例分析

下面以某站某线 T063 断路器间隔超声局放检测为例，对检测工作进行展示。

1. T063 断路器 A 相

T063 断路器 A 相进行局放测试，测试数据如图 2-2 所示。

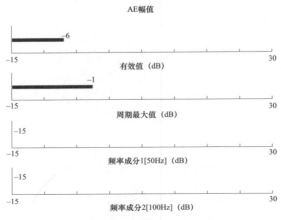

图 2-2 T063 断路器 A 相 AE 幅值图谱

由图 2-2 可知，超声周期最大值为 -1dB，频率成分 1 幅值为 -15dB，频率成分 2 幅值为 -15dB，T063 断路器间隔 A 相未见异常局放超声信号。

2. T063 断路器 B 相

T063 断路器 B 相进行局放检测，检测到异常超声信号，具体数据如图 2-3 和图 2-4 所示。

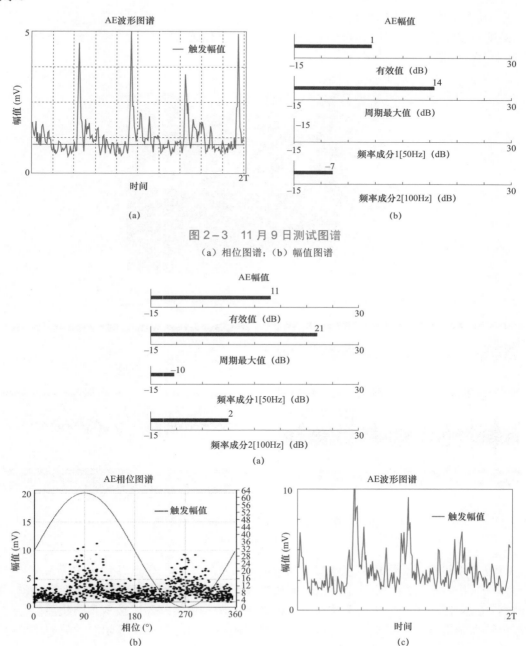

图 2-3 11 月 9 日测试图谱
（a）相位图谱；（b）幅值图谱

图 2-4 11 月 11 日测试图谱
（a）幅值图谱；（b）相位图谱；（c）波形图谱

由图 2-3 和图 2-4 所示，超声信号从 11 月 9 日和 11 月 11 日幅值图谱对比来看，11 月 11 日信号幅值大小超过 11 月 9 日幅值信号，11 月 11 日出现频率成分 1，并且频率成分 1 大于频率成分 2，同时，相位图和波形图可以看出信号在一个周期内呈两簇聚集，此异常信号为悬浮放电。此异常超声信号只在辅助灭弧室出现，超声信号从幅值来看还不是很大，但信号整体呈上升发展趋势。

3. T063 断路器间隔 B 相超声定位

采用 G1500 超声对异常超声信号进行定位分析，传感器放置位置与对应示波器图谱如图 2-5～图 2-7 所示。

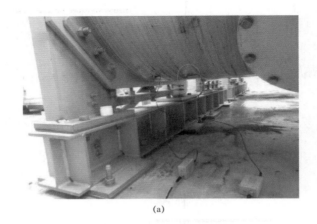

(a)

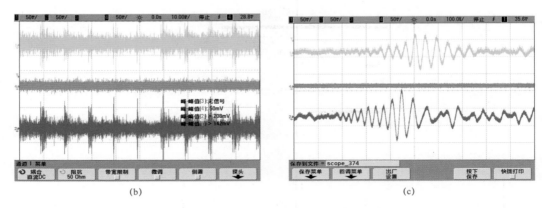

(b)　　　　　　　　　　　　　　　　　(c)

图 2-5　传感器布置图和对应示波器图谱

(a) 传感器位置图；(b) 示波器 10ms 图谱；(c) 示波器时沿图谱

黄色超声传感器和绿色超声传感器布置如图 2-5 中（a）传感器位置图所示，其中红色为特高频传感器检测到示波器图谱，布置在黄色传感器右侧盆式绝缘子浇注孔位置。由示波器 10ms 图谱可知绿色超声传感器信号幅值大于黄色传感器所接受到的超声信号，并且红色特高频未检测到异常信号。由示波器时沿图可知绿色超声信号超前黄色超声信号，说明超声信号靠近绿色传感器位置。

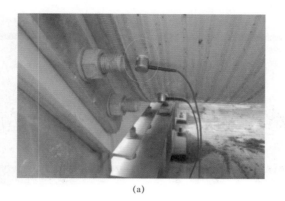

(a)

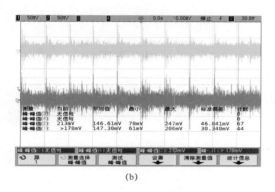

(b)

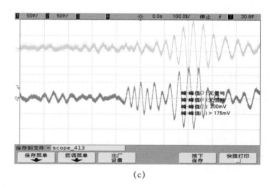

(c)

图 2-6 传感器布置图和对应示波器图谱

（a）传感器位置图；（b）示波器 10ms 图谱；（c）示波器时沿分析图谱

黄色超声传感器和绿色超声传感器布置如图 2-6（a）传感器位置图所示。由示波器 10ms 图谱可知绿色超声传感器信号幅值大于黄色传感器所接受到的超声信号。由示波器时沿图可知绿色超声信号超前黄色超声信号，说明超声信号靠近绿色传感器位置。

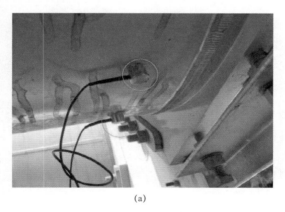

(a)

图 2-7 传感器布置图和对应示波器图谱（一）

（a）传感器位置图

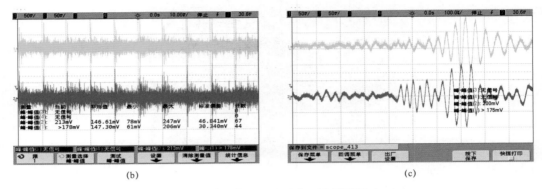

(b)　　　　　　　　　　　　　　(c)

图 2-7　传感器布置图和对应示波器图谱（二）

（b）示波器 10ms 图谱；（c）示波器时沿分析图谱

　　黄色超声传感器和绿色超声传感器布置如图 2-7（a）传感器位置图所示。由示波器 10ms 图谱可知绿色超声传感器信号幅值大于黄色传感器所接受到的超声信号。由示波器时沿图可知绿色超声信号超前黄色超声信号，说明超声信号靠近绿色传感器位置。

　　结合以上定位布置，可知异常超声信号位于绿色传感器附近可能性很大，具体位置如图 2-8 所示。

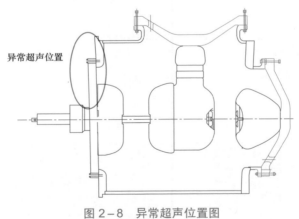

异常超声位置

图 2-8　异常超声位置图

六、安全注意事项

（1）人员与带电设备保持足够安全距离（1000kV 安全距离≥9.5m，500kV 安全距离≥5m，110kV 安全距离≥1.5m，35kV 安全距离≥1m）。

（2）可戴棉手套以防止感应电伤人，注意低压用电安全。

（3）需登高作业时系好安全带。

（4）超声传感器接头易断，使用时需注意。

七、技术交底

（1）敷于传感器表面 1mm 厚甘油凝胶，并确保凝胶层内不含气泡。超声波在空气中迅速衰减，因而介于传感器及其表面间的任何微小气隙都可能造成无法有效测量到超声波信号。

（2）检测条件：设备上无各种外部作业，设备外壳应清洁、无覆冰等，进行室外检测避免雨、雪等天气条件对设备外壳表面噪声干扰的影响，进行室内检测时避免室内强干扰源、大型设备振动。

（3）检测点选择：盆式绝缘子两侧（特别是水平布置的盆式绝缘子）；测量点选择在隔室侧下方，如存在异常信号，则应在该隔室进行多点检测，查找信号最大点；在断路器断口处、隔离开关、接地开关、电流互感器、电压互感器、避雷器、导体连接部件等处均应设置测试点。

八、超声局放检测报告（如表 2-3 所示）

表 2-3　　　　　　　　　　超 声 局 放 检 测 报 告

一、基本信息

变电站		委托单位		试验单位		运行编号	
试验性质		试验日期		试验人员		试验地点	
报告日期		编制人		审核人		批准人	
试验天气		环境温度		相对湿度		仪器型号	

二、设备铭牌

设备型号		生产厂家		额定电压	
投运日期		出厂日期		出厂编号	

三、检测数据

序号	检测位置	检测数值	负荷电流	图谱文件	结论
1				图谱	
2				图谱	
3				图谱	
…				图谱	
特征分析					
背景值					
仪器厂家					
仪器型号					

≫ 实例二：特高压变电站 GIS 设备特高频检测及图谱分析

局部放电时电磁辐射，可用特高频法（UHF）检测；局部放电时发生化学反应分解气体，可用油色谱分析法或 SF_6 气体分解物检测；局部放电时电荷移动，可用脉冲电流法检测。

一、特高频法（UHF）原理

1. 特高频法

通过传感器接收局部放电产生过程中辐射的特高频电磁波，实现放电检测的一种方法，其检测频段为 300～1500MHz，其特点为：

（1）GIS 的金属同轴结构可视为一个良好的电磁波导，放电所形成的高阶电磁波 TE 和 TM（$f > 300MHz$），可沿波导方向无衰减地进行转播。

（2）绝缘屏障会造成 2dB 信号衰减。

（3）转角结构会造成 6dB。

2. 特高频局放信号时差精确定位原理

采用高速数字示波器的带电测量装置，UHF 传感器信号经放大后直接接入高速数字示波器。需要有 2 个 UHF 传感器，2 个 UHF 传感器间距离 L，放电源距 UHF 传感器 1 距离 x，放电源距 UHF 传感器 2 距离 $L-x$。示波器上检测波形时差 Δt。

$$\Delta t = t_2 - t_1 = (L-x)/c - x/c \qquad (2-1)$$

式中，c 为 GIS 中电磁波等效传播速度。

$$x = (L - c\Delta t)/2 \qquad (2-2)$$

将传感器分别放置在 GIS 上两个相邻的测点位置，根据放电检测信号的时差，利用式（2-2）即可计算得到局放放电源具体位置。

3. 特高频局部放电典型图谱（如表 2-4 所示）

表 2-4　　　　　　　　　　特高频局部放电典型图谱

类型	放电模式	典型放电波形	典型放电图谱
自由金属颗粒放电	金属颗粒和金属颗粒间的局部放电，金属颗粒和金属部件间的局部放电		
	放电幅值分布较广，放电时间间隔不稳定，其极性效应不明显，在整个工频周期相位均有放电信号分布		
悬浮电位体放电	松动金属部件产生的局部放电		
	放电脉冲幅值稳定，且相邻放电时间间隔基本一致。当悬浮金属体不对称时，正负半波检测信号有极性差异		

类型	放电模式	典型放电波形	典型放电图谱
绝缘件内部气隙放电	固体绝缘内部开裂、气隙等缺陷引起的放电	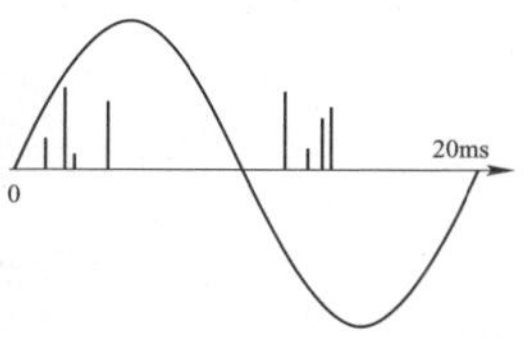	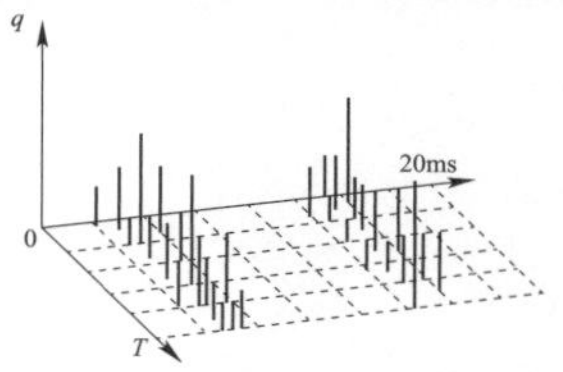
	放电次数少，周期重复性低。放电幅值也较分散，但放电相位较稳定，无明显极性效应		
沿面放电	绝缘表面金属颗粒或绝缘表面脏污导致的局部放电	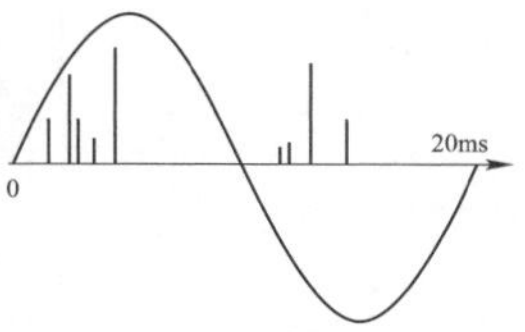	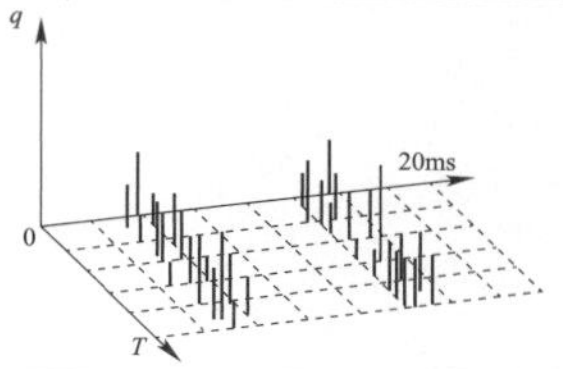
	放电幅值分散性较大，放电时间间隔不稳定，极性效应不明显		
金属尖端放电	处于高电位或低电位的金属毛刺或尖端，由于电场集中，产生的 SF_6 电晕放电	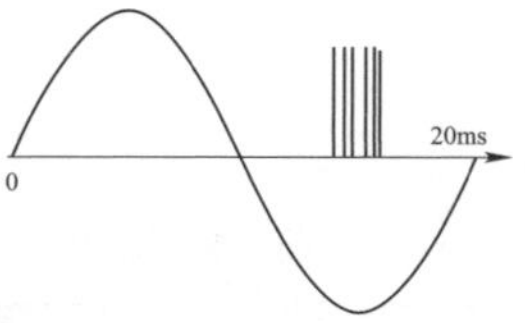	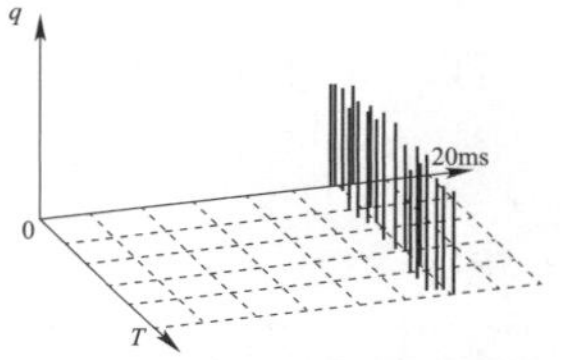
	放电次数较多，放电幅值分散性小，时间间隔均匀。放电的极性效应非常明显，通常仅在工频相位的负半周出现		

二、检测条件

1. 环境要求

（1）检测期间，大气环境条件应相对稳定。

（2）环境温度不宜低于 5℃，环境相对湿度不宜大于 80%，若在室外不应在有雷、雨、雾、雪的环境下进行检测。

（3）在检测时应避免手机、雷达、电动马达、照相机闪光灯等无线信号的干扰。

（4）室内检测避免气体放电灯、电子捕鼠器等对检测数据的影响。

（5）进行检测时应避免大型设备振动源等带来的影响。

2. 待测设备要求

（1）设备处于运行状态。

（2）设备外壳清洁、无覆冰。

（3）盆式绝缘子为非金属封闭或者有金属屏蔽但有浇注口或内置有 UHF 传感器，并具备检测条件。

（4）设备上无各种外部作业。气体绝缘设备应处于额定气体压力状态。

三、实施流程

GIS 局放检测实施流程如图 2-9 所示。

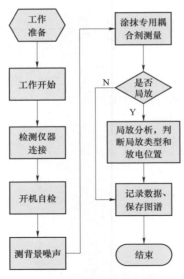

图2-9 GIS局放检测实施流程

四、作业步骤

标准作业卡见表2-5。

表2-5   标 准 作 业 卡

步骤	序号	工 作 内 容	√
准备阶段	1	准备所需工器具（特高频局放检测仪、螺丝刀、纸、笔）	
	2	办理运维一体化标准作业卡	
工作开始	1	核对需检测设备名称，在工作点设"在此工作！"标示牌	
	2	召开班前会，进行安全、技术交底，明确工作范围、带电部位、安全注意事项和应急处置措施	
作业阶段	1	按照检测仪接线连接、开机，运行检测软件，设置参数	
	2	系统自检，确认检测仪正常	
	3	设置设备名称、检测位置并做好标注	
	4	测试背景噪声并记录	
	5	将特高频传感器附在 GIS 无金属法兰的绝缘子（对于金属屏蔽带浇注孔盆式绝缘子，将封闭在浇注孔上的金属面板打开，特高频传感器放置在浇注孔处进行测试）、观察窗、接地开关的外露绝缘件、内置式 TA、TV 二次接线盒等部位进行测试，采用 PRPD&PRPS 模式	
	6	打开连接传感器的检测通道，观察检测到的信号，测试时间不少于 30s	
	7	对照特高频局放电典型图谱，判断是否存在局放。如果发现信号无异常，保存数据，退出并改变检测位置继续下一点检测。测量时应尽可能保持传感器与盆式绝缘子的相对静止，避免因为传感器移动引起的信号而干扰正确判断	
	8	数据记录：通过仪器的谱图保存功能，保存检测的 PRPD&PRPS 谱图，并记录对应一次设备位置	
工作结束	1	清理作业现场，做到"工完料尽场地清"	
	2	编写特高频局部放电检测报告	

五、实例分析

下面以某变电站 T0321 隔离开关特高频局放检测为例，对检测工作进行说明。

1. 特高频局放检测

局放在线监测报 OCU-6B 局放告警，对应一次设备为 T0321 隔离开关 B 相，局放类型为悬浮电位。

运维人员立即使用 UHF 测试仪对报警相关区域进行测量，如图 2-10 所示。发现 A、B、C 三相均在 T0321 隔离开关靠主变压器出线侧的 1 号盆式绝缘子和 2 号盆式绝缘子即达到最大值，UHF 检测谱图如 2-11 所示，呈典型放电谱图，且 B 相信号最大，与在线监测情况 0CU6B 传感器信号最大基本吻合，具体测量数据见表 2-6。对照特高频局部放电典型图谱，可以判断局部放电类型为悬浮放电。

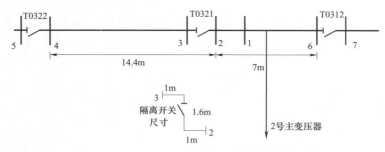

图 2-10　UHF 检测部位示意图

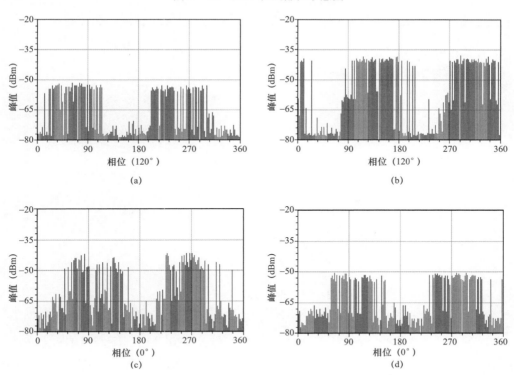

图 2-11　UHF 检测谱图（一）

（a）B 相 4 号盆式绝缘子 UHF 信号；（b）B 相 2 号盆式绝缘子 UHF 信号；

（c）B 相 6 号盆式绝缘子 UHF 信号；（d）B 相 7 号盆式绝缘子 UHF 信号

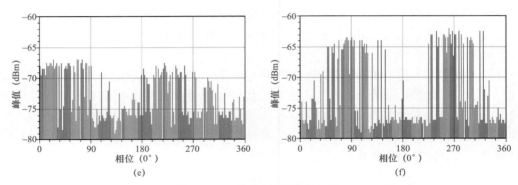

图 2-11 UHF 检测谱图（二）

（e）A 相 4 号盆式绝缘子 UHF 信号；（f）C 相 2 号盆式绝缘子 UHF 信号

表 2-6 UHF 检 测 数 据 （dBm）

相别 检测部位	背景	1 号盆式绝缘子	2 号盆式绝缘子	3 号盆式绝缘子	4 号盆式绝缘子	5 号盆式绝缘子	6 号盆式绝缘子	7 号盆式绝缘子
A 相	-72	-63	-62	-62	-68	-68	-66	-68
B 相	-72	-40	-39	-41	-52	-60	-42	-50
C 相	-72	-64	-64	-62	-66	-68	-64	-66

2. 局放信号源的空间定位

局放信号源定位测试如图 2-12 所示。

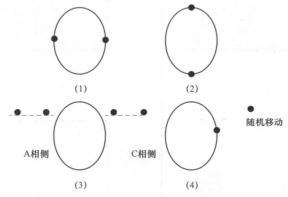

图 2-12 各种方式下定位测试图

注：圆环代表盆式绝缘子，黑点代表传感器。

（1）在 2 号盆式绝缘子两侧同一水平高度、相位差 180° 处放置两个 UHF 传感器，示波器显示两路信号同时到达，说明信号源位于两个传感器的中垂面上，即中心导体所在的平面。

（2）在 2 号盆式绝缘子上下两端放置两个 UHF 传感器，示波器显示底端传感器信号先于顶端传感器约 1.5ns。

（3）在 2 号盆式绝缘子 A 相侧放置两个传感器，两传感器朝向一致，位于同一高度，朝向 2 号盆式绝缘子，相距 50cm 左右，示波器显示靠近 2 号盆式绝缘子的传感器信号总是先于远离的传感器约 1.5ns；同样将两个传感器放于 2 号盆式绝缘子 C 相侧，同样的方式进行测试，结果于 A 相的检测结果一致。

（4）将一传感器固定于 2 号盆式绝缘子处，另一传感器在该处附近空间检测，并改变不同方向，空间传感器采集的信号幅值都明显弱于 2 号盆式绝缘子处传感器采集的信号。

3. 信号源的精确定位

从两个不同盆式绝缘子处经两个传感器采集的 UHF 信号直接送入示波器，可从示波器读出信号源到两个盆式绝缘子的时间差，如图 2-13 所示。

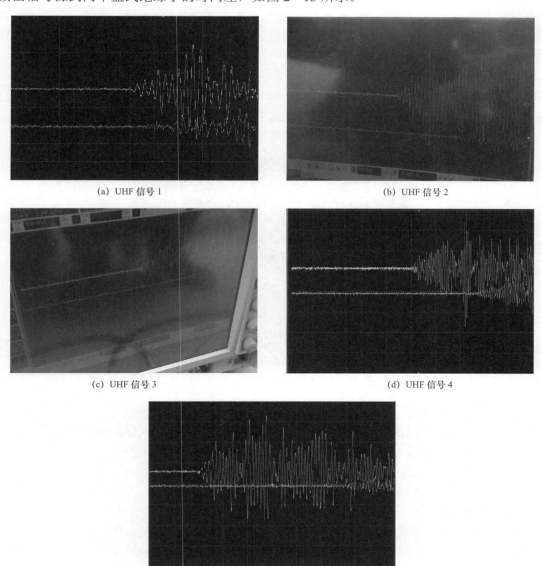

(a) UHF 信号 1　　　　　　　　　　　(b) UHF 信号 2

(c) UHF 信号 3　　　　　　　　　　　(d) UHF 信号 4

(e) UHF 信号 5

图 2-13　不同盆式绝缘子处采集的 UHF 信号

由图 1-13 可见，图（a）中 2 号盆式绝缘子处 UHF 传感器采集的信号领先 3 号盆式绝缘子处 UHF 传感器采集的信号约 3ns；图（b）中 2 号盆式绝缘子处 UHF 传感器采集的信号领先 6 号盆式绝缘子处 UHF 传感器采集的信号约 25ns；图（c）中 3 号盆式绝缘子处 UHF 传感器采集的信号领先 6 号盆式绝缘子处 UHF 传感器采集的信号约 22ns；图（d）中 3 号盆式绝缘子处 UHF 传感器采集的信号领先 4 号盆式绝缘子处 UHF 传感器采集的信号约 54ns；图（e）中 2 号盆式绝缘子处 UHF 传感器采集的信号领先 4 号盆式绝缘子处 UHF 传感器采集的信号约 60ns。

另外 2 号盆式绝缘子和 1 号盆式绝缘子间距 2.1m 左右，2 号盆式绝缘子处 UHF 传感器采集的信号领先 1 号盆式绝缘子处 UHF 传感器采集的信号约 8ns，说明信号不在 2 号盆式绝缘子和 1 号盆式绝缘子之间。结合示波器定位信息可定位出信号源位于 T0321 隔离开关静触头侧。

4. 后期解体检查

T0321 隔离开关 B 相静触头侧屏蔽罩内部导体与绝缘件紧固螺栓共 6 颗，开孔检查发现其中 1 颗螺栓碟形平垫底部有异物，异物呈粉末状，该异物覆盖在螺栓紧固标识线上，如图 2-14 所示。用万能表检测该螺栓与导体间不导通，其余螺栓与导体均导通。

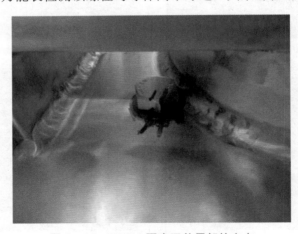

图 2-14　T0321 隔离开关局部放电点

六、安全注意事项

（1）人员与带电设备保持足够安全距离（1000kV 安全距离≥9.5m，500kV 安全距离≥5m，110kV 安全距离≥1.5m，35kV 安全距离≥1m）。

（2）可戴棉手套以防止感应电伤人，注意低压用电安全。

（3）需登高作业时系好安全带。

七、技术交底

（1）GIS 内部局部放电产生的特高频信号在 GIS 腔体内以横向电磁波方式传播，只有在 GIS 壳的金属非连续部位才能泄漏出来，因此在 GIS 上只有无金属法兰的绝缘子、观察窗、接地开关的外露绝缘件、内置式 TA、TV 二次接线盒等部位才能测量到信号，特高频传感器需安置在这些部位。

（2）传感器应与盆式绝缘子紧密接触，且应放置于两根禁锢盆式绝缘子螺栓的中间，

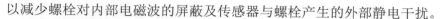
以减少螺栓对内部电磁波的屏蔽及传感器与螺栓产生的外部静电干扰。

八、特高频局放检测报告

检测报告见表2-7。

表2-7　　　　　　　　　　　　检 测 报 告

一、基本信息

变电站		委托单位		试验单位		运行编号	
试验性质		试验日期		试验人员		试验地点	
报告日期		编制人		审核人		批准人	
试验天气		环境温度		相对湿度		仪器型号	

二、设备铭牌

设备型号		生产厂家		额定电压	
投运日期		出厂日期		出厂编号	

三、检测数据

序号	检测位置	负荷电流	图谱文件
1			图谱
2			图谱
3			图谱
…			图谱
特征分析			
结论			

▶ 实例三：特高压变电站 GIS 设备 SF_6 气体分解物检测

GIS 局部放电时发生化学反应分解气体，可用 SF_6 气体分解物检测。

一、SF_6 气体分解物检测原理

SF_6 气体分解产物机理是在过热、电弧、火花放电、电晕放电等情况下，SF_6 气体分解并与在故障处的固体绝缘介质、微量氧气、微量水分或金属等发生极其复杂的化学反应，生成不同类型的化合产物。本实例以 SXT-4 型 SF_6 气体分解物分析仪为例。

SXT-4 型 SF_6 气体分解物分析仪原理：根据被测气体中的不同组分改变电化学传感器输出电信号，从而确定被测气体中的组分及其含量。现场检测连接图如图2-15所示。

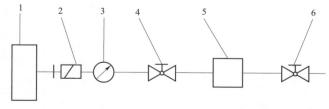

图2-15　SXT-4 型 SF_6 气体分解物分析仪现场检测连接图

1—待测设备；2—气路接口；3—压力表；4—仪器入口阀门；5—测试仪；6—仪器出口阀门

主要技术指标：

（1）对 SO_2 和 H_2S 气体的检测量程应不低于 100μL/L，CO 气体的检测量程应不低于 500μL/L；

（2）检测时所需气体流量应不大于 300mL/min，响应时间应不大于 60s；

（3）最小检测量应不大于 0.5μL/L；

（4）检测用气体管路应使用聚四氟乙烯管（或其他不吸附 SO_2 和 H_2S 气体的材料），壁厚不小于 1mm、内径为 2～4mm，管路内壁应光滑清洁；

（5）气体管路连接用接头内垫宜用聚四氟乙烯垫片，接头应清洁，无焊剂和油脂等污染物。

二、检测条件

1. 环境要求

（1）环境温度不宜低于 5℃。

（2）环境相对湿度不宜大于 80%，若在室外不应在有雷、雨、雾、雪的环境下进行检测。

2. 待测设备要求

（1）六氟化硫设备气体压力在正常压力范围内，在六氟化硫设备上无各种外部作业。

（2）SF_6 气体在充入电气设备 24h 后方可进行检测；灭弧气室的检测时间应在设备正常开断额定电流及以下电流 48h 后。

（3）充气完毕静置 24h 后必要时进行 SF_6 气体分解产物检测。

三、实施流程（如图 2－16 所示）

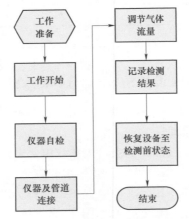

图 2－16 SF_6 气体分解物检测实施流程

四、作业步骤

标准作业卡见表 2－8。

表 2－8　　　　　　　　　　　　标 准 作 业 卡

步骤	序号	工 作 内 容	√
准备阶段	1	准备所需工器具（SF_6 气体分解物分析仪、便携式 SF_6 检漏仪、扳手、逆止阀、取气阀）	
	2	办理运维一体化标准作业卡	

续表

步骤	序号	工 作 内 容	√
工作开始	1	核对需检测设备名称，在工作点设置"在此工作"标示牌	
	2	进行安全、技术交底，明确工作范围、带电部位、安全注意事项和应急处置措施	
作业阶段	1	仪器开机进行自检	
	2	检测前，应检查测量仪器电量，若电量不足应及时充电，用高纯度 SF_6 气体冲洗检测仪器，直至仪器示值稳定在零点漂移值以下，对有软件置零功能的仪器进行清零	
	3	用气体管路接口连接检测仪与设备，采用导入式取样方法测量 SF_6 气体分解产物的组分及其含量。检测用气体管路不宜超过 5m，保证接头匹配、密封性好。不得发生气体泄漏现象	
	4	检测仪气体出口应接试验尾气回收装置或气体收集袋，对测量尾气进行回收。若仪器本身带有回收功能，则启用其自带功能	
	5	根据检测仪操作说明书调节气体流量进行检测，根据取样气体管路的长度，先用设备中的气体充分吹扫取样管路的气体。检测过程中应保持检测流量的稳定，并随时注意观察设备气体压力，防止气体压力异常下降	
	6	根据检测仪操作说明书的要求判定检测结束时间，记录检测结果，重复检测两次	
	7	检测过程中，若检测到 SO_2 或 H_2S 气体含量大于 $10\mu L/L$ 时，应在本次检测结束后立即用 SF_6 新气对检测仪进行吹扫，至仪器示值为零	
	8	检测完毕后，关闭设备的取气阀门，恢复设备至检测前状态	
工作结束	1	清理作业现场，做到"工完、料尽、场地清"	
	2	编制检测报告	

五、实例分析

下面以某变电站 T063 断路器间隔 C 相 4 号气室检测为例，对检测工作进行展示。

（1）关闭 T063 断路器间隔 C 相 4 号气室阀门，打开取气口盖板，如图 2–17 所示。

图 2–17　打开取气口盖板

（2）安装逆止阀，取气阀安装在逆止阀上，如图 2–18 所示。

图 2-18 安装逆止阀

（3）连接检测仪，带有调速阀的一端连仪器，排气管安装在后部排气口，如图 2-19 所示。

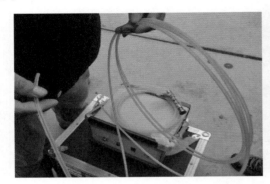

图 2-19 连接检测仪

（4）检测仪开机，打开总阀门，调节调速阀，气体流速调为 60～200ml/min 之间，按下"确认"按钮，仪器开始检测，仪器"测量状态"显示为"完成"，即完成检测，如图 2-20 所示。

图 2-20 检测气体

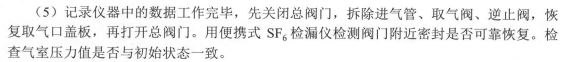

（5）记录仪器中的数据工作完毕，先关闭总阀门，拆除进气管、取气阀、逆止阀，恢复取气口盖板，再打开总阀门。用便携式 SF$_6$ 检漏仪检测阀门附近密封是否可靠恢复。检查气室压力值是否与初始状态一致。

六、安全注意事项

（1）应严格执行《国家电网公司电力安全工作规程 变电部分》的相关要求。

（2）应在良好的天气下进行，如遇雷、雨、雪、雾不得在室外进行该项工作。风力大于 5 级时，不宜在室外进行该项工作。

（3）检测工作不得少于两人。负责人应由有经验的人员担任，开始试验前，负责人应向全体检测人员详细布置检测中的安全注意事项，交代带电部位，以及其他安全注意事项。

（4）检测时，应认真检查气体管路、检测仪器与设备的连接，并选择适当接头，防止气体泄漏，必要时检测人员应佩戴安全防护用具。

七、技术交底

（1）检测时，应严格遵守操作规程，检测人员和检测仪器应避开设备取气阀门开口方向，难以避开的应采取相应防护措施，防止取气造成设备内气体大量泄漏及发生其他意外。

（2）设备内 SF$_6$ 气体不准向大气排放，应采取净化回收措施，经处理检测合格后方准再使用。回收时作业人员应站在上风侧。

（3）SF$_6$ 断路器或 GIS 开关设备进行操作时，禁止检测人员在其外壳上进行工作。

八、SF$_6$ 气体分解物检测报告

检测报告见表 2-9。

表 2-9   检 测 报 告

一、基本信息							
变电站		委托单位		试验单位		运行编号	
试验性质		试验日期		试验人员		试验地点	
报告日期		编制人		审核人		批准人	
试验天气		环境温度		相对湿度		设备实际压力	

二、设备铭牌					
设备型号		生产厂家		额定电压	
投运日期		出厂日期		出厂编号	

三、检测数据					
序号	设备名称	SO$_2$	H$_2$S	CO	HF/CF$_4$
1					
2					
3					
…					
仪器型号					
结论					
备注					

>> 实例四：特高压变压器（高压电抗器）超声波测试

一、检测原理

局部放电时发射的声波，可用超声波法检测。

二、检测条件

1. 环境要求

（1）环境温度 –10～40℃；

（2）环境相对湿度不宜大于 80%，若在室外不应在有雷、雨、雾、雪的环境下进行检测；

（3）进行检测时应避免大型设备振动、人员频繁走动等带来的影响；

（4）通过超声波局部放电检测仪器检测到的背景噪声幅值较小、无 50Hz/100Hz 频率相关性（1 个工频周期出现 1 次/2 次放电信号），不会掩盖可能存在的局部放电信号，不会对检测造成干扰。

2. 待测设备要求

（1）设备处于运行状态且额定气体压力；

（2）设备外壳清洁、无覆冰；

（3）设备的测试点易在出厂及第 1 次测试时进行标注，以便今后的测试及比较；

（4）设备上无各种外部作业。

三、实施流程（如图 2–21 所示）

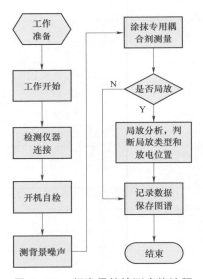

图 2–21　超声局放检测实施流程

四、作业步骤

标准作业卡见表 2–10。

表 2-10   标 准 作 业 卡

步骤	序号	工 作 内 容	√
准备阶段	1	准备所需工器具（超声局放检测仪、甘油凝胶、抹布、垃圾桶、示波器）	
	2	办理运维一体化标准作业卡	
工作开始	1	核对需检测设备名称，在工作点设置"在此工作"标示牌	
	2	进行安全、技术交底，明确工作范围、带电部位、安全注意事项和应急处置措施	
作业阶段	1	按照仪器说明书连接检测仪器各部件，将检测仪器正确接地后开机，并运行检测软件	
	2	进行仪器自检，确认超声波传感器和检测通道工作正常	
	3	将检测仪器调至适当量程，传感器悬浮于空气中，测量空间背景噪声并记录，根据现场噪声水平设定信号检测阈值	
	4	将超声传感器与测点部位间无气隙地均匀涂抹专用耦合剂，测量时保持静止状态	
	5	将传感器经耦合剂贴附在设备外壳上，连续检测模式，观察信号有效值、周期峰值、频率成分1、频率成分2的大小，并与背景信号比较，看是否有明显变化	
	6	在显示界面观察检测到的信号，观察时间不低于 15s，如果发现信号有效值/峰值无异常，50Hz/100Hz 频率相关性较低，则保存数据，继续下一点检测	
	7	当连续模式检测到异常信号时，应开展局部放电诊断与分析，首先通过挪动传感器位置，寻找信号最大值，查明可能的放电位置；然后通过应用相位检测模式、时域波形检测模式及脉冲检测模式判断放电类型	
	8	数据记录：通过仪器的谱图保存功能，保存检测谱图，包括连续模式谱图、相位模式谱图、时域波形谱图、脉冲模式谱图	
工作结束	1	清理作业现场，做到"工完、料尽、场地清"	
	2	编制超声局放检测报告	

五、实例分析

下面以某变电站某线高压并联电抗器 A 相超声局放检测为例，对检测工作进行展示。

（1）打开超声局放检测仪故障诊断开关，出现如图 2-22 所示界面。

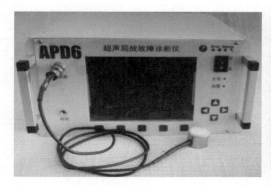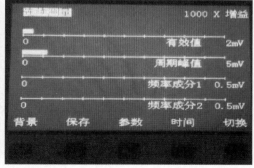

图 2-22 超声局放故障诊断仪

（2）按"参数"按钮，进入如图 2-23 所示界面，使用仪器界面上的上下左右键选择需要修改的参数；按"切换"可进行相位或脉冲测试。

（3）测试背景噪声，背景噪声满足测试环境要求，如图 2-22 所示，增益设置为 1000X。

（4）超声局放检测时测点布置于与离地高度 1m 的变压器箱壁上（非加强筋），测点窄边的数量为 6 个，宽边数量为 8 个，如图 2-24 所示。

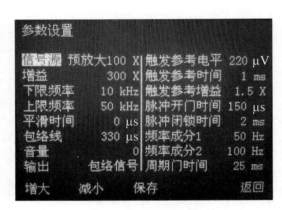

图 2-23　操作界面

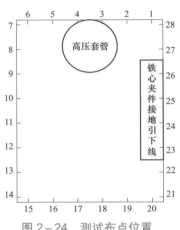

图 2-24　测试布点位置

（5）将传感器经耦合剂贴附在安塘 II 线高压并联电抗器 A 相外壳 1 处上，采用连续检测模式，观察信号有效值、周期峰值、频率成分 1、频率成分 2 的大小，并与背景信号比较，看是否有明显变化。正常设备测量结果与背景相同，频率成分 1（50Hz）和频率成分 2（100Hz）相关性信号基本为零或与背景相同。如果测量的信号幅值与背景差值大于 3dB，或者 50Hz/100Hz 相关性出现，判断为疑似局放数据。同时还应与此测试点附近不同部位的测试结果进行横向对比，如果不一致，可判断为此测试点异常；也可对同一点不同时间段测试结果进行纵向对比，如果值增大，可判断为此测试点异常。

各测点超声波测试结果的具体数据详见表 2-11。

表 2-11　　　　　　　　　　　　超 声 局 放 测 量 结 果

测量位置	有效值（mV）	周期峰值（mV）	测量位置	有效值（mV）	周期峰值（mV）
背景	2	4			
测点 1	10	25	测点 9	6	12
测点 2	7	15	测点 10	3.8	7
测点 3	4	7	测点 11	3	6
测点 4	3.8	7	测点 12	3.8	6
测点 5	4	10	测点 13	3.8	6
测点 6	6.5	15	测点 14	3.6	5
测点 7	5.8	10	测点 15	3.5	6
测点 8	4.5	8	测点 16	3.7	6

测量位置	有效值 （mV）	周期峰值 （mV）	测量位置	有效值 （mV）	周期峰值 （mV）
测点 17	2	4	测点 23	3	6
测点 18	2	4	测点 24	4	6
测点 19	5	6	测点 25	6.5	15
测点 20	4	6	测点 26	5	10
测点 21	3.8	6	测点 27	10	22
测点 22	3.8	6	测点 28	7	15

28 个测点中 A 柱侧窄面第一个测点超声波信号最强，即测点 1，测点 1 的布置图如图 2-25 所示。

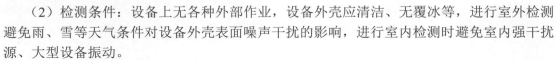

六、安全注意事项

（1）人员与带电设备保持足够安全距离（1000kV 安全距离≥9.5m，500kV 安全距离≥5m，110kV 安全距离≥1.5m，35kV 安全距离≥1m）。

（2）可戴棉手套以防止感应电伤人，注意低压用电安全。

（3）需登高作业时系好安全带。

（4）超声传感器接头易断，使用时需注意。

图 2-25 测点 1 布置图

七、技术交底

（1）敷于传感器表面 1mm 厚甘油凝胶，并确保凝胶层内不含气泡。由于超声波在空气中迅速衰减，因而介于传感器及其表面间的任何微小气隙都可能造成无法有效测量到超声波信号。

（2）检测条件：设备上无各种外部作业，设备外壳应清洁、无覆冰等，进行室外检测避免雨、雪等天气条件对设备外壳表面噪声干扰的影响，进行室内检测时避免室内强干扰源、大型设备振动。

八、超声局放检测报告

检测报告见表 2-12。

表 2-12　　　　　　　　　　检 测 报 告

一、基本信息							
变电站		委托单位		试验单位		运行编号	
试验性质		试验日期		试验人员		试验地点	
报告日期		编制人		审核人		批准人	
试验天气		环境温度		相对湿度		仪器型号	
二、设备铭牌							
设备型号		生产厂家		额定电压			
投运日期		出厂日期		出厂编号			

续表

三、检测数据

序号	检测位置	检测数值	负荷电流	图谱文件	结论
1				图谱	
2				图谱	
3				图谱	
…				图谱	
特征分析					
背景值					
仪器厂家					
仪器型号					

》》 实例五：特高压变压器（高压电抗器）高频电流测试

电力设备的绝缘系统中，只有部分区域发生放电，而没有贯穿施加电压的导体之间，即尚未击穿，这种现象称为局部放电。发生局部放电时，伴有声、光、电等现象和化学反应产生气体。局部放电时电荷移动，可用脉冲电流法检测。

一、高频电流局放检测原理

1. 原理

当局部放电在电力设备很小的范围内发生时，局部击穿过程很快，将产生很陡的脉冲电流，脉冲电流将流经电力设备的接地引下线，同时会在垂直于电流传播方向的平面上产生磁场。通过在电力设备的接地线上安装高频电流传感器和相位信息传感器，从局部放电产生的磁场中耦合能量，再经线圈转化为电信号的方式，可以检测判断电力设备中的局部放电缺陷。如图 2-26 所示。

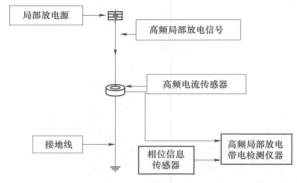

图 2-26　高频电流检测原理图

2. 高频电流局放检测典型图谱（见表 2–13）

表 2–13 高频电流局放检测典型图谱

放电类型	图 谱 特 征		缺陷分析
沿面放电	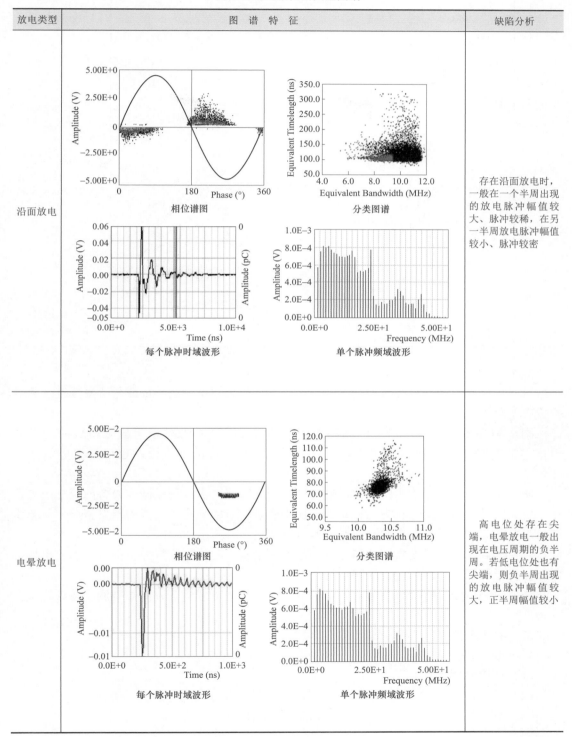		存在沿面放电时，一般在一个半周出现的放电脉冲幅值较大、脉冲较稀，在另一半周放电脉冲幅值较小、脉冲较密
电晕放电			高电位处存在尖端，电晕放电一般出现在电压周期的负半周。若低电位处也有尖端，则负半周出现的放电脉冲幅值较大，正半周幅值较小

放电类型	图 谱 特 征	缺陷分析
内部放电	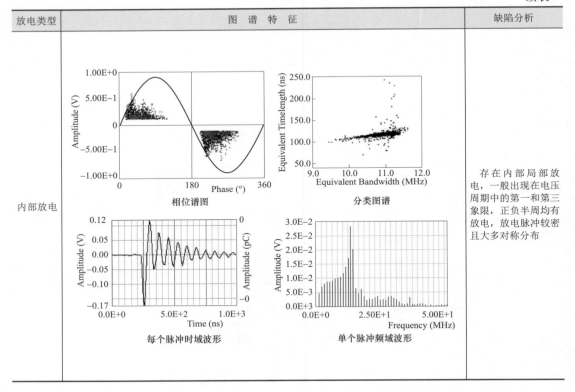 相位谱图　分类图谱 每个脉冲时域波形　单个脉冲频域波形	存在内部局部放电，一般出现在电压周期中的第一和第三象限，正负半周均有放电，放电脉冲较密且大多对称分布

3. 数据分析与处理

首先根据相位图谱特征判断测量信号是否具备典型放电图谱特征或与背景或其他测试位置有明显不同，若具备，继续如下分析和处理：

同一类设备局部放电信号的横向对比。相似设备在相似环境下检测得到的局部放电信号，其测试幅值和测试谱图应相似，同一变电站内的同类设备也可以做类似横向比较。

同一设备历史数据的纵向对比。通过在较长的时间内多次测量同一设备的局部放电信号，可以跟踪设备的绝缘状态劣化趋势，如果测量值有明显增大，或出现典型局部放电谱图，可判断此测试点内存在异常。

若检测到有局部放电特征的信号，当放电幅值较小时，判定为异常信号；当放电特征明显，且幅值较大时，判定为缺陷信号。

必要时，应结合特高频、超声波局部放电和油气成分分析等方法对被测设备进行综合分析。

二、检测条件

1. 环境要求

（1）环境温度不宜低于5℃。

（2）环境相对湿度不宜大于80%，雷、雨、雾、雪等天气不得进行检测。

（3）检测时应避免手机、照相机闪光灯等无线信号的干扰。

（4）进行检测时应避免干扰源和大型设备振动带来的影响。

2. 待测设备要求

（1）设备处于带电状态。

（2）待测设备接地引线（或被检电缆本体）上无其他耦合回路。

（3）设备上无各种外部作业。

3. 仪器要求

电力设备高频局部放电检测系统一般由高频电流传感器、相位信息传感器、信号采集单元、信号处理单元、数据处理终端和显示交互单元等构成。高频局部放电检测仪器应经具有资质的相关部门校验合格，并按规定粘贴合格标志。

三、实施流程

高频电流局放检测实施流程如图 2-27 所示。

四、作业步骤

标准作业卡见表 2-14。

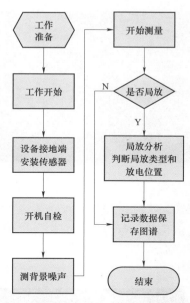

图 2-27 高频电流局放检测实施流程

表 2-14   标 准 作 业 卡

步骤	序号	工 作 内 容	✓
准备阶段	1	准备所需工器具	
	2	办理运维一体化标准作业卡	
工作开始	1	核对需检测设备名称，在工作点设置"在此工作"标示牌	
	2	进行安全、技术交底，明确工作范围、带电部位、安全注意事项和应急处置措施	
作业阶段	1	根据不同的电力设备及现场情况选择适当的测试点，保持每次测试点的位置一致，以便于进行比较分析	
	2	在设备末屏接地端（包括变压器铁心、避雷器接地引下线等）安装高频局部放电传感器和相位信息传感器，设备电流方向应与传感器的标注要求一致	
	3	开机后，运行监测软件，检查主机与电脑通信状况、同步状态、相位偏移等参数	
	4	进行系统自检，确认各检测通道工作正常	
	5	测试背景噪声，测试前将仪器调节到最小量程，测量空间背景噪声值并记录，根据现场噪声水平设定各通道信号检测阈值	
	6	开始测试，打开连接传感器的检测通道，观察检测到的信号。测试时间不少于 60s	
	7	如果发现信号无异常，保存数据，退出并改变检测位置继续下一点检测；如果发现信号异常，则延长检测时间并记录 3 组数据，进入异常诊断流程	
	8	对于异常的检测信号，可以使用诊断型仪器进行进一步的诊断分析，也可以结合其他检测方法进行综合分析	
工作结束	1	清理作业现场，做到"工完、料尽、场地清"	
	2	编制高频电流检测报告	

图 2-28　铁心、夹件电流测试

五、实例分析

下面以某变电站某线高抗 A 相高频电流局放检测为例，对检测工作进行展示。

运维人员利用局放检测仪对某线高抗 A 相进行高频局放检测，如图 2-28 所示，发现某线高抗 A 柱、X 柱的铁心和夹件均可以检测到明显的高频局部放电信号。

该局部放电信号的 PRPS 及 PRPD 图谱、周期图谱均具有典型高频局放特征，且检测时信号连续存在，检测图谱如图 2-29 [图（a）～图（h）] 所示。为了排除外界干扰对某线高抗 A 相的影响，运维人员同时对高抗散热器接地处的高频局放信号进行检测，并未发现明显的高频局放信号，检测图谱如图 2-29（i）和图 2-29（j）所示。

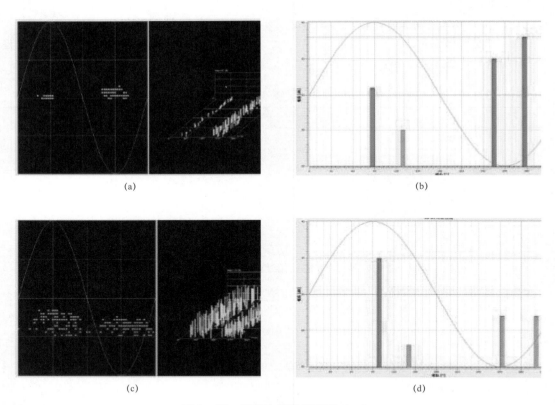

(a)　(b)　(c)　(d)

图 2-29　高频电流检测图谱（一）

（a）X 柱夹件接地高频局放信号 PRPS 及 PRPD 图谱（增益 -40dB，幅值 47dB）；

（b）X 柱夹件接地高频局放信号周期图谱；

（c）X 柱铁心接地高频局放 PRPS 及 PRPD 图谱（增益 -40dB，幅值 35dB）；

（d）X 柱铁心接地高频局放信号周期图谱

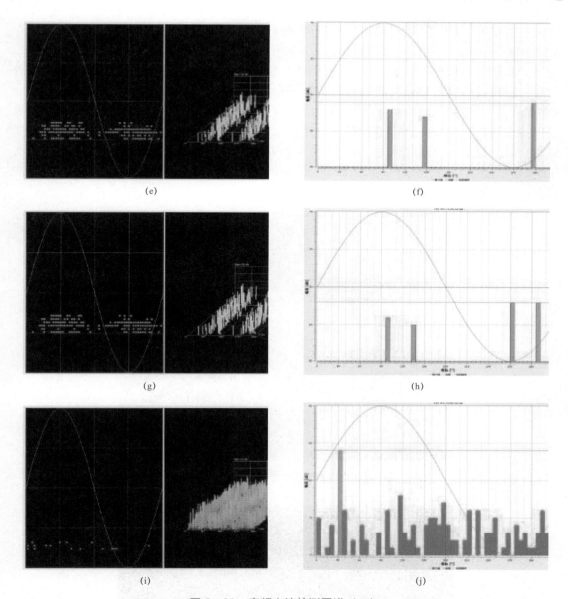

图 2 - 29　高频电流检测图谱（二）

（e）A 柱夹件接地高频局放信号 PRPS 及 PRPD 图谱（增益 -20dB，幅值 30dB）；

（f）A 柱夹件接地高频局放信号周期图谱；（g）A 柱铁心接地高频局放信号 PRPS 及 PRPD 图谱

（增益 -20dB，幅值 29dB）；（h）A 柱铁心接地高频局放信号周期图谱；

（i）散热片接地高频局放信号 PRPS 及 PRPD 图谱；（j）散热片接地高频局放信号周期图谱

由图 2 - 29 中图（i）和图（j）可以看出，高抗散热器接地处有较为明显的背景信号，但是并没有明显的高频局放信号，因此，可以基本排除图 2 - 29（a）～（h）中的高频局放信号由外部干扰所致。

由图 2 - 29（a）～（h）可以看出，高抗内部存在较为明显的高频局放信号，并且通过对比高抗 A 柱、X 柱的铁心、夹件高频局放信号的幅值可以发现，X 柱夹件＞X 柱铁

心＞A 柱夹件＞A 柱铁心，因此从信号幅值分析可知，X 柱的铁心和夹件处信号明显强于
A 柱的铁心和夹件信号，初步判断该高频局放信号源靠近高抗 X 柱。

　　为进一步分析判断高抗 A 柱和 X 柱的铁心和夹件高频局放信号之间相关性及高频局放
信号与特高频局放信号相关性，运维人员分别对 A 柱铁心、夹件，X 柱夹件和 A 柱夹件，
X 柱铁心、夹件进行高频局放信号测试，利用高速数字示波器对高抗内部的特高频局放
信号进行测试。高频局放传感器现场布置图如图 2-30 所示，特高频局放传感器安装在
高抗油箱上盖板与油箱本体连接处。图 2-30 中 4 根接地线从左到右分别对应 X 柱的夹
件、铁心以及 A 柱的夹件、铁心。高频传感器不同位置的检测波形分别如图 2-31、图 2-32
所示。

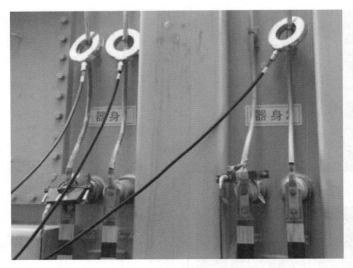

图 2-30　高频传感器现场布置图

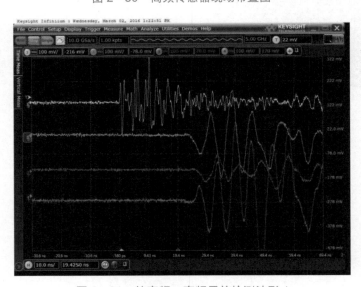

图 2-31　特高频、高频局放检测波形 1
注：黄、绿、蓝、红信号分别对应特高频传感器、A 柱夹件、A 柱铁心和 X 柱夹件高频局放传感器。

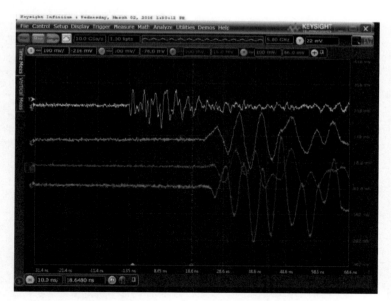

图 2-32　特高频、高频局放检测波形 2

注：黄、绿、蓝、红信号分别对应特高频传感器、A 柱夹件、X 柱铁心和 X 柱夹件高频局放传感器。

由图 2-31 和图 2-32 可以看出，特高频局放信号和高频局放信号具有较为明显的相关性，且特高频局放信号要超前高频局放信号（约 22ns）。这主要是由于特高频几乎是沿直线传播，而高频电流的传播路径较为复杂，并且高频局放的传播与其耦合路径有关，从而导致高频局放信号滞后特高频局放信号。

由图 2-31 和图 2-32 中高频局放信号的波头可以看出，A 柱铁心与 A 柱夹件、X 柱的铁心与 X 柱夹件的高频信号分别具有相同的极性，而 A 柱的铁心、夹件高频信号与 X 柱的铁心、夹件高频信号具有相反的极性。因此，高频局放信号源位于高抗内部，且信号源更靠近 X 柱夹件。数字示波器检测高频信号幅值显示，X 柱夹件幅值＞A 柱夹件幅值＞X 柱铁心幅值＞A 柱铁心幅值。

综合以上两种高频局放检测手段，判断信号源位于高抗内部，且更靠近 X 柱夹件。X 柱铁心的高频信号为 X 柱夹件直接传递所致，而 A 柱铁心、夹件的高频信号为 X 柱夹件信号可能通过外部接地线传递所致。

六、安全注意事项

（1）人员与带电设备保持足够安全距离（1000kV 安全距离≥9.5m，500kV 安全距离≥5m，110kV 安全距离≥1.5m，35kV 安全距离≥1m）。

（2）可戴棉手套以防止感应电伤人，注意低压用电安全。

（3）需登高作业时系好安全带。

七、高频电流局放检测报告

检测报告见表 2-15。

表 2－15   检 测 报 告

一、基本信息

变电站		委托单位		试验单位		运行编号	
试验性质		试验日期		试验人员		试验地点	
报告日期		编制人		审核人		批准人	
试验天气		环境温度		相对湿度		仪器型号	

二、设备铭牌

设备型号		生产厂家		额定电压	
投运日期		出厂日期		出厂编号	

三、检测数据

序号	设备名称和相位	测试值（峰值）	图谱文件	是否放电信号
1			图谱	
2			图谱	
3			图谱	
…			图谱	
特征分析				
检测仪器				
结论				
备注				

≫ 实例六：特高压变电站开关柜带电检测

电力设备的绝缘系统中，只有部分区域发生放电，而没有贯穿施加电压的导体之间，即尚未击穿，这种现象称之为局部放电。发生局部放电时，伴有声、光、电等现象和化学反应产生气体。本实例以某变电站某开关柜暂态地电压局放检测为例。

一、暂态地电压局放检测原理

1. 原理

开关柜局部放电会产生电磁波，电磁波在金属壁形成趋肤效应，并沿着金属表面进行传播，同时在金属表面产生暂态地电压，暂态地电压信号的大小与局部放电的严重程度及放电点的位置相关。利用专用的传感器对暂态地电压信号进行检测，从而判断开关柜内部的局部放电故障，也可根据暂态地电压信号到达不同传感器的时间差或幅值对比进行局部放电源定位。原理图如图 2－33 所示。

2. 数据分析

暂态地电压结果分析方法可采取纵向分析法、横向分析法。判断指导原则如下：

（1）若开关柜检测结果与环境背景值的差值大于 20dBmV，需查明原因。

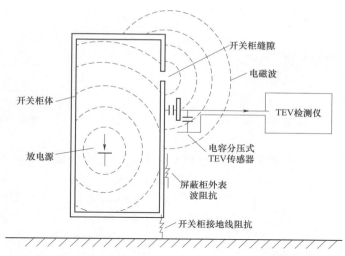

图 2-33 开关柜暂态地电压局放检测原理图

（2）若开关柜检测结果与历史数据的差值大于 20dBmV，需查明原因。

（3）若本开关柜检测结果与邻近开关柜检测结果的差值大于 20dBmV，需查明原因。

（4）必要时，进行局放定位、超声波检测等诊断性检测。

3. 纵向分析法

对同一开关柜不同时间的暂态地电压测试结果进行比较，从而判断开关柜的运行状况。需要运维人员周期性地对开关室内开关柜进行检测，并将每次检测的结果存档备份，以便于分析。

4. 横向分析法

对同一个开关室内同类开关柜的暂态地电压测试结果进行比较，从而判断开关柜的运行状况。当某一开关柜个体测试结果大于其他同类开关柜的测试结果和环境背景值时，推断该设备有存在缺陷的可能。

5. 故障定位

定位技术主要根据暂态地电压信号到达传感器的时间来确定放电活动的位置，先被触发的传感器表明其距离放电点位置较近。

首先在开关柜的横向进行定位，当两个传感器同时触发时，说明放电位置在两个传感器的中线上。同理，在开关柜的纵向进行定位，同样确定一根中线，两根中线的交点，就是局部放电的具体位置。在检测过程中需要注意以下几点：

（1）两个传感器触发不稳定。出现这种情况的原因之一是信号到达两个传感器的时间相差很小，超过了定位仪器的分辨率。也可能是由于两个传感器与放电点的距离大致相等造成的，可略微移动其中一个传感器，使得定位仪器能够分辨出哪个传感器先被触发。

（2）离测量位置较远处存在强烈的放电活动。由于信号高频分量的衰减，信号经过较长距离的传输后波形前沿发生畸变，且因为信号不同频率分量传播的速度略微不同，造成波形前沿进一步畸变，影响定位仪器判断。此外，强烈的噪声干扰也会导致定位仪器判断不稳定。

二、检测条件

1. 环境要求

（1）环境温度宜在 −10～40℃。

（2）环境相对湿度不高于 80%。

（3）禁止在雷电天气进行检测。

（4）室内检测应尽量避免气体放电灯、排风系统电机、手机、相机闪光灯等干扰源对检测的影响。

（5）通过暂态地电压局部放电检测仪器检测到的背景噪声幅值较小，不会掩盖可能存在的局部放电信号，不会对检测造成干扰，若测得背景噪声较大，可通过改变检测频段降低测得的背景噪声值。

2. 待测设备要求

（1）开关柜处于带电状态。

（2）开关柜投入运行超过 30min。

（3）开关柜金属外壳清洁并可靠接地。

（4）开关柜上无其他外部作业。

（5）退出电容器、电抗器开关柜的自动电压控制系统（AVC）。

三、实施流程

开关柜暂态地电压局放检测实施流程如图 2−34 所示。

四、作业步骤

标准作业卡见表 2−16。

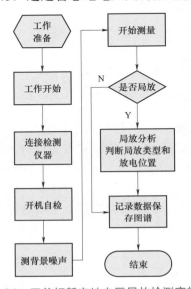

图 2−34 开关柜暂态地电压局放检测实施流程

表 2−16　　　　　　　　标准作业卡

步骤	序号	工作内容	√
准备阶段	1	准备所需工器具（暂态地电压局放检测仪、纸、笔）	
	2	办理运维一体化标准作业指导卡	
工作开始	1	核对需检测设备名称，在工作点设置"在此工作！"标示牌	
	2	进行安全、技术交底，明确工作范围、带电部位、安全注意事项和应急处置措施	
作业阶段	1	有条件情况下，关闭开关室内照明及通风设备，以避免对检测工作造成干扰	
	2	检查仪器完整性，按照仪器说明书连接检测仪器各部件，将检测仪器开机	
	3	开机后，运行检测软件，检查界面显示、模式切换是否正常稳定	
	4	进行仪器自检，确认暂态地电压传感器和检测通道工作正常	
	5	测试环境（空气和金属）中的背景值。一般情况下，测试金属背景值时可选择开关室内远离开关柜的金属门窗；测试空气背景时，可在开关室内远离开关柜的位置，放置一块 20cm×20cm 的金属板，将传感器贴紧金属板进行测试	
	6	每面开关柜的前面和后面均应设置测试点，具备条件时（例如一排开关柜的第一面和最后一面），在侧面设置测试点	

续表

步骤	序号	工 作 内 容	√
作业阶段	7	确认洁净后，施加适当压力将暂态地电压传感器紧贴于金属壳体外表面，检测时传感器应与开关柜壳体保持相对静止，人体不能接触暂态地电压传感器，应尽可能保持每次检测点的位置一致，以便于进行比较分析	
	8	在显示界面观察检测到的信号，待读数稳定后，如果发现信号无异常，幅值较低，则记录数据，继续下一点检测	
	9	如存在异常信号，则应在该开关柜进行多次、多点检测，查找信号最大点的位置，记录异常信号和检测位置	
工作结束	1	清理作业现场，做到"料尽、场地清"	
	2	编制检测报告	

五、实例分析

下面以某开关柜暂态地电压局放检测为例，对检测工作进行展示。

使用 PDS－T90 的暂态地电压模式对该开关柜进行暂态地电压检测，如图 2－35 所示。

图 2－35　暂态地电压局放检测

按照开关柜的排列顺序对某 1000kV 特高压变电站 35kV 开关柜进行暂态地电压检测，选择前中、前下、后上、后下四个点记录暂态地电压测量值，按照开关柜的分布情况，对测试数据进行横向对比，绘制成数据图，35kV 开关柜暂态地电压测试横向比较数据如图 2－36 所示，暂态地电压数据在 2～6dB 范围内波动，按照国家电网开关柜暂态地电压测试数值大于 20dB 为异常，判断该高压室开关柜局放暂态地电压测试正常。

六、安全注意事项

（1）人员与带电设备保持足够安全距离（1000kV 安全距离≥9.5m，500kV 安全距离≥5m，110kV 安全距离≥1.5m，35kV 安全距离≥1m）。

（2）可戴棉手套以防止感应电伤人，注意低压用电安全。

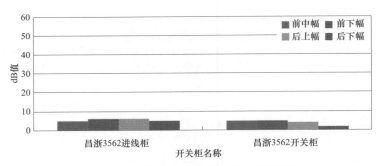

图 2-36　暂态地电压测试横向比较数据

七、暂态地电压局放检测报告

检测报告见表 2-17。

表 2-17　　　　　　　　检 测 报 告

一、基本信息							
变电站		委托单位		试验单位		运行编号	
试验性质		试验日期		试验人员		试验地点	
报告日期		编制人		审核人		批准人	
试验天气		环境温度		相对湿度		仪器型号	

二、设备铭牌					
设备型号		生产厂家		额定电压	
投运日期		出厂日期		出厂编号	

三、检测数据

序号	设备名称和相位		前中	前下	后上	后下	负荷	结论
1		前次						
		本次						
2		前次						
		本次						
3								
…								
特征分析								
背景值								
仪器厂家、型号								
备注								

实例七：特高压变电站避雷器阻性电流带电检测

一、检测原理

泄漏电流带电检测主要是测量避雷器的全电流和阻性电流基波峰值，根据这两个值的变化来判断避雷器内部是否受潮、金属氧化物阀片是否发生劣化等。

波形分析法是运用 FFT 变换对同步检测到的电压和电流信号进行谐波分析，获得电压和阻性电流各次谐波的幅值和相角，然后计算各次谐波的有功无功分量。目前，使用较多的是对 1、3、5、7 次谐波进行分析处理。

二、检测条件

1. 环境要求

（1）无雷雨天气。

（2）环境温度不宜低于 +5℃。

（3）检测宜在晴天进行，环境相对湿度不宜大于 80%。

2. 待测设备要求

（1）设备处于运行状态。

（2）设备外表面清洁。

（3）设备上无其他外部作业。

三、实施流程

检测实施流程如图 2-37 所示。

四、作业步骤与数据分析

1. 作业步骤（标准作业卡见表 2-18）

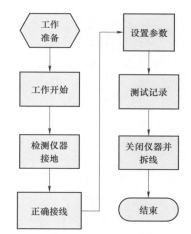

图 2-37　检测实施流程

表 2-18　　　　　　　　　　　　　标　准　作　业　卡

步骤	序号	工　作　内　容	√
准备阶段	1	准备所需工器具（氧化锌避雷器阻性电流测试仪、电缆盘、绝缘胶带）	
	2	办理工作票	
工作开始	1	核对需检测设备名称，在工作点设"在此工作！"标示牌	
	2	进行安全、技术交底，使每一位工作人员明确工作范围、带电部位、安全注意事项和应急处置措施	
作业阶段	1	按照仪器说明书连接检测仪器各部件，将检测仪器正确接地后开机，并运行检测软件	
	2	测量电压隔离器及信号线绝缘良好，在所检测设备同一电压等级电压互感器端子箱内接入参考信号，打开发射开关	
	3	打开主机查看参考电压值和相位是否正确	
	4	取全电流时，首先将测全电流的信号线与主机连接；取电流信号时应先接避雷器泄漏电流表的接地端，再接高压端，并观察泄漏电流表指针是否归零	
	5	记录全电流有效值、阻性电流有效值、阻性电流峰值、阻性电流基波峰值、阻性电流三次谐波峰值、电压电流夹角、相邻间隔设备运行情况以及现场环境温湿度；并注意避雷器外瓷套表面状况及相间干扰对测试结果的影响	
	6	当检测数据有异常时，应排除环境干扰因素，进行复测	

续表

步骤	序号	工 作 内 容	√
作业阶段	7	测试完毕，仪器关机后应先将测试信号线拆除，再拆仪器接地线。在拆除测试信号线时，先拆泄漏电流表高压端，再拆接地端，最后拆除主机接地线，整理检测仪器	
	8	测试结束后，恢复被试设备以及二次电压端子箱原来的状态	
工作结束	1	清理作业现场，做到"料尽、场地清"	
	2	生成避雷器阻性电流带电检测报告	

2. 数据分析

（1）纵向比较法。与前次或初始值比较，阻性电流初值差应不大于50%，全电流初值差应不大于20%。当阻性电流增加0.5倍时应缩短试验周期并加强监测，增加1倍时应停电检查。

（2）横向比较法。同一厂家、同一批次、同相位的产品，避雷器各参数应大致相同，彼此应无显著差异。如果全电流或阻性电流差别超过70%，即使参数不超标，避雷器也有可能异常。

（3）综合分析法。当怀疑避雷器泄漏电流存在异常时，应排除各种因素的干扰，并结合红外精确测温、高频局部放电测试结果进行综合分析判断，必要时应开展停电诊断试验。

3. 环境影响

在进行避雷器泄漏电流的分析判断时，要充分考虑外界环境因素对测试结果的影响，确保分析正确。

（1）瓷套外表面受潮污秽的影响，瓷套外表面潮湿污秽引起的泄漏电流，如果不加屏蔽会进入测量仪器，使测量结果偏大。

（2）温度的影响，由于避雷器的氧化锌电阻片在小电流区域具有负的温度系数及避雷器内部空间较小，散热条件较差，有功损耗产生的热量会使电阻片的温度高于环境温度，这些都会使避雷器的阻性电流增大。因此，在进行检测数据的纵向比较时应充分考虑该因素。

（3）湿度的影响，湿度比较大的情况下，会使避雷器瓷套外表面泄漏电流明显增大，同时引起避雷器内部阀片的电位分布发生变化，使芯体电流明显增大，严重时芯体电流增大1倍左右，瓷套表面电流会呈几十倍增加。

（4）谐波的影响，电网含有的电压谐波，会在避雷器中产生谐波电流，导致无法准确检测避雷器自身的谐波电流。

（5）电磁场的影响，测试点的电磁场较强时，会影响电压与总电流的夹角，从而会使测得的阻性电流峰值数据不真实，给测试人员正确判断避雷器的质量状况带来不利影响。

（6）相间干扰的影响，对于一字排列的三相避雷器，由于相间干扰的影响，A、C相电流相位都要向B相方向偏移，一般偏移角度2°～4°，这将导致A相阻性电流增加，C相变小甚至为负。相间干扰对测试结果有影响，但并不影响测试结果的有效性。通过与历史数据进行比较，能较好地反映避雷器的运行情况。

五、实例分析

下面以安兰Ⅱ线避雷器阻性电流检测为例，对检测工作进行展示。

检测接线图如图2-38所示。

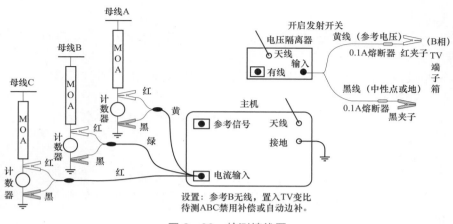

图 2-38　检测接线图

（1）对安兰Ⅱ线避雷器进行阻性电流检测，得到如下数据，见表 2-19。

表 2-19　　　　　　　　　　　　检 测 结 果

设备名称	相别	φ（°）	I_x（mA）	I_r（mA）	P_1（W）	参考 TV
安兰Ⅱ线	A	85.03	8.796	0.780	459.2	2 号主变压器 1000kV 侧电压互感器
	B	85.22	8.980	0.785	451.2	
	C	84.93	9.604	0.878	512.5	

所测数据中电流夹角介于 83° 与 87.99° 之间，结果评定为优；电流分量未见相间明显偏差。

（2）历史数据对比。最近一次检测数据见表 2-20。

表 2-20　　　　　　　　　　　　检 测 数 据

设备名称	相别	φ（°）	I_x（mA）	I_r（mA）	P_1（W）	参考 TV
安兰Ⅱ线	A	87.01	8.488	0.467	268.5	2 号主变压器 1000kV 侧电压互感器
	B	87.09	8.712	0.501	268.5	
	C	87.17	9.357	0.508	281.3	

将本次数据与上次检测数据纵向对比，发现三相阻性电流纵向差为 58.54%、46.18%、69.17%，超过偏差允许值 30%，该数据异常。

（3）综合分析。对其他数值进行分析，全电流偏差值小于 20%，满足要求；与其他间隔设备横向对比，偏差值小于 70%，满足要求。通过红外测温、高频电流检测等手段均未发现异常，且其他间隔均存在阻性电流超标现象。因本次检测环境温度较上次升高 21℃，在一定程度上导致阻性电流增大，判断该异常为温度变化引起，设备运行正常。在随后该间隔的检修试验中，各项试验数据均正常，印证了该判断。

六、安全注意事项

（1）人员与带电设备保持足够安全距离（1000kV 安全距离≥9.5m，500kV 安全距离≥5m，110kV 安全距离≥1.5m，35kV 安全距离≥1m）。

（2）试验过程应戴绝缘手套，穿绝缘靴，使用绝缘垫。

（3）保证仪器可靠接地。

（4）电压互感器端子箱接线前，应先用万用表测量参考电压引线及电压隔离器有无短路，防止电压互感器二次短路。

七、技术交底

（1）为减少相间干扰，避免出现检测数据不合格，全部采用"自动边补"测量方式。

（2）检测应选在晴天，避免在阴雨天、清晨傍晚等空气湿度较大的情况下试验，严禁雷雨天试验。

（3）为便于纵向数据比对，将各电压等级参考点固定位。

（4）对于有沿面泄漏电流单独引下线接地的避雷器，在夹取高压端电流时，应只夹取避雷器泄漏电流表上端口。因为避雷器沿面泄漏电流是干扰项。

八、避雷器阻性电流检测报告

检测报告见表 2-21。

表 2-21　　　　　　　　检 测 报 告

一、基本信息							
变电站		委托单位		试验单位		运行编号	
试验性质		试验日期		试验人员		试验地点	
报告日期		编制人		审核人		批准人	
试验天气		环境温度		相对湿度		仪器型号	

二、设备铭牌					
设备型号		生产厂家		额定电压	
投运日期		出厂日期		出厂编号	

三、检测数据								
避雷器	相别	补偿角	φ（°）	I_x（mA）	I_r（mA）	P_1（W）	初值差	参考 TV
数值分析								
仪器厂家								
仪器型号								
备注								

≫ 实例八：特高压变压器（高压电抗器）取油及色谱分析

变压器内部故障发展时，会在变压器内部发生局部放电、过热等情况，在此作用下绝缘油、绝缘件会分解产生气体，溶入油中。通过对变压器（高抗）油色谱分析，检测油中气体成分及含量，以对变压器（高抗）内部做出评价。

一、检测原理

绝缘油是由许多不同分子量的碳氢化合物分子组成的混合物，分子中含有 CH_3，CH_2 和 CH 化学基团并由 C−C 键键合在一起。由于电或热故障的结果可以使某些 C−H 键和 C−C 键断裂，形成氢气和低分子烃类气体，油气氧化反应时伴随产生少量 CO 和 CO_2。纸或木块等固体绝缘材料则会分解生成大量 CO 和 CO_2 以及少量烃类气体。

分解出的气体形成气泡在油里经对流、扩散不断溶解在油中，这些故障气体的组成和含量与故障的类型及其严重程度有密切关系。因此，分析溶解于油中的气体，就能尽早发现设备内部存在的潜伏性故障并可随时监视故障的发展情况。

二、检测条件

1. 环境要求

（1）应在良好的天气下进行。

（2）环境温度不宜低于 +5℃。

（3）环境相对湿度不宜大于 80%。

2. 待测设备要求

（1）一般从设备底部的取样阀取油，特殊情况下可在不同取样部位取油。

（2）设备上无其他外部作业。

（3）取样阀应清洁无异物。

三、实施流程

检测实施流程如图 2−39 所示。

四、作业步骤与数据分析

标准作业卡见表 2−22。

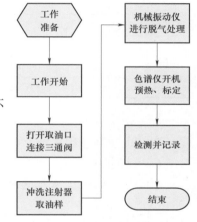

图 2−39　检测实施流程

表 2−22　　　　　　　　　　标 准 作 业 卡

步骤	序号	工 作 内 容	√
准备阶段	1	准备所需工器具（注射器、取样乳胶管、橡胶手套、抹布、活动扳手、废油桶、标签纸、记号笔）	
	2	办理运维一体化标准作业指导卡	
	3	填写样品标签，完毕后粘贴在注射器外壁上，记录环境温湿度。标签内容应包括变电站名称、设备名称、取样日期等	
工作开始	1	核对需检测设备名称，在工作点设"在此工作！"标示牌	
	2	进行安全、技术交底，使每一位工作人明确工作范围、带电部位、安全注意事项和应急处置措施	
作业阶段	1	核对取样设备和容器标签是否一致。用专用工具拧开放油阀门防尘罩，取样前油阀门需先用干净甲级棉纱或布擦净，再放油冲洗干净	
	2	将三通连接管与放油阀接头连接，注射器与三通阀连接。旋开放油阀螺栓，旋转三通与注射器隔绝，放出设备死角处及放油阀的死油（大约 500ml），并收集于废油桶中	
	3	旋转三通与大气隔绝，借助设备油的自然压力使油注入注射器，以便湿润和冲洗注射器（注射器要冲洗 2~3 次）	

续表

步骤	序号	工 作 内 容	√
作业阶段	4	旋转三通阀与设备本体隔绝，推注射器芯子使其排空	
	5	旋转三通阀与大气隔绝，借助设备油的自然压力使油缓缓进入注射器中。取样中不应用手拉动芯子，进入针筒中的油不应带气泡；油样应平缓流入容器，不产生冲击、飞溅或起泡沫	
	6	当注射器中油样达到 50～80ml 时，立即旋转三通阀与本体隔绝，从注射器上拔下三通阀，将密封胶帽内的空气泡被挤出，盖在注射器的头部，将注射器置于专用样品箱内	
	7	拧紧放油阀螺栓及防尘罩，用布擦净取样阀门周围油污。检查油位应正常，否则应补油	
	8	取好的油样应放入专用样品箱内，在运输中应尽量避免剧烈震动，防止容器破碎，尽量避免空运和避光	
	9	注射器在运输和保存期间，应保证注射器芯能自由滑动，油样放置不得超过 48h	
	10	将注射器放入机械振动仪进行脱气处理，注入 5ml 氮气，连续振荡 20min 后静置 10min，转移样品气体	
	11	色谱仪开机预热、标定后，抽取 1ml 样品气体进行分析。记录检测结果	
工作结束	1	清理作业现场，做到"料尽、场地清"	
	2	取油样结束 15min 后应对取样阀门进行检查，确认无渗漏油现象	
	3	对检测结果进行分析，并生成检测报告	

五、实例分析

下面以安塘Ⅱ线高抗油色谱分析检测为例，对检测工作进行展示。

1. 安塘Ⅱ线高抗 A 相

对安塘Ⅱ线高抗 A 相进行油色谱分析，检测数据如表 2－23 所示。

表 2－23 安塘Ⅱ线高抗 A 相油色谱离线数据 （μL/L）

日期	设备名称	H_2	CH_4	C_2H_6	C_2H_4	C_2H_2	总烃	CO	CO_2
2/1	安塘Ⅱ线高抗 A 相	74.54	10.35	5.96	21.54	9.47	47.31	105.82	676.81

由表 2－23 中数据可知，安塘Ⅱ线高抗油色谱分析数据中乙炔气体含量超标，远大于允许值 1μL/L，而其他气体成分未超过允许值，表明高抗内部可能存在放电性缺陷。

2. 跟踪检测

对安塘Ⅱ线高抗 A 相乙炔气体进行跟踪检测，检测数据如表 2－24 所示。

表 2－24 安塘Ⅱ线高抗 A 相油色谱离线数据 （μL/L）

日期	设备名称	H_2	CH_4	C_2H_6	C_2H_4	C_2H_2	总烃	CO	CO_2
2/1	安塘Ⅱ线高抗 A 相	74.54	10.35	5.96	21.54	9.47	47.31	105.82	676.81
2/4	安塘Ⅱ线高抗 A 相	76.64	10.59	6.19	22.74	9.54	49.06	111.67	695.25
2/15	安塘Ⅱ线高抗 A 相	69.6	8.29	5.05	17.93	8.59	39.86	96.12	574.1
2/23	安塘Ⅱ线高抗 A 相	54.79	9.15	4.87	17.67	8.08	39.77	89.75	574.91
2/29	安塘Ⅱ线高抗 A 相	58.63	9.76	6.57	19.73	11.63	47.69	90.12	583.81

续表

日期	设备名称	H_2	CH_4	C_2H_6	C_2H_4	C_2H_2	总烃	CO	CO_2
3/1	安塘Ⅱ线高抗A相	66.48	9.99	5.41	19.68	12.76	47.84	93.82	581.16
3/2	安塘Ⅱ线高抗A相	64.73	9.45	4.99	18.31	12.67	45.42	72.81	617.97
3/3	安塘Ⅱ线高抗A相	70.73	12.06	4.56	17.10	12.39	46.11	83.67	537.02
3/4	安塘Ⅱ线高抗A相	77.70	10.57	4.77	17.99	13.96	47.29	87.83	660.46
3/5	安塘Ⅱ线高抗A相	80.00	10.88	5.79	20.6	16.14	53.41	94.35	589.52

由跟踪数据可知，乙炔气体含量超标且持续增长，其他特征气体含量基本保持稳定，表明高抗内部确实存在放电。需结合其他检测手段及试验综合判断处理。

3. 缺陷确认

结合超声波局放、特高频局放、高频电流等检测手段确认存在内部放电缺陷后，对高抗进行停电解体检查，发现内部确实存在放电痕迹。图2−40为解体检查放电部位照片。

图2−40　地屏烧伤痕迹

六、安全注意事项

（1）人员与带电设备保持足够安全距离（1000kV安全距离≥9.5m，500kV安全距离≥5m，110kV安全距离≥1.5m，35kV安全距离≥1m）。

（2）高处作业时要系安全带。

（3）取油前后均需确认阀门关紧，取油时阀门不宜打开过大。

七、技术交底

（1）油样应能代表设备本体油，应避免在油循环不够充分的死角处取样，一般应从设备底部的取样阀取样，在特殊情况下可在不同取样部位取样。

（2）取样过程要求全封闭，即取样连接方式可靠，既不能让油中溶解水分及气体逸散，也不能混入空气（必须排净取样接头内残存的空气），操作时油中不得产生气泡。

（3）取样应在晴天进行。取样后要求注射器芯子能自由活动，以避免形成负压空腔。油样应避光保存。

八、油色谱离线检测报告

检测报告见表 2-25。

表 2-25 检 测 报 告

一、基本信息

变电站		委托单位		试验单位		运行编号	
试验性质		试验日期		试验人员		试验地点	
报告日期		编制人		审核人		批准人	
试验天气		环境温度		相对湿度		仪器型号	

二、设备铭牌

设备型号		生产厂家		额定电压	
投运日期		出厂日期		出厂编号	

三、检测数据

相别	H_2	CH_4	C_2H_6	C_2H_4	C_2H_2	总烃	CO	CO_2
数值分析								
仪器厂家								
仪器型号								

▶▶ 实例九：特高压变压器（高压电抗器）气体继电器取气及色谱分析

变压器（高抗）内部故障发展时，会在变压器内部发生局部放电、过热等情况，在此作用下绝缘油、绝缘件会分解产生气体，溶入油中。当故障快速发展时，产生大量分解气体，并积聚在气体继电器顶部。通过对变压器（高抗）气体色谱分析，检测气体成分及含量，以对变压器（高抗）内部作出评价。

一、检测原理

绝缘油是由许多不同分子量的碳氢化合物分子组成的混合物，分子中含有 CH_3，CH_2 和 CH 化学基团并由 C-C 键键合在一起。由于电或热故障的结果可以使某些 C-H 键和 C-C 键断裂，形成氢气和低分子烃类气体，油起氧化反应时伴随产生少量 CO 和 CO_2。纸或木块等固体绝缘材料则会分解生成大量 CO 和 CO_2 以及少量烃类气体。

绝缘油和固体绝缘件分解产生的气体不断上升并在气体继电器顶部聚积，通过取气分析其成分，用以判断变压器（高抗）内部发生故障的类型及严重程度，便于快速做出决策，及时处理故障。

二、检测条件

1. 环境要求

（1）应在良好的天气下进行。

（2）环境温度不宜低于+5℃。

（3）环境相对湿度不宜大于 80%。

2. 待测设备要求

（1）设备上无其他外部作业。

（2）取样阀应清洁无异物。

三、实施流程

检测实施流程如图 2−41 所示。

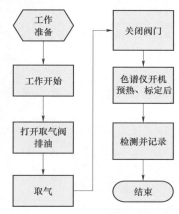

图 2−41　检测实施流程

四、作业步骤

标准作业卡见表 2−26

表 2−26　　　　　　　　　　　　　标 准 作 业 卡

步骤	序号	工 作 内 容	√
准备阶段	1	准备所需工器具（注射器、毛巾、双头针、废油瓶或废油桶、标签纸、取气辅助装置）	
	2	办理运维一体化标准作业指导卡	
	3	填写样品标签，完毕后粘贴在注射器外壁上，记录环境温湿度。标签内容应包括变电站名称、设备名称、取样日期等	
工作开始	1	核对需检测设备名称，在工作点设"在此工作！"标示牌	
	2	进行安全、技术交底，使每一位工作人明确工作范围、带电部位、安全注意事项和应急处置措施	
作业阶段	1	核对取样设备和容器标签是否一致。确认瓦斯取气盒上部引接管处阀门（上部左侧位置）在打开状态（要求运行时为常开状态），打开瓦斯取气盒窥视镜的保护外罩（要求运行时为覆盖保护状态）	
	2	检查变压器（高抗）呼吸器呼吸正常	
	3	拧开取气阀、放油阀门防尘罩，取样前阀门需先用干净甲级棉纱或布擦净	
	4	打开阀门排取气盒内的油，注意观察是否变压器内部存在复压，若排气盒内的油不能自动流出，则判定为变压器内部存在复压，应立即关闭排油阀，再次检查呼吸器呼吸是否正常，必要时申请退出重瓦斯保护后再排油	

续表

步骤	序号	工 作 内 容	√
作业阶段	5	打开阀门排取气盒内的油，上部瓦斯处集合气逐渐引至下部瓦斯取气盒处，当引下管再次出油时，说明瓦斯处气体已全部引下来，若当瓦斯取气盒下部油接近排完，但引下管仍出油时，说明瓦斯处还有气体，可忽略，先执行下一步，到取气完毕后再排气	
	6	用少量瓦斯处的油或主变压器本体油湿润针筒芯塞后，放入针筒来回活动几次使针筒整体密封良好，将针筒芯塞推至零位，套上胶帽并插入双头针（可在瓦斯取气盒排油时完成）	
	7	旋开瓦斯取气盒上部的排气阀门的外盖，装上取气辅助装置（铜质零件），稍稍打开阀门，用瓦斯取气盒内气体冲洗管道（1s即可），立刻关闭阀门并套上胶帽	
	8	将预先已准备好的已接有双头针的取样针筒通过双头针插入装上取气辅助装置胶帽处，形成密封取样	
	9	稍稍打开取气阀门，气体会慢慢压入针筒内（注意控制出气压力）	
	10	当取样足够后，关闭阀门，使双头针保留在瓦斯取气盒放气阀门侧的状态下拔掉取样针筒，此时完成取气样	
	11	卸去取气辅助装置，打开取气阀门，将瓦斯取气盒内的气体排掉直至出油，关闭阀门，回装取气阀门的外盖	
	12	色谱仪开机预热、标定后，抽取1ml样品气体进行分析。记录检测结果	
工作结束	1	清理作业现场，做到"料尽、场地清"	
	2	对检测结果进行分析，并生成检测报告	

五、实例分析

下面以1号主变压器A相瓦斯气体色谱分析检测为例，对检测工作进行展示。

1. 1号主变压器A相集气盒放油

打开底部放油阀，排出引下管中的油，如图2-42所示。

图2-42 集气盒引下线排油

2. 1号主变压器A相集气盒取气

取气管道经瓦斯气体冲洗后，开始收集气体，如图2-43所示。

3. 气样送检

气体收集完后，关闭阀门，气样送检分析。

六、安全注意事项

（1）人员与带电设备保持足够安全距离（1000kV 安全距离≥9.5m，500kV 安全距离≥5m，110kV 安全距离≥1.5m，35kV 安全距离≥1m）。

（2）高处作业时要系安全带。

（3）取气前后均需确认阀门关紧。

七、技术交底

（1）取样注射器使用前，应按顺序用有机溶剂、自来水、蒸馏水洗净，在105℃下充分干燥或采用吹风机热风干燥，干燥后，立即用小胶头封住头部，粘贴标签待用。如果一次清洗多支注射器时，应做好一一对应标识，防止混淆。

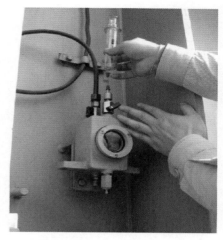

图2-43 采集气样

（2）取气盒处排油在底部阀门处进行，排出的油必须使用容器盛装，在排油过程的中段用排出的油湿润取气针筒的芯塞，然后在针筒本体来回拉动，使筒体与芯塞间密封良好，并及时塞好胶帽。

（3）排油至瓦斯引接管再次出油时，必须及时停止排油并读取集气量。

（4）在取气盒处取气必须在上部的排气阀门出口处进行，打开出口封盖前要确保阀门在关闭状态，安装好取气转接头后，要轻微开启阀门，使其流出少量气体将转接头处的空气排尽，片刻后立即关闭阀门并将转接头出口戴好胶帽。

（5）取气样过程中要根据针芯的移动速度控制好阀门的开启角度，不得过快。

八、瓦斯气样检测报告

检测报告见表2-27。

表2-27　　　　　　　检 测 报 告

一、基本信息

变电站		委托单位		试验单位		运行编号	
试验性质		试验日期		试验人员		试验地点	
报告日期		编制人		审核人		批准人	
试验天气		环境温度		相对湿度		仪器型号	

二、设备铭牌

设备型号		生产厂家		额定电压	
投运日期		出厂日期		出厂编号	

三、检测数据

相别	H_2	CH_4	C_2H_6	C_2H_4	C_2H_2	总烃	CO	CO_2

续表

数值分析	
仪器厂家	
仪器型号	

≫ 实例十：特高压变电站接地网导通检测

一、检测原理

在仪器内有一个直流恒流源，测量时，仪器向被试品馈入恒流，该电流在被测体上产生相应的压降，这一电压值取回本机，经放大采样计算后得出电阻值。

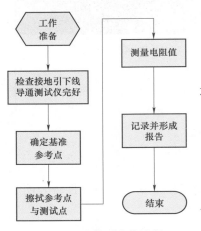

图 2-44　检测实施流程

二、检测条件

1. 环境要求

（1）应在干燥季节和土壤未冻结时进行。

（2）天气应良好，不应在雷、雨、雪中或雨、雪后立即进行。

（3）环境温度在 0～40℃。

（4）环境相对湿度不宜大于 80%。

2. 待测设备要求

（1）供电电源交流 220V 允许偏差±10%，50Hz。

（2）周围无强烈电磁场干扰源，无大量灰尘和腐蚀性气体，通风良好。

三、实施流程

检测实施流程如图 2-44 所示。

四、作业步骤与数据分析

1. 标准作业卡（见表 2-28）

表 2-28　　　　　　　　　　　　　　标 准 作 业 卡

步骤	序号	工　作　内　容	√
准备阶段	1	准备所需工器具（JDC-1 接地引下线导通测试仪、一根红色 50m 测量线、一根黑色 5m 测量线、钢刷、无纺布、酒精及喷雾壶）	
	2	办理运维一体化标准作业指导卡	
工作开始	1	核对需检测设备名称，在工作点设"在此工作！"标示牌	
	2	进行安全、技术交底，使每一位工作人员明确工作范围、带电部位、安全注意事项和应急处置措施	
作业阶段	1	检查接地引下线导通测试仪完好，经校验且在有效期内。测试仪开机检查运行正常后关机。再次检查试验线完好	
	2	找到基准参考点，根据接地导通测试执行卡选定的与主地网连接合格的设备接地引下线	
	3	检查被选为基准参考点的设备接地引下线需夹黑色线夹的部位是否表面清洁干净。如表面不清洁干净，使用钢刷、无纺布、酒精及喷雾壶进行除锈、除油、除漆等工作	
	4	将黑色测量线接入测量装置	

续表

步骤	序号	工 作 内 容	√
作业阶段	5	将黑色线夹夹住选为基准参考点的设备接地引下线清洁后的部位	
	6	找到接地导通测试执行卡指定的被测试点	
	7	检查被测试点设备接地引下线需夹红色线夹的部位是否表面清洁干净。如表面不清洁干净，使用钢刷、无纺布、酒精及喷雾壶进行除锈、除油、除漆等工作	
	8	将红色测量线接入测量装置	
	9	试验仪器开机，开机正常后，按住"测试"按钮不放，液晶屏显示值即为测试两点之间的电阻值，记录数值	
	10	松开"测试"按钮，将红色测量线移至下一个待测接地点继续测试	
	11	检查测试报告是否完整	
工作结束	1	清理作业现场，做到"料尽、场地清"	
	2	对检测结果进行分析，并生成检测报告	

2. 数据分析及处理

（1）根据测试结果报告查看各测试点阻值大小，根据各测试点阻值大小分别对待：

1）状况良好的设备测试值应在 50mΩ 以下。

2）50～200mΩ 的设备状况尚可，宜在以后例行测试中重点关注其变化，重要的设备宜在适当时候检查处理。

3）200mΩ～1Ω 的设备状况不佳，对重要的设备应尽快检查处理，其他设备宜在适当时候检查处理。

4）1Ω 以上的设备与主地网未连接，应尽快检查处理。

（2）独立避雷针根据设计情况区别对待。

五、安全注意事项

（1）人员与带电设备保持足够安全距离（1000kV 安全距离≥9.5m，500kV 安全距离≥5m，110kV 安全距离≥1.5m，35kV 安全距离≥1m）。

（2）严禁在雷雨、大风天气测量。

六、技术交底

（1）测试仪接线如图 2-45 所示。其中方框内为黑色夹子，夹在基准参考点处；圆形

图 2-45　测试仪接线

框内为红色夹子，夹在测试点处。

（2）在测试转移过程中不用关机，但必须注意不能按测试按钮。

（3）仪器表盘如图2－46所示。

图2－46　仪器表盘

七、接地引下线导通试验报告

试验报告见表2－29。

表2－29　　　　　　　　　　　　　试　验　报　告

一、基本信息

变电站		委托单位		试验单位			
试验性质		试验日期		试验人员		试验地点	
报告日期		编写人员		审核人员		批准人员	
试验天气		温度（℃）		湿度（%）			

二、试验结果

序号	参考点	测量地点	测量值（mΩ）
1			
2			
…			
试验仪器			
试验结论			

第二节　特高压变电站一次设备维护实例分析

》 实例一：特高压变电站 GIS 带电补气

一、原理

20 世纪 50 年代中期，发现 SF_6 气体具有优良的绝缘和灭弧特性，开始被广泛应用于高压设备的设计、制造和运行。目前 GIS 设备在高电压领域得到越来越广泛的应用。

GIS 设备采用 SF_6 气体绝缘和灭弧，这就要求 GIS 设备有极好的密封性，避免出现因 SF_6 气体泄漏导致设备绝缘强度降低的问题。然而，由于设计、制造、安装以及运行维护不当等原因，容易造成 GIS 设备 SF_6 气体泄漏。

当 GIS 设备 SF_6 气体压力降低时，为确保 GIS 设备能够正常运行，在不停电的情况下可进行带电补气。

二、实施流程

GIS 设备带电补气流程如图 2-47 所示。

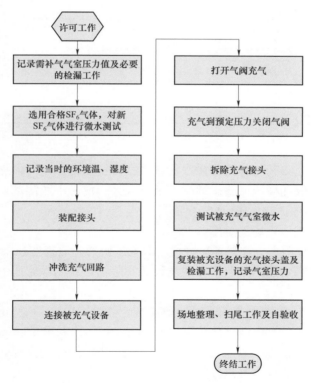

图 2-47　GIS 设备带电补气流程

三、作业步骤

GIS 带电补气标准作业卡见表 2-30。

表 2-30 　　　　　　　　　　　　GIS 带电补气标准作业卡

步骤	序号	工 作 内 容	√
工作开始	1	核对需带电补气设备及现场安全措施	
	2	进行安全、技术交底，使每一位工作人员明确工作范围、带电部位、安全注意事项和应急处置措施	
作业阶段	1	记录需补气气室压力值及进行必要的检漏工作	
	2	选用合格 SF_6 气体，对新 SF_6 气体进行微水测试	
	3	将温湿度计放置在检修设备附近，记录当时的环境温、湿度	
	4	装配 SF_6 瓶、减压阀、充气装置、充气管道及充气接头（此时暂不与气室相联接）	
	5	打开 SF_6 气瓶阀门，缓慢开启减压阀，对整个充气回路进行冲洗	
	6	打开本体的 SF_6 气体充气接头盖，接上充气回路的接头（打开本体的 SF_6 气体充气接头盖，用电吹风将充气接头吹干后立即接上充气回路的接头。电吹风根据现场情况使用。）	
	7	打开 SF_6 气瓶的阀门，缓慢开启减压阀，对本体进行充气（1 瓶后压力未达到要求时，关闭本体补气阀、SF_6 气瓶的阀门及减压阀更换气瓶后开启各阀门继续补气）	
	8	观察 SF_6 气体压力表的读数，当读数达到额定值时，应立即停止充气，关闭减压阀、SF_6 气瓶的阀门、设备总阀门与补气阀门	
	9	拆除充气接头	
	10	测试被充气气室微水	
	11	复装被充设备的充气接头盖及使用检漏仪与检漏液检漏，记录补气后气室压力	
	12	检查工完、料尽、场清，具备工作终结条件	
工作终结	1	工作验收，确认设备运行正常	
	2	将工作填入相应记录簿册，终结工作	

四、技术要求

（1）补气前应对新 SF_6 气体进行微水测试。宜对每瓶新 SF_6 气体进行测试。补气所需气瓶数较多时，可采取抽样测方式。抽样测试要求为 1 瓶应 1 瓶测试，2 瓶至 40 瓶应抽 2 瓶测试，且含水量不大于 $40 \times 10^{-6}V$。

（2）作业时要求工作现场的湿度≤80%。

（3）对本体进行充气时，充气速度要慢，即减压阀的开启速度控制在 0.25～0.5 圈/次。

（4）停止充气的额定压力数值根据现场设备实际需达到的额定压力数值及现场环境温度确定。

（5）被充气设备的微水测试，需满足 Q/GDW-1168—2013《输变电设备状态检修试验规程》要求：运行中设备有电弧分解物隔室≤300μl/l；无电弧分解物隔室≤500μl/l。

（6）复装被充设备的充气接头盖后的检漏工作应采用灵敏度不低于 0.000 001（体积比）的检漏仪检测，不出现除漏点外的泄漏情况（原已有漏点除外）。

五、安全注意事项

（1）工作前，应仔细核对间隔名称，防止走错间隔。

（2）判断为 SF_6 气体大量泄漏造成人身伤害及环境污染时，充气时工作人员应处于上风口，应穿戴防毒面具、专用工作服及乳胶手套。

（3）作业时注意与补气设备及其他带电设备保持足够的安全距离，防止人身触电。

（4）冲洗管路前应确认减压阀在关闭状态，冲洗管路时注意气阀开启顺序：打开 SF$_6$ 气瓶阀门，缓慢开启减压阀。

（5）在补气前连接本体时，注意关闭需补气设备总阀门，确认需补气设备补气阀门关闭状态。

（6）停止补气应关闭减压阀、SF$_6$ 气瓶的阀门、设备总阀门与补气阀门，拆除充气接头。复装本体的充气接头盖，必须先关闭减压阀。

六、现场常见接头

需补气设备阀门和气瓶接口及阀门如图 2-48 和图 2-49 所示。

图 2-48　需补气设备阀门　　　　图 2-49　气瓶接口及阀门

七、所需工具

GIS 带电补气备件、工器具表见表 2-31。

表 2-31　　　　　　　　　GIS 带电补气备件、工器具表

备品备件	工　具	材　料
新 SF$_6$ 气体	工具箱	棉纱布
	充气装置	无水乙醇
	万用表	洗手液
	竹梯	防护手套
	便携式 SF$_6$ 检漏仪	生料带
	检漏液	
	电吹风	
	防毒面具	
	温湿度计	
	微水检测仪	

▶▶ 实例二：特高压变电站 GIS 断路器带电补（放）油

一、原理

断路器机构通过油泵将低压油箱内的油打至高压油回路中，利用液体具有压强传动的

特性，高压液压油将弹簧或气体压缩，压缩的弹簧或气体为断路器机构存储能量。断路器机构缺油将引起断路器机构不能建立及存储能量，影响断路器正常操作。

断路器机构的低压油箱内腔体空间较小，在断路器在分闸过程中高压油回流至低压油箱，此时如果油位过高，可能会有高压油回流引起低压油箱压力过高而破裂的危险。为避免高压油回流引起低压油箱破裂，在运行过程中，运维人员可通过断路器液压油箱的油标观察断路器液压油是否符合厂家要求。当发现油位偏低，为不影响设备运行，可通过带电补油的方法解决；当发现断路器低压油箱油位偏高，可通过带电放油的方法解决此问题，保证断路器正常运行。

二、实施流程

GIS 断路器带电补（放）油实施流程如图 2－50 所示。

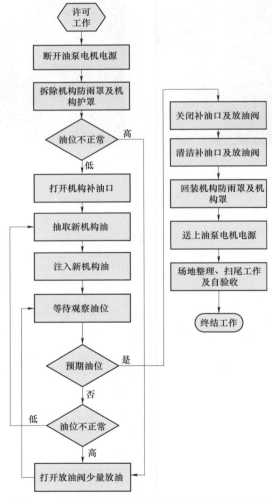

图 2－50　GIS 断路器带电补（放）油实施流程

三、作业步骤

GIS 断路器带电补（放）油标准作业卡见表 2－32。

表 2 - 32　　　　　　　　　　GIS 断路器带电补（放）油标准作业卡

步骤	序号	工 作 内 容	√
工作开始	1	核对需带电补（放）油 GIS 断路器及现场安全措施	
	2	进行安全、技术交底，使每一位工作人员明确工作范围、带电部位、安全注意事项和应急处置措施	
作业阶段	1	断开断路器油泵电机电源	
	2	拆除断路器机构防雨罩及机构护罩	
	3	判断断路器低压油箱内油位过高或过低	
	4	过低：打开机构补油口（通过拧动螺栓，可取下注油口塞子。在拔出时可能出现由于内外压力差引起较难拔出的情况，需左右晃动塞子，便于拔出）	
	5	过低：将厂家提供的新的断路器液压机构油倒入清洁的杯中，使用清洁的针筒抽取断路器液压机构油至针筒内	
	6	过低：用针筒注入断路器液压机构油。边注油边记录液压机构油观察窗内的油位指示	
	7	过高：打开放油阀门进行放油。边放油边记录液压机构油观察窗内的油位指示	
	8	达到预期油位，停止注油、放油	
	9	关闭补油口及放油阀	
	10	清洁补油口及放油阀，对机构由于注油或放油引起的外漏油进行清洁	
	11	回装断路器机构防雨罩及机构护罩	
	12	送上断路器油泵电机电源	
	13	检查工完、料尽、场清，具备工作终结条件	
工作终结	1	工作验收，确认设备运行正常	
	2	将工作填入相应记录簿，终结工作	

四、技术要求

（1）补油前确认厂家提供的断路器机构液压油和原断路器液压油同型号。抽取时未见油变色、杂质、沉淀等异常。

（2）注（放）油时机构内可能存在气泡，可能导致存在假油位，每注（放）10ml 油后需观察一段时间，建议 5min。

（3）预期油位控制在观察窗的 1/3～2/3。

（4）关闭注油口时塞子需塞紧，关闭放油阀时，放油阀与出油管需成 90°角。

五、安全注意事项

（1）工作前，应仔细核对间隔名称，防止走错间隔。

（2）打开机构护罩前必须先断开断路器储能电源。

（3）工作过程中尽量保持与储能弹簧的距离。

（4）拆除及回装机构护罩时，注意与机构内的元件保持足够距离。

（5）注意与其他带电设备保持足够的安全距离。

六、机构注油口及放油阀（如图 2-51 所示）

图 2-51　机构注油口及放油阀

七、所需工具（见表 2-33）

表 2-33　　　　　GIS 断路器带电补（放）油备件、工器具表

备品备件	工　具	材　料
厂家提供的断路器液压机构油	清洁的杯子	棉纱布
	针筒	无水乙醇
	套筒扳手	洗手液
	滑丝扳手	—

》 实例三：特高压变电站 GIS 断路器油回路压力触点异常处理

一、原理

断路器的液压油是断路器分合闸能量的传输媒介，断路器存储的能量不足，将影响断路器正常的分合闸操作。通过监视断路器油回路液压油的压力，能够监视断路器存储能量的情况。弹簧压力与弹簧压缩量存在线性关系，对于液压弹簧操动机构，弹簧压缩的行程能间接反映液压油的压力情况。断路器压力行程接点出现异常，将无法反映液压油的真实压力情况，应对行程开关进行异常处理。

二、实施流程（如图 2-52 所示）

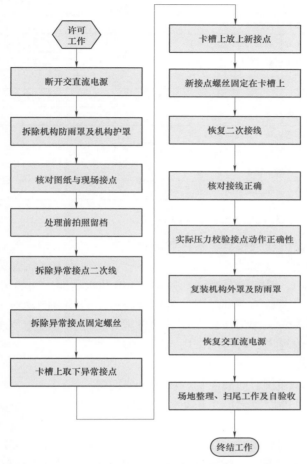

图 2-52 GIS 断路器油回路压力接点异常处理实施流程

三、作业步骤

GIS 断路器油回路压力接点异常处理标准作业卡见表 2-34。

表 2-34 GIS 断路器油回路压力接点异常处理标准作业卡

步骤	序号	工 作 内 容	√
工作开始	1	核对需处理的油回路压力接点异常的 GIS 断路器及现场安全措施	
	2	进行安全、技术交底，使每一位工作人员明确工作范围、带电部位、安全注意事项和应急处置措施	
作业阶段	1	断开断路器储能电机电源、直流控制电源和信号电源	
	2	拆除断路器机构防雨罩及机构护罩	
	3	核对图纸与现场接点，确认异常接点	
	4	处理前拍照留档，记录原始设备状态	
	5	拆除异常接点二次线，用绝缘胶布包扎并标记	
	6	拆除异常接点固定螺丝	

续表

步骤	序号	工 作 内 容	√
作业阶段	7	卡槽上取下异常接点	
	8	卡槽上放上新的压力接点	
	9	新的压力接点用螺丝固定在卡槽上	
	10	恢复二次接线	
	11	核对照片与拆除前接线一致并与图纸一致无误,与拆除时记录的原始设备状态一致	
	12	实际压力校验接点动作正确性	
	13	复装断路器机构外罩及防雨罩	
	14	检查工完、料尽、场清,具备工作终结条件	
工作终结	1	工作验收,确认设备运行正常	
	2	将工作填入相应记录簿册,终结工作	

四、技术要求

(1)卡槽上放上新的压力接点,需注意放置方向和原异常接点放置方向一致。

(2)为实现压力校验接点动作正确性,可通过手动泄压方式将弹簧存储的能量泻出。向上拨动手动泄压阀门,保持缓慢泄压。泄压的速度和拨动泄压阀的角度有关,角度越大,泄压速度越快,反之,泄压的速度越慢。为检查相近压力接点的动作正确性时,需减小泄压阀与水平线之间的夹角,缓慢泄压,便于检查压力表计指示压力与压力接点动作情况是否相符。判断接点是否导通,可考虑采用万用表配合判断。

五、安全注意事项

(1)工作前,应仔细核对间隔名称,防止走错间隔。

(2)工作前先断开断路器储能电机电源、直流控制电源和信号电源并尽量保持与储能弹簧的距离。

(3)拆除及回装机构护罩时,注意与机构内的元件保持足够距离。

(4)拆除二次接线时需对二次线进行绝缘胶布包扎,并在绝缘胶布上做好端子标识,并做好记录。

(5)恢复二次接线时,做到拆除一根二次线绝缘胶布后立即恢复该根二次线接线。

(6)手动泄压时,注意泄压到零时检查防慢分连杆动作情况。

(7)注意人身与带电设备保持足够的安全距离。

六、压力行程接点及手动泄压阀(如图 2-53 所示)

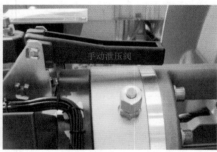

图 2-53 压力行程接点及手动泄压阀

七、所需工具（见表 2-35）

表 2-35　　　　GIS 断路器油回路压力接点异常处理备件、工器具表

备品备件	工　具	材　料
新的行程接点	3mm 一字螺丝刀	棉纱布
	万用表	无水乙醇
	套筒扳手	洗手液
	滑丝扳手	绝缘胶布

》实例四：特高压变电站 GIS 压力表计更换

一、原理

20 世纪 50 年代中期，发现 SF_6 气体具有优良的绝缘和灭弧特性，开始被广泛应用于高压设备的设计、制造和运行中。目前，GIS 设备在高电压领域得到越来越广泛的应用。

GIS 设备采用 SF_6 气体绝缘和灭弧，GIS 设备的绝缘和灭弧能力与 SF_6 气体压力有直接的关系。SF_6 气体压力过低降低 GIS 设备绝缘和灭弧能力；SF_6 气体压力过高危及 GIS 设备筒体，可能引起筒体爆炸。采用 GIS 设备的压力表计能监视 GIS 设备筒体内 SF_6 气体压力情况；为确保对 GIS 设备筒体内 SF_6 气体压力监视，当 GIS 设备 SF_6 气体压力表计出现异常时需进行更换。

二、实施流程（如图 2-54 所示）

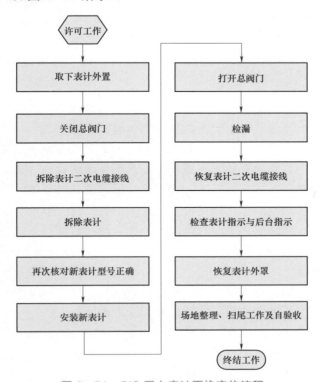

图 2-54　GIS 压力表计更换实施流程

三、作业步骤

GIS 压力表计更换标准作业卡见表 2-36。

表 2-36   GIS 压力表计更换标准作业卡

步骤	序号	工 作 内 容	√
工作开始	1	核对需更换的 GIS 压力表计及现场安全措施	
	2	进行安全、技术交底，使每一位工作人员明确工作范围、带电部位、安全注意事项和应急处置措施	
作业阶段	1	取下表计外罩	
	2	关闭总阀门（顺时针拧动总阀将其关闭）	
	3	拆除表计二次电缆接线（包括表计硬接点二次电缆及压力传感器二次电缆）	
	4	拆除 SF_6 压力表计	
	5	再次核对新表计与旧表计型号一致	
	6	安装新 SF_6 压力表计	
	7	打开总阀门	
	8	用便携式 SF_6 检漏仪检测表计周围无气体泄漏再次用检漏液检测接口，确保无泄漏	
	9	恢复表计二次电缆接线（包括表计硬接点二次电缆及压力传感器二次电缆）	
	10	检查表计的现场压力指示和后台指示均正确	
	11	恢复表计外罩，检查箱体密封完好	
	12	检查工完、料尽、场清，具备工作终结条件	
工作终结	1	工作验收，确认设备运行正常	
	2	将工作填入相应记录簿册，终结工作	

四、技术要求

（1）使用 3mm 螺丝刀将连接在表计上的二次电缆接线头上的固定螺丝拧松，不可全部拧出，防止拔二次电缆接线时出现电缆接头整体脱离电缆。

（2）检漏工作应采用灵敏度不低于 0.000 001（体积比）的检漏仪检测。

（3）拆除表计前，先将两颗固定小螺栓拧下。用扳手将表计固定，再用另一只扳手逆时针（俯视）拧动铜螺帽，即可拆下 SF_6 压力表。拆除表计时不能一次动作过大，必须通过拆除表计时的泄气声来判断总阀门是否完全关闭。拆下时由于接头腔体内存有 SF_6 气体出现短暂的泄气声，一旦泄气声出现长时间不消失，应是总阀门未完全关闭。此时应立即关闭总阀门，若泄气声依旧不消失，需将表计立即装回，防止 SF_6 气体泄漏。

五、安全注意事项

（1）工作前，应仔细核对间隔名称，防止走错间隔。

（2）作业时注意与其他带电设备保持足够的安全距离。

（3）松动表计时工作人员应处于上风口。

（4）拆除表计前，总阀门必须关闭到位。

（5）工作过程中，防止 SF_6 气体大量泄漏。

（6）工作后必须进行检漏。

第二章
特高压运维一体化常规工作项目实例

六、现场操作示意图

现场操作示意图如图 2-55～图 2-58 所示。

图 2-55 关闭总阀门

图 2-56 拆除二次电缆接线

图 2-57 表计的固定

图 2-58 接口检漏

七、所需工具（见表 2-37）

表 2-37 GIS 压力表计更换处理备件、工器具表

备品备件	工 具	材 料
SF$_6$表计	3mm 一字螺丝刀	棉纱布
	检漏液	无水乙醇
	套筒扳手	洗手液
	滑丝扳手	绝缘胶布
	便携式 SF$_6$检漏仪	—

>> 实例五：特高压变电站 GIS 隔离开关分/合闸接触器更换

一、原理

电动操作 GIS 隔离开关时，电气回路上通过 GIS 隔离开关分合闸接触器的吸合与断开，

69

控制 GIS 隔离开关的电机带电与失电。隔离开关的电机带电后产生动力，实现隔离开关的分/合操作。合闸接触器吸合，隔离开关实现合闸；分闸接触器吸合，隔离开关实现分闸。分/合闸接触器的吸合与断开受控制回路控制。接触器控制线圈带电后产生电磁吸力，吸合接触器，吸合后的接触器常开接点闭合，电机交流回路导通；接触器控制回路线圈失电后接触器在弹力作用下弹出，常开接点断开，电机交流回路断开。GIS 隔离开关的分/合闸接触器故障使得 GIS 隔离开关无法电动操作；出现 GIS 隔离开关分/合闸接触器故障时，需进行 GIS 隔离开关分/合闸接触器更换。

二、实施流程（如图 2－59 所示）

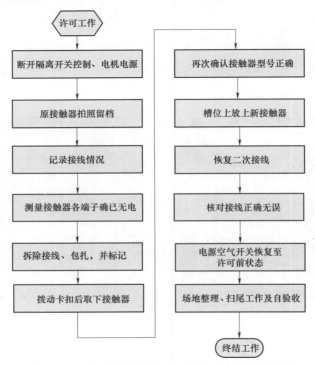

图 2－59　GIS 隔离开关分/合闸接触器更换实施流程

三、作业步骤

GIS 隔离开关分/合闸接触器更换标准作业卡如表 2－38。

表 2－38　　　　　　　　GIS 隔离开关分/合闸接触器更换标准作业卡

步骤	序号	工　作　内　容	√
工作开始	1	核对需更换的 GIS 隔离开关分/合闸接触器及现场安全措施	
	2	进行安全、技术交底，使每一位工作人员明确工作范围、带电部位、安全注意事项和应急处置措施	
作业阶段	1	断开隔离开关控制电源及电机电源	
	2	将需更换的隔离开关分/合闸接触器及接线情况进行拍照留档	
	3	将原隔离开关分/合闸接触器的接线情况记录清楚	
	4	测量需更换隔离开关接触器各接线端子确已无电压	

续表

步骤	序号	工 作 内 容	√
作业阶段	5	拆除分/合闸接触器的二次接线，用绝缘胶布包扎并标记	
	6	拨动固定卡扣，取下需更换的分/合闸接触器	
	7	再次确认新接触器型号正确，初步检查励磁线圈、常开接点、常闭接点正常	
	8	固定槽位装上新的分/合闸接触器，拨动卡扣卡死在槽位上	
	9	根据接线上的标记，恢复分合闸接触器的二次接线	
	10	核对恢复的接线与照片及记录的接线一致，正确无误	
	11	恢复各电源空开至许可时的状态	
	12	检查工完、料尽、场清，具备工作终结条件	
工作终结	1	工作验收，确认设备运行正常	
	2	将工作填入相应记录簿册，终结工作	

四、技术要求

初步检查 GIS 隔离开关分/合闸接触器励磁线圈、常开接点、常闭接点情况正常，此外应根据厂家继电器接线说明进行核对正确。

五、安全注意事项

（1）工作前，应仔细核对间隔名称，防止走错间隔。

（2）作业时注意人身与带电设备保持足够的安全距离。

（3）工作前先断开隔离开关控制电源及电机电源。

（4）拆除及回装机构护罩时，注意与机构内的元件保持足够距离。

（5）拆除二次接线时需对二次线进行绝缘胶布包扎，并在绝缘胶布上做好端子标识，记录清楚。

（6）恢复二次接线时，做到拆除一根二次线绝缘胶布后立即恢复该根二次线接线，接好后必须再次核对，防止接线错误。

六、接触器及卡扣（如图 2-60 所示）

图 2-60　接触器及卡扣

七、所需工具（见表 2-39）

表 2-39 GIS 隔离开关分/合闸接触器更换备件、工器具表

备品备件	工具	材料
接触器备件	3mm 一字螺丝刀	绝缘胶布
	万用表	

》 实例六：特高压变压器（高压电抗器）呼吸器维护

一、原理

特高压变压器（高抗）油随着温度的变化出现热胀冷缩，热胀冷缩的油，通过油枕进行补偿。油枕内部的胶囊一方面能实现油与外部隔离，另一方面能实现与外部大气连通。胶囊吸入或呼出的空气需经过呼吸器，当吸气时，吸入的空气会经过呼吸器的硅胶得到干燥，避免水分进入胶囊，防止胶囊内部水汽堆积。假如呼吸器内硅胶失效，水分将可能进入胶囊。有水气的胶囊破裂将加速特高压变压器（高抗）绝缘油老化。因此，更换特高压变压器（高抗）呼吸器失效硅胶是呼吸器维护的重要项目。硅胶变色超过 2/3 应更换。

二、实施流程（如图 2-61 所示）

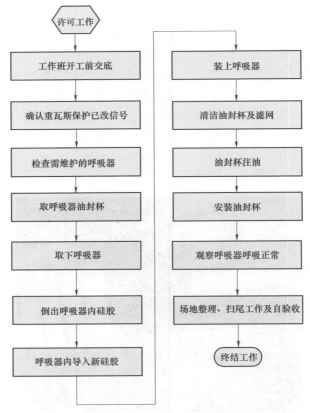

图 2-61 变压器（高抗）呼吸器维护实施流程

三、作业步骤

特高压变压器（高抗）呼吸器维护标准作业卡见表 2-40。

表 2-40   特高压变压器（高抗）呼吸器维护标准作业卡

步骤	序号	工 作 内 容	√
工作 开始	1	核对需维护的特高压变压器（高抗）呼吸器及现场安全措施	
	2	进行安全、技术交底，使每一位工作人员明确工作范围、带电部位、安全注意事项和应急处置措施	
作业 阶段	1	确认需更换呼吸器硅胶的特高压变压器（高抗）重瓦斯保护已改为信号状态	
	2	检查需维护的特高压变压器（高抗）呼吸器	
	3	用螺丝刀拧下油封杯固定螺丝，一手托住油封杯底部，另一手缓慢按逆时针旋转取下油封杯	
	4	用扳手松开呼吸器与本体连接螺栓，取下呼吸器	
	5	打开呼吸器硅胶桶，将已经失效的硅胶缓慢倒出至垃圾桶，确保硅胶桶内无遗留的硅胶颗粒，并清洁	
	6	缓慢倒入合格的硅胶，直至到呼吸器顶盖下留出 1/6～1/5 高度的空隙（非拆卸式的呼吸器硅胶桶，倒入硅胶前应先关闭底部旋盖）	
	7	旋紧呼吸器硅胶盒上部旋盖，将硅胶桶装设至呼吸器原位	
	8	用无水酒精清洗油封杯和滤网	
	9	向油封杯注油至油位线处	
	10	安装油封杯	
	11	确认呼吸器呼吸正常	
	12	检查工完、料尽、场清，具备工作终结条件	
工作 终结	1	工作验收，确认设备运行正常	
	2	将工作填入相应记录簿册，终结工作	

四、技术要求

（1）硅胶宜采用合格的变色硅胶；硅胶不应碎裂、粉化。把干燥的硅胶装入呼吸器内，并在顶盖下面留出 1/6～1/5 高度的空隙。新硅胶颗粒直径 4～7mm。

（2）油封杯应清洁完好，油位标示应鲜明。

（3）检查密封情况，呼吸器的密封胶垫应无渗气，密封胶垫如不合格应及时更换。

（4）呼吸器复装，使用合格的密封垫，密封垫压缩量为 1/3（胶棒压缩 1/2），呼吸器应安装牢固，不因变压器的运行振动而抖动或摇晃。

（5）油封杯注油应注入本体同型号的油，至油封杯红色刻度线附近位置，保证油位高于油封呼吸孔。

五、安全注意事项

（1）确认需维护的特高压变压器（高抗）的重瓦斯保护已改信号。

（2）工作前，应仔细核对间隔名称，防止走错间隔。

（3）作业时注意人身与带电设备保持足够的安全距离。

（4）工作时防止呼吸器跌落及油封杯破损。

（5）工作时倒入硅胶不可过高，瓶装硅胶底部碎末不要倒入呼吸器，防止安装后阻塞气道。

（6）安装后需观察一段时间，检查呼吸器呼吸正常。

六、硅胶倒出、倒入及呼吸器的密封胶垫检查（如图 2−62～图 2−64 所示）

图 2−62　取下呼吸器及倒出硅胶

图 2−63　倒入硅胶　　　　　　　　　　图 2−64　呼吸器的密封胶垫检查

七、所需工具（见表 2−41）

表 2−41　　　　　　　　变压器（高抗）呼吸器维护备件、工器具表

备品备件	工　具	材　料
合格的硅胶	8mm 滑丝扳手 2 把	棉纱布
	1 号十字螺丝刀 1 把	无水乙醇
	便携式 SF_6 检漏仪	喷雾壶
		垃圾桶

➤➤ 实例七：特高压变压器（高压电抗器）冷控回路接触器更换

一、原理

在特高压变压器（高抗）冷却器控制回路上，通过接触器的吸合与断开，控制各组冷却器的电机是否带电。冷却器的电机带电后产生动力，实现各组冷却器的风机及油泵的运

转。接触器吸合，冷却器投入运行；接触器断开，冷却器退出运行。接触器的吸合与断开受控制回路控制，接触器控制回路线圈带电后产生电磁吸力，吸合接触器，吸合后的接触器常开接点闭合，接点导通；接触器控制回路线圈失电后接触器在弹力作用下弹出，常开接点断开。特高压主变压器（高抗）冷控回路接触器故障使得特高压主变压器（高抗）冷却器无法正常投入运行。出现特高压主变压器（高抗）冷却器回路接触器故障时需对特高压主变压器（高抗）冷却器回路接触器进行更换。

二、实施流程（如图 2−65 所示）

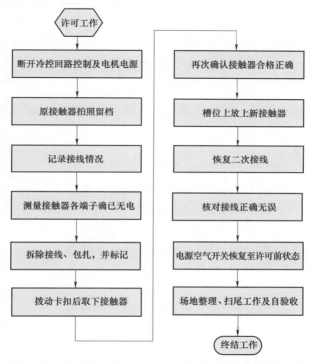

图 2−65　变压器（高抗）冷控回路接触器更换实施流程

三、作业步骤

特高压变压器（高抗）冷控回路接触器更换标准作业卡见表 2−42。

表 2−42　　　　　　　特高压变压器（高抗）冷控回路接触器更换标准作业卡

步骤	序号	工 作 内 容	√
工作开始	1	核对需更换的特高压变压器（高抗）冷控回路接触器及现场安全措施	
	2	进行安全、技术交底，使每一位工作人员明确工作范围、带电部位、安全注意事项和应急处置措施	
作业阶段	1	断开故障接触器的冷却器控制电源及电机电源	
	2	将需更换的特高压主变压器（高抗）冷控回路接触器及接线情况进行拍照留档	
	3	将原特高压主变压器（高抗）冷控回路接触器的接线情况记录清楚	
	4	测量需更换特高压主变压器（高抗）冷控回路接触器接线各接线端子确已无电压（除信号辅接点）	
	5	拆除特高压主变压器（高抗）冷控回路接触器的二次接线	
	6	拨动固定卡扣，取下需更换的特高压主变压器（高抗）冷控回路接触器	

续表

步骤	序号	工　作　内　容	√
作业阶段	7	再次确认新接触器型号正确，初步检查励磁线圈、常开接点、常闭接点正常	
	8	固定槽位上装上新的特高压主变压器（高抗）冷控回路接触器，拨动卡扣卡死	
	9	根据接线上的标记，恢复特高压主变压器（高抗）冷控回路接触器的二次接线	
	10	核对恢复接线与照片及记录一致，且正确无误	
	11	恢复各电源空气开关至许可时的状态，手动投、退试验更换过冷控回路接触器的该组冷却器，确认信号正确，运行正常	
	12	检查工完、料尽、场清，具备工作终结条件	
工作终结	1	工作验收，确认设备运行正常	
	2	将工作填入相应记录簿，终结工作	

四、技术要求

初步检查接触器励磁线圈、常开接点、常闭接点情况正常，此外应根据接线结合厂家继电器说明核对到位。

五、安全注意事项

（1）工作前，应仔细核对间隔名称，防止走错间隔。

（2）作业时注意人身与带电设备保持足够的安全距离。

（3）工作前断开故障接触器的冷却器控制电源及电机电源。

（4）拆除接线前必须测量端子确无电压（除信号辅助接点外）。

（5）拆除有电的信号辅接点时注意防止回路接地及短路。

（6）拆除二次接线时需对二次线进行绝缘胶布包扎，并在绝缘胶布上做好端子标识，记录清楚。

（7）拆接二次线时必须做好记录，接好后必须再次核对。

（8）恢复时二次接线时，做到拆除一根二次线绝缘胶布后，立即恢复该根二次线接线，接好后必须再次核对，防止接线错误。

六、特高压变压器（高抗）冷控回路接触器（如图2-66所示）

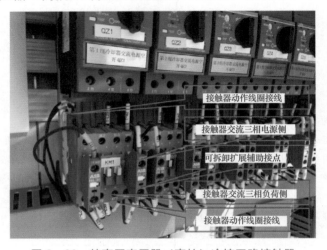

图2-66　特高压变压器（高抗）冷控回路接触器

七、所需工具（见表2-43）

表2-43　　　　　　特高压变压器（高抗）冷控回路接触器更换备件、工器具表

备品备件	工　具	材　料
接触器备件	3mm一字螺丝刀	绝缘胶布
	万用表	—
	便携式SF$_6$检漏仪	—

▶▶ 实例八：特高压避雷器泄漏电流表更换

一、原理

避雷器泄漏电流表作为避雷器运行状况的一种监测装置得到普遍应用。通过监视避雷器泄漏电流表的电流指示能够反映避雷器运行的健康状况，当避雷器泄漏电流表故障时，将失去对避雷器运行状况监视，需及时更换。

二、实施流程（如图2-67所示）

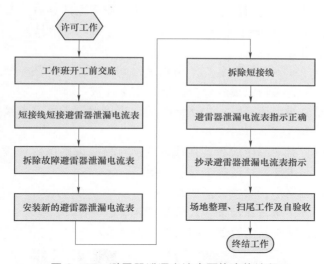

图2-67　避雷器泄漏电流表更换实施流程

三、作业步骤

避雷器泄漏电流表更换标准作业卡见表2-44。

表2-44　　　　　　　　　　避雷器泄漏电流表更换标准作业卡

步骤	序号	工　作　内　容	√
工作开始	1	核对需更换避雷器泄漏电流表，新的合格的避雷器泄漏电流表和已损坏的避雷器泄漏电流表型号一致；在工作点设置"在此工作"标示牌	
	2	进行安全、技术交底，使每一位工作人员明确工作范围、带电部位、安全注意事项和应急处置措施	

续表

步骤	序号	工 作 内 容	√
作业阶段	1	用专用的避雷器泄漏电流表短接接线短接待更换的避雷器泄漏电流表	
	2	拆除避雷器故障泄漏电流表	
	3	安装新的泄漏电流表	
	4	拆除短接接地线。拆除时先拆避雷器泄漏电流表上接头，再拆接地端	
	5	检查避雷器泄漏电流表指示正常	
	6	抄录泄漏电流表原始动作次数和泄漏电流	
	7	检查工完、料尽、场清，具备工作终结条件	
工作终结	1	工作验收，确认设备运行正常	
	2	将工作填入相应记录簿，终结工作	

四、技术要求

（1）需确保接地应牢固可靠、有效，避雷器泄漏电流表电流指示应为 0。

（2）安装避雷器泄漏电流表各螺栓必须使垫簧压平。

（3）一断开短接线，避雷器泄漏电流表应立即有电流读数。将读数与其他相正常泄漏电流表指示对比应接近；使用钳形电流表检查电流与避雷器泄漏电流表指示一致。

（4）短接线截面积 ≥25mm^2，且能可靠固定在连接线与导流排。

五、安全注意事项

（1）工作前，应仔细核对间隔名称，防止走错间隔。

（2）作业时注意人身与带电设备保持足够的安全距离。

（3）短接避雷器泄漏电流表时，先接接地端，再接泄漏电流表上接头。拆除时，先拆泄漏电流表上接头，再拆接地端。

（4）工作拆除避雷器泄漏电流表连接线或导流排前必须确保短接线已经连接可靠。工作中应特别注意防止误碰使短接线失去短接功能。

（5）安装接线时避免小瓷套受力后碎裂。

（6）禁止雷雨天进行避雷器泄漏电流表更换工作。

六、现场更换避雷器泄漏电流表（如图 2-68 所示）

图 2-68　现场更换避雷器泄漏电流表

七、所需工具（见表2-45）

表2-45　　　　　　　避雷器泄漏电流表更换备件、工器具表

备品备件	工　具	材　料
合格避雷器泄漏电流表	套筒扳手	白纸
	8mm滑丝扳手	水笔
	避雷器泄漏电流表短接线	—
	钳形电流表（mA）	—

▶ 实例九：特高压变电站35kV开关柜电压互感器高压熔丝更换

一、原理

特高压变电站35kV开关柜内为防止电压互感器自身故障或一次引线故障影响二次系统，在电压互感器一次侧装设熔断器加以保护，设置有高压熔丝。高压熔丝熔断将会引起一次与二次回路电压回路断开，二次系统采集不到电压。如果电压互感器高压熔丝熔断，需尽快进行更换。

二、实施流程（如图2-69所示）

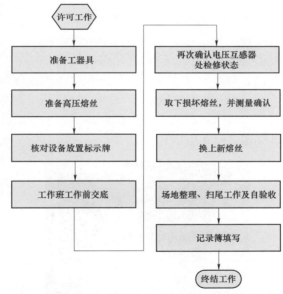

图2-69　开关柜电压互感器高压熔丝更换实施流程

三、作业步骤

35kV开关柜电压互感器高压熔丝更换标准作业卡见表2-46。

表2-46　　　　　　35kV开关柜电压互感器高压熔丝更换标准作业卡

步骤	序号	工　作　内　容	√
工作开始	1	准备合格的万用表、绝缘手套及绝缘靴等工器具	
	2	准备合格的、型号相符的高压熔丝，用万用表测试确认高压熔丝正常	
	3	核对设备名称无误，在工作点设置"在此工作"标示牌	
	4	进行安全技术交底，使每一位工作人员明确工作范围、带电部位、安全注意事项和应急处置措施	

续表

步骤	序号	工　作　内　容	√
作业 阶段	1	确认开关柜电压互感器已改为检修状态	
	2	取下损坏的熔丝，用万用表电阻挡测量电压互感器故障相高压熔丝电阻，确认熔丝已损坏	
	3	将新的高压熔丝送入筒体内，顺时针旋转金属帽，将高压熔丝固定在筒体内，并固定到位	
	4	检查工完、料尽、场清，具备工作终结条件	
工作 终结	1	工作验收，确认设备运行正常	
	2	将工作填入相应记录簿，终结工作	

四、技术要求

（1）取熔丝时旋转高压熔丝筒前的金属帽，转下金属帽后将高压熔丝从筒体内取出。

（2）将换下的高压熔丝用记号笔做好记号，防止与新的高压熔丝搞混。收好换下的已损坏的高压熔丝，待报废处理。

（3）待运维人员将电压互感器投入运行后，检查各相电压显示情况正常。

（4）确认开关柜电压互感器已改为检修状态时，需检查该电压互感器外观无明显异常。

五、安全注意事项

（1）工作前，应仔细核对间隔名称，防止走错间隔。

（2）作业时注意人身与带电设备保持足够的安全距离。

（3）放入高压熔丝时必须固定到位，防止高压熔丝松动。

（4）水平取出损坏的高压熔丝时动作要轻，防止原损坏的高压熔丝破裂、高压熔丝的颗粒造成人体伤害。

（5）取出时注意幅度不要过大，防止原高压熔丝破损。

六、取放高压熔丝（如图2-70所示）

高压熔丝螺帽

图2-70　取放高压熔丝

七、所需工具（见表2-47）

表2-47　　　　　　35kV开关柜电压互感器高压熔丝更换备件、工器具表

备品备件	工　　具	材　　料
同型号高压熔丝	万用表	白纸
	绝缘手套	水笔
	绝缘靴	—

≫ 实例十：特高压变电站带电显示器不停电更换

一、原理

特高压感应式带电显示器采集三相的电压，经内部判断后开闭辅助接点，供电气闭锁回路使用，同时使指示灯变色，供运维人员巡视检查用。带电显示器的辅助接点一般串接于线路（主变压器）接地闸刀的二次回路中，当带电显示器判断线路（主变压器）无压时，其辅助接点闭合，允许线路（主变压器）接地闸刀的二次回路连通，线路（主变压器）接地闸刀具备分合闸条件；当带电显示器判断线路（主变压器）有压时，其辅助接点断开线路（主变压器）接地闸刀的二次回路，禁止线路（主变压器）接地闸刀合闸操作，防止误操作事故的发生。

带电显示器本体上一般设置三个指示灯，分别对应 A、B、C 三相，在汇控柜就地显示线路（主变压器）电压的判断结果。当有压时，指示灯为红色；无压时，指示灯为绿色。

当带电显示器故障时无法起到防误功能，必须及时更换。

二、实施流程（如图 2-71 所示）

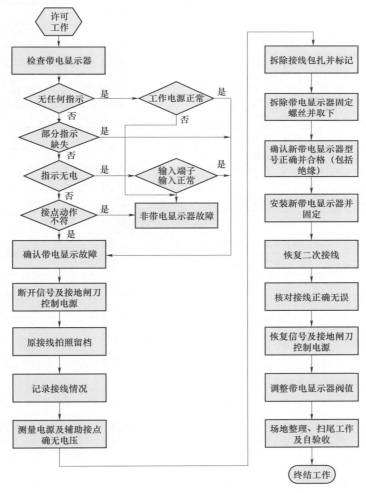

图 2-71 带电显示器不停电更换实施流程

三、作业步骤

特高压变电站带电显示器不停电更换标准作业卡见表 2-48。

表 2-48　　　　　　　　　特高压变电站带电显示器不停电更换标准作业卡

步骤	序号	工 作 内 容	√
工作 开始	1	准备合格的万用表、微安表及螺丝刀等工器具	
	2	准备合格的、型号相同的带电显示器,用绝缘电阻表测试绝缘合格	
	3	核对设备名称无误及现场安全措施	
	4	进行安全技术交底,使每一位工作人员明确工作范围、带电部位、安全注意事项和应急处置措施	
作业 阶段	1	检查带电显示器显示,无任何指示,确认工作电源正常,确认需更换带电显示器	
	2	检查带电显示器显示,部分指示缺失,确认需更换带电显示器	
	3	检查带电显示器显示,实际设备有电而带电显示器指示无电,采用微安表测量输入端子,输入端子有输入,确认需更换带电显示器	
	4	检查带电显示器接点动作不符合实际情况,确认需更换带电显示器	
	5	断开汇控柜信号电源及线路(主变压器)接地闸刀控制电源	
	6	处理前拍照留档,记录原始设备状态	
	7	将原接线情况记录清楚	
	8	测量带电显示器工作电源端子及辅助接点端子确无电压	
	9	拆除带电显示器二次接线,用绝缘胶布包扎并标记	
	10	拆除带电显示器固定螺丝并取下带电显示器	
	11	再次确认新带电显示器型号正确并合格(包括绝缘)	
	12	安装新的带电显示器并固定	
	13	恢复带电显示器二次接线	
	14	核对带电显示器二次接线正确	
	15	恢复汇控柜信号及线路(主变压器)接地闸刀控制电源	
	16	调整带电显示器各相阀值,使带电显示器显示正常	
	17	检查工完、料尽、场清,具备工作终结条件	
工作 终结	1	工作验收,确认设备运行正常	
	2	将工作填入相应记录簿,终结工作	

四、技术要求

(1)新带电显示器在未接线的条件下,用 1000V 档绝缘电阻表测量电源端子 L/N 与 E 端子间绝缘电阻应大于 10MΩ。

(2)万用表直流电压直流档测量 L、N 端子间电压在 220V 附近。

(3)测量带电显示器各相输入正常,采用微安表串入 A/B/C 端子测量电流输入正常。

(4)自验收,带电显示器自检正常。

五、安全注意事项

(1)工作前,应仔细核对间隔名称,防止走错间隔。

（2）作业时注意人身与带电设备保持足够的安全距离。

（3）工作前先断开汇控柜信号电源及线路（主变压器）接地闸刀控制电源。

（4）工作过程中注意防止误碰汇控柜内工作继电器防止交直流接地、短路故障。

（5）拆除二次接线时需对二次线进行绝缘胶布包扎，并在绝缘胶布上端子标识和记录。

（6）恢复二次接线时，做到拆除一根二次线绝缘胶布后立即恢复该根二次线接线。

六、带电显示器（如图2-72所示）

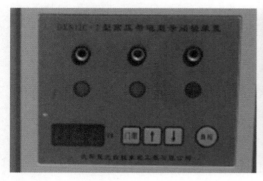

图2-72　带电显示器

七、所需工具（见表2-49）

表2-49　　　　　　特高压变电站带电显示器不停电更换备件、工器具表

备品备件	工　具	材　料
同型号高压熔丝	万用表	白纸
	微安表	水笔
	绝缘胶布	—
	十字螺丝刀	—
	绝缘摇表	—

第三节　特高压变电站二次设备维护案例分析

≫ 实例一：特高压变电站保护装置电源板更换

继电保护装置在运行中可能会因为某些因素，例如直流母线电压异常波动、运行时间过长板件老化、产品质量不合格等，出现保护装置电源板件损坏。

当运维人员发现继电保护装置失电关机后，应先检查屏后装置直流电源空气开关是否跳开，电源板上指示灯是否正常，若空气开关跳开，试合一次；若空气开关在合位，使用万用表测量下端头是否有电。若测量电压为零，则向上级电源查找原因；若测量电压正常，则仔细检查装置电源板件。

确定故障原因为保护装置电源板损坏后,可按照以下流程操作。

一、实施流程(如图 2-73 所示)

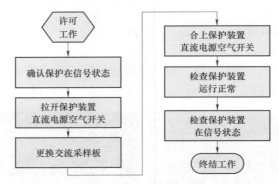

图 2-73 保护装置电源板更换实施流程

二、作业步骤

标准作业卡见表 2-50。

表 2-50   标 准 作 业 卡

步骤	序号	工 作 内 容	√
准备阶段	1	备好小室和保护屏柜钥匙、绝缘胶布、万用表、螺丝刀等工具	
	2	准备相同型号完好合格的电源板	
工作开始	1	核对工作屏位、屏内装置正确无误,在工作地点设"在此工作"标示牌	
	2	进行安全、技术交底,使每一位工作人员明确工作范围、带电部位、安全注意事项和应急处置措施	
作业阶段	1	记录保护型号及软件版本、保护面板信息、指示灯、空气开关位置、开关量等情况	
	2	确认保护装置在信号状态	
	3	拉开屏后装置直流电源开关	
	4	依次拆下电源板上的插头(或接线端子),用绝缘胶布包好并做好标记	
	5	拆下电源板,更换新的电源板	
	6	依次恢复插头(或接线端子)	
	7	合上屏后装置直流电源开关	
	8	合上装置电源板上的电源开关	
	9	检查保护装置运行正常、开入开出正常,核对保护装置定值无误并打印,确认无异常可以投运	
	10	检查保护装置在信号状态	
	11	检查工完、料尽、场地清,具备工作终结条件	
工作终结	1	工作验收,确认设备运行正常	
	2	将工作填入相应记录簿(缺陷单、PMS 运行记录)	

三、安全注意事项

（1）工作应在保护装置处于信号状态下进行；

（2）工作前，应仔细核对屏柜名称，防止走错间隔；

（3）拉开保护装置直流电源空气开关前，应仔细核对空气开关命名，防止误拉同屏其他设备空气开关；

（4）拆除电源板接线时，应测量确认接线无电，用绝缘胶布包好，防止直流短路或接地；

（5）必须在有监护的前提下进行工作。

四、技术要求

（1）不同厂家、不同保护系列、不同保护型号所使用的电源板可能不同，在准备备品时应核对无误；

（2）工作前，应详细记录保护型号及软件版本、保护面板信息、指示灯、空气开关位置、开关量等信息，以防更换电源板后出现其他异常未能发现；

（3）恢复电源板插头（或接线端子），应核对插头方向，防止插反接错，并检查连接紧固、无松动；

（4）保护装置正常开启后，应对其采样值、开关量、定值、指示灯等信息进行充分检查；

（5）上电前测试直流电阻，避免短路状态下合闸；

（6）图2-74为国电南自、许继电气、南瑞继保、北京四方4个厂家常见型号的电源板。

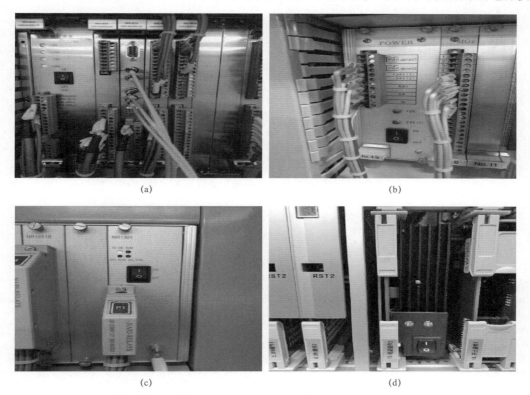

图2-74　主要继电保护装置电源板

（a）国电南自保护装置；（b）许继电气保护装置；（c）南瑞继保保护装置；（d）北京四方保护装置

五、所需工器具（见表 2-51）

表 2-51   所 需 工 器 具

工　　具	仪　　器	材　　料
一字螺丝刀	万用表	备用电源板
十字螺丝刀	—	绝缘胶布
中性笔	—	保护打印纸
—	—	记录纸

>> **实例二：特高压变电站保护装置交流采样板更换**

继电保护装置在运行中，交流电压与电流的采样值是保护判断故障的基础。当运维人员发现保护装置上的采样值异常后，检查端子排接线是否松动，可使用钳形电流表测量电流回路电流、使用万用表测量接入保护的电压，结合现场一次设备状况以及测控装置上的采样值进行综合分析。当确定为保护装置交流采样板故障时，应及时更换。

一、实施流程（如图 2-75 所示）

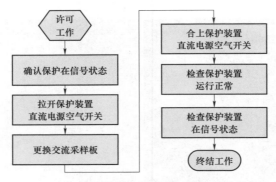

图 2-75　保护装置交流采样板更换实施流程

二、作业步骤

更换保护装置交流采样板标准作业卡见表 2-52。

表 2-52   更换保护装置交流采样板标准作业卡

步骤	序号	工　作　内　容	√
准备阶段	1	备好小室和保护屏柜钥匙、绝缘胶布、万用表、螺丝刀等工具	
	2	准备相同型号完好合格的交流采样板	
	3	准备相关间隔的图纸资料、采样试验报告	
工作开始	1	核对工作屏位、屏内装置正确无误，在工作地点设"在此工作"标示牌	
	2	进行安全、技术交底，使每一位工作人员明确工作范围、带电部位、安全注意事项和应急处置措施	

续表

步骤	序号	工 作 内 容	√
作业阶段	1	记录保护型号及软件版本、保护面板信息、指示灯、空气开关位置、开关量等情况	
	2	检查确认保护装置确在信号状态，检查与本装置共用电流回路的保护装置处在信号状态	
	3	执行二次安全措施卡，隔离电压回路、电流回路、出口回路、联跳回路、信号回路等	
	4	拉开屏后装置直流电源开关	
	5	拆除交流采样板接线，并仔细检查接线无异常，确认故障在板件内部	
	6	拆下异常的交流采样板	
	7	安装新的交流采样插件	
	8	合上装置直流电源开关，检查保护装置零漂正常，自检正常	
	9	利用继电保护校验仪进行采样试验，确保装置能够正常运行	
	10	执行二次安全措施卡，恢复电压回路、电流回路、出口回路、联跳回路、信号回路等至原始状态	
	11	检查保护装置运行正常、开入开出正常，确认无异常可以投运	
	12	检查保护装置在信号状态	
	13	检查工完、料尽、场地清，具备工作终结条件	
工作结束	1	工作验收，确认设备运行正常	
	2	将工作填入相应记录簿（缺陷单、PMS 运行记录）	

三、安全注意事项

（1）工作应在保护装置处于信号状态下进行；

（2）工作前，应仔细核对屏柜名称，防止走错间隔；

（3）拉开保护装置直流电源空气开关前，应仔细核对空气开关命名，防止误拉同屏其他设备空气开关；

（4）开出回路需要取下相应的出口压板并断开端子排接线，实行双重安措防止误出口；

（5）必须在有监护的前提下进行工作。

四、技术要求

（1）工作前，应详细记录保护型号及软件版本、保护面板信息、指示灯、空气开关位置、开关量等情况；

（2）拆异常的交流插件时，应仔细查看接线是否松动、有无烧焦痕迹，拆开的电缆用绝缘胶布包好；

（3）恢复采样板接线时，必须检查连接紧固、连接无误，防止电流回路开路，电压回路短路；

（4）若涉及的电流回路串联有其他保护装置的，需要把这些装置一同改至信号状态；

（5）电压回路如果公用且不能断开上级空气开关的，可以拆线后用绝缘胶布包扎，防止接地，若非公用，则可以断开上级空气开关，防止电压回路短路；

（6）应测量端子排到保护装置的对地绝缘，考虑到线路较短，绝缘电阻一般应大于1000MΩ，若对地绝缘较低，应进行检查、核实，防止采样板带故障或异常投运；

（7）保护装置正常开启后，应对其采样值、开关量、定值、指示灯等信息进行充分检查；

（8）图 2-76 为国电南自、许继电气、南瑞继保、长圆深瑞、北京四方厂家常见型号的交流采样板。

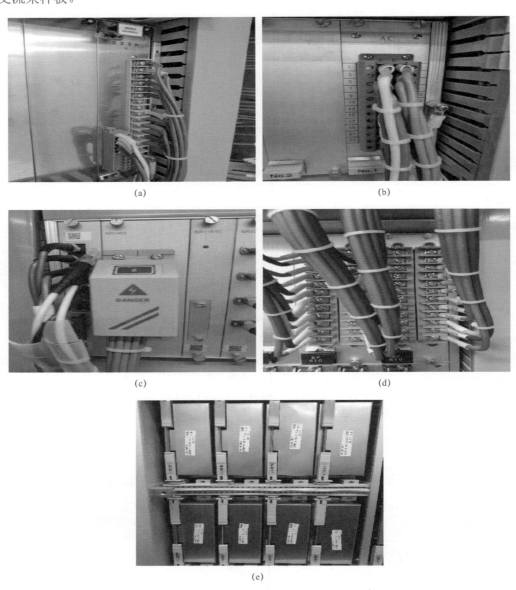

图 2-76　主要继电保护装置交流采样板
（a）国电南自；（b）许继电气；（c）南瑞继保；（d）长圆深瑞；（e）北京四方

五、所需工器具（见表2-53）

表2-53 所需工器具

工 具	仪 器	材 料
一字螺丝刀	万用表	备用交流采样板
十字螺丝刀	继电保护校验仪	绝缘胶布
中性笔		保护打印纸
		试验报告

》》实例三：特高压变电站保护装置 CPU 更换

继电保护的主 CPU 单元将数据采集单元输出的数据进行分析处理，经过逻辑判断实现各种继电保护功能，由于硬件发热老化、计数器或地址寄存器数据错乱和其他不明原因可能导致 CPU 故障引起程序"跑飞"或"跑死"、装置死机、装置告警，甚至误动或据动。常见的 CPU 故障一般伴有装置告警信号，自检告警信息或装置死机情况，首先应在调度许可信号状态下尝试硬件重启，进行自恢复，如仍无法恢复，需要及时更换 CPU 插件。

一、实施流程（如图2-77所示）

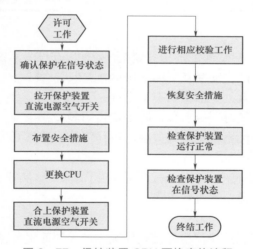

图2-77 保护装置 CPU 更换实施流程

二、作业步骤

以空白芯片的主保护 CPU 板件为例，标准作业卡如表2-54所示。

表2-54 标准作业卡

步骤	序号	工 作 内 容	√
准备阶段	1	备好小室和保护屏柜钥匙、绝缘胶布、万用表、螺丝刀等工具	
	2	准备相同型号的 CPU 插件、相同软件版本和校验码的程序、定值单、保护说明书及保护校验卡	
工作开始	1	核对工作屏位、屏内装置正确无误，在工作地点设"在此工作"标示牌	
	2	进行安全、技术交底，使每一位工作人员明确工作范围、带电部位、安全注意事项和应急处置措施	

续表

步骤	序号	工 作 内 容	√
作业阶段	1	记录保护型号及软件版本、保护面板信息、指示灯、空气开关位置、开关量等情况	
	2	检查确认保护装置确在信号状态，检查与本装置共用电流回路的保护装置处在信号状态	
	3	执行二次安全措施卡，隔离电压回路、电流回路、出口回路、联跳回路、信号回路等	
	4	拉开装置直流电源开关	
	5	更换保护装置 CPU 插件	
	6	合上装置直流电源开关	
	7	安装与原程序版本一致的程序，按照定值单输入定值	
	8	检查保护装置恢复正常运行	
	9	对保护采样、保护功能与定值校验合格	
	10	执行二次安全措施卡，恢复电压回路、电流回路、出口回路、联跳回路、信号回路等至原始状态	
	11	检查保护装置运行正常、开入开出正常，核对保护装置定值无误并打印，确认无异常可以投运	
	12	确认保护装置已在信号状态，检查工完、料尽、场地清，具备工作终结条件	
工作结束	1	工作验收，确认设备运行正常	
	2	将工作填入相应记录簿册（缺陷单、PMS 运行记录）	

三、安全注意事项

（1）发现 CPU 异常时应立即汇报相关调度，处理应在信号状态下进行，首先尝试软硬件自恢复功能，如重启无法自动恢复则需尽快更换 CPU 插件；

（2）工作应在保护装置处于信号状态下进行；

（3）工作前，应仔细核对屏柜名称，防止走错间隔；

（4）拉开保护装置直流电源空气开关前，应仔细核对空气开关命名，防止误拉同屏其他设备空气开关；

（5）开出回路需要取下相应的出口压板并断开端子排接线，实行双重安全措施防止误出口；

（6）必须在有监护的前提下进行工作。

四、技术要求

（1）工作前，应详细记录保护型号及软件版本、保护面板信息、指示灯、空气开关位置、开关量等情况；

（2）对于采用双 CPU 或多 CPU 的装置，应根据故障自检信息确定要更换的 CPU，并明确对应的功能；

（3）如果异常 CPU 仅具有通信功能，无定值存储、保护执行功能，则无需进行保护功能校验；

（4）如果异常 CPU 与通道光口板安装在同一插件时，应先考虑更换光口板，更换时应注意光口板上与通信相关的拨码或跳线必须一致；

（5）备用 CPU 一般带有芯片，更换保护 CPU 时一定要仔细核对两块芯片的程序版本以及校验码一致；

（6）CPU 插件更换前应查明该 CPU 是否具备备份功能，如有电子盘或可拆卸芯片，可将原电子盘或芯片安装在新 CPU 上，使其恢复程序及定值；

（7）CPU 插件更换前应明确程序版本及校验码，通过调试口进行上传程序工作应该在厂家人员指导下进行；

（8）CPU 插件更换后务必进行采样检查、相应功能检验，更换过程中定值一并失去的应进行定值校验；

（9）对于不涉及保护功能的 CPU，如通信 CPU、管理 CPU 等，CPU 插件更换后无需进行保护功能校验，但应检查所有 CPU 运行正常；

（10）工作完成后，应对装置采样值、开关量、定值、指示灯、开入量等信息进行充分检查；

（11）图 2-78 为南瑞继保、北京四方、许继电气、长圆深瑞、国电南自厂家常见型号 CPU 插件。

图 2-78　主要继电保护装置 CPU 插件
（a）南瑞继保；（b）北京四方；（c）许继电气；（d）长圆深瑞；（e）国电南自

五、所需工器具（见表 2-55）

表 2-55 所需工器具

工　具	仪　器	材　料
一字螺丝刀	万用表	备用 CPU 插件
十字螺丝刀	继电保护校验仪	绝缘胶布
中性笔	—	保护打印纸
保护调试说明书	—	试验报告

>> **实例四：特高压变电站保护装置端子排更换**

保护屏柜内的端子排在安装、检修及运维过程中，由于操作方式不当、工具使用不当或用力过大，都有可能导致端子受损。常见受损情况有以下几种：螺丝滑丝导致无法压紧导线、螺丝一字沟槽破损无法旋转紧固或松开、连接片锈蚀卡涩接触电阻过大、金属连接刀片变形或非正常位置、绝缘外壳损坏影响绝缘，最终将导致端子排连接松动、虚接、过热或短路，严重时影响保护的安全运行。

当端子排出现损坏时，运维人员应根据端子排标识与接线类型及其损坏程度综合判断是否能够继续运行，如不能继续运行需及时更换。端子排在出厂时已做好功能分区，主要由直流电源、交流电源、电压端子、电流端子、强电端子、弱电端子、出口端子、通信端子、时钟端子、信号（含中央信号、测控信号和录波信号）端子、备用端子和配合端子等。当端子排出现异常时，如对其功能影响不大，保护可以继续安全运行，则应结合停电检修时一并更换，例如端子螺丝沟槽破损但接线紧固不影响金属连接的情况。如果端子损坏程度已经影响接线可靠性，甚至存在放电、通流过热、无法开入开出等情况，严重影响保护安全运行，必须及时更换。

以下所述更换的端子排种类包括直流电源端子、交流电源端子、通信端子、时钟端子、信号（含中央信号、测控信号和录波信号）端子。

一、实施流程（如图 2-79 所示）

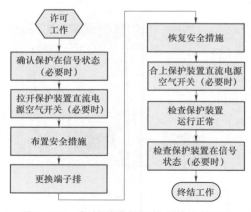

图 2-79 保护装置端子排更换实施流程

二、作业步骤

更换保护装置端子排标准作业卡见表 2-56。

表 2-56　　　　　　　　　　更换保护装置端子排标准作业卡

步骤	序号	工　作　内　容	√
准备阶段	1	备好小室和保护屏柜钥匙、绝缘胶布、万用表、螺丝刀等工具	
	2	准备相同型号、绝缘合格的端子排	
工作开始	1	核对工作屏位，屏内装置正确无误，在工作地点设"在此工作"标示牌	
	2	进行安全、技术交底，使每一位工作人员明确工作范围、带电部位、安全注意事项和应急处置措施	
作业阶段	1	记录保护型号及软件版本、保护面板信息、指示灯、空气开关位置、开关量等情况	
	2	核对保护处于信号状态（必要时）	
	3	拉开屏后装置直流电源开关（必要时）	
	4	做好安全隔离措施	
	5	拆下端子排两侧接线，用绝缘胶布包好并做好标记	
	6	更换端子排	
	7	恢复端子排两侧接线	
	8	恢复安全隔离措施	
	9	合上装置直流电源开关（必要时）	
	10	检查保护装置恢复正常	
	11	检查保护装置在信号状态（必要时）	
	12	检查工完、料尽、场地清，具备工作终结条件	
工作结束	1	工作验收，确认设备运行正常	
	2	将工作填入相应记录簿（缺陷单、PMS 运行记录）	

三、安全注意事项

（1）工作前，应仔细核对屏柜名称，防止走错间隔；

（2）拉开保护装置直流电源空气开关前，应仔细核对空气开关命名，防止误拉同屏其他设备空气开关；

（3）工作前，做好安全隔离措施，并且在所更换端子周边端子应严格用绝缘胶布包扎，严防误碰，防止直流短路或接地、误开入开出；

（4）更换信号端子时，应停用信号电源，并履行相关手续；

（5）更换端子应在无电状态下更换，避免带电更换；

（6）更换交流电源端子，应断开上级环供电源空气开关，防止交流窜入直流，严防触电；

（7）如更换装置直流电源端子排以及线路保护的时钟端子应在信号状态下进行；

（8）如需更换开入端子，保护需在信号状态下进行；

（9）如需更换开出端子，端子接收端应取下接收压板并处信号状态；

（10）如需更换电流端子，串在同一电流回路的保护均应处于信号状态，并在上一级电流回路实施二次安全措施，实施时严禁电流回路开路；

（11）如需更换电压端子，有条件时应在上一级实施隔离，严禁电压回路短路；

（12）必须在有监护的前提下进行工作。

四、技术要求

（1）更换端子排时，应注意分析端子排损坏原因；

图 2-80　端子排参数

（2）恢复端子排两侧接线时，应检查螺丝紧固，导线无松动、虚接；

（3）端子排更换完毕后，应进入保护主菜单，检查保护开入量，开入量、对时等正常，检查照明、打印机工作正常，无其他异常；

（4）更换端子排时，要注意端子排所能接入的最大线径，以及螺丝所能承受的最大力矩，常见保护装置端子排参数如图 2-80 所示，最大线径为 8mm，能承受的最大力矩为 0.5～0.6N·m，防止拧螺丝时力量过大造成损坏；

（5）图 2-81 为一些常见的端子排，主要端子排模块的正反面如图 2-82 所示。

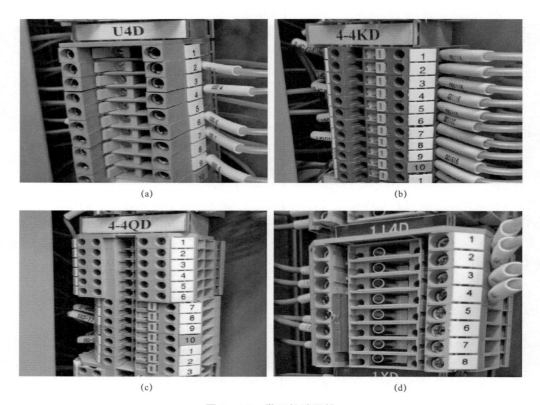

(a)

(b)

(c)

(d)

图 2-81　常见的端子排

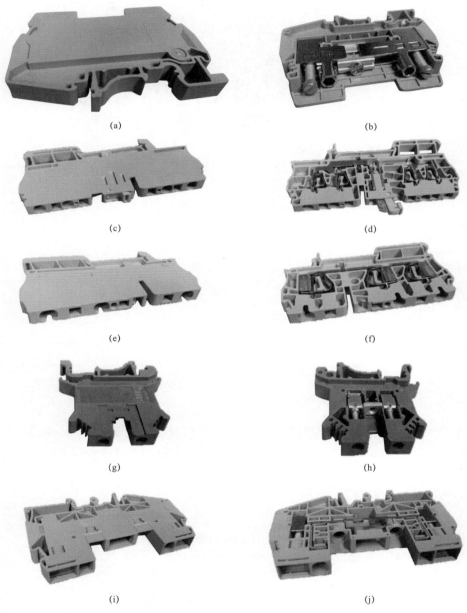

(a)

(b)

(c)

(d)

(e)

(f)

(g)

(h)

(i)

(j)

图 2-82　主要端子排模块的正反面

（a）、（c）、（e）、（g）、（i）正面；（b）、（d）、（f）、（h）、（i）反面

　　一般端子排使用螺丝来固定电缆，但部分型号的端子排如图 2-83 所示，其电缆不是采样螺丝紧固，而是靠弹簧卡扣卡紧，圆圈内为卡扣部分，箭头为螺丝刀插入部位。

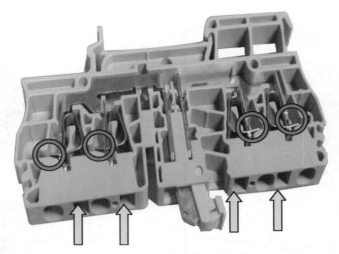

图2-83 弹簧卡紧型端子排

五、所需工器具（见表2-57）

表2-57 所 需 工 器 具

工 具	仪 器	材 料
一字螺丝刀	万用表	备用端子排
十字螺丝刀	—	绝缘胶布
中性笔	—	记录纸

▶▶ 实例五：特高压变电站保护装置重启

继电保护装置在运行中，可能会因软、硬件等原因发生异常、死机，造成保护面板采样值不刷新、面板黑屏、指示灯异常等现象。当运维人员发现继电保护装置死机后，经初步检查，根据情况一般可申请重启该装置，然后进行初步处理。

一、实施流程（如图2-84所示）

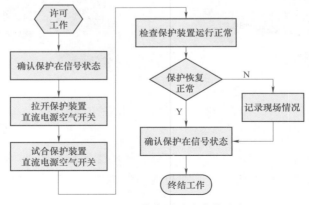

图2-84 保护装置重启实施流程

二、作业步骤

保护装置重启标准作业卡见表 2-58。

表 2-58　　　　　　　　　　保护装置重启标准作业卡

步骤	序号	工 作 内 容	√
准备阶段	1	备好小室和保护屏柜钥匙、安全帽等工具和安全用具	
工作开始	1	核对工作屏位、屏内装置正确无误，在工作地点设"在此工作"标示牌	
	2	进行安全、技术交底，使每一位工作人员明确工作范围、带电部位、安全注意事项和应急处置措施	
作业阶段	1	记录保护型号及软件版本、保护面板信息、指示灯、空气开关位置、开关量等情况	
	2	确认保护装置在信号状态	
	3	拉开屏后装置直流电源开关	
	4	试合装置直流电源开关	
	5	检查保护装置运行正常、开入开出正常，核对保护装置定值无误并打印，确认无异常可以投运	
	6	确认保护装置在信号状态	
	7	检查工完、料尽、场地清，具备工作终结条件	
工作结束	1	工作验收，确认设备运行正常	
	2	将工作填入相应记录簿（缺陷单、PMS 运行记录）	

三、安全注意事项

（1）工作应在保护装置处于信号状态下进行；

（2）工作前，应仔细核对屏柜名称，防止走错间隔；

（3）拉开保护装置直流电源空气开关前，应仔细核对空气开关命名，防止误拉同屏其他设备空气开关；

（4）必须在有监护的前提下进行工作。

四、技术要求

（1）工作前，应详细记录保护型号及软件版本、保护面板信息、指示灯、空气开关位置、开关量等信息，以防更换电源板后出现其他异常未能发现；

（2）若试合保护装置直流电源空气开关不成功，应停止本次运维一体化作业，通知专业检修人员处理；

（3）保护装置重启后，应对其采样值、开关量、定值、指示灯、通道状态、与监控主机（服务器）通信状态等信息进行充分检查。

>> **实例六：特高压变电站测控装置重启**

测控装置在运行中，可能会因软、硬件等原因发生异常、死机，造成监控主机（服务器）遥测数据不刷新、无法遥控、通信中断等问题。当运维人员发现测控装置死机后，经初步检查，根据情况一般可申请重启该装置，然后进行初步处理。

一、实施流程（如图 2-85 所示）

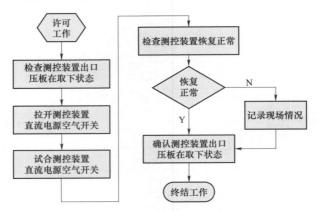

图 2-85 测控装置重启实施流程

二、作业步骤

测控装置重启标准作业卡见表 2-59。

表 2-59 测控装置重启标准作业卡

步骤	序号	工作内容	√
准备阶段	1	备好小室和保护屏柜钥匙、安全帽等操作工具和安全用具	
	2	向相关调度自动化申请工作，封锁相关遥测、遥信信息，避免发生远动信息错误	
	3	维护可靠性系统，避免误集成数据	
工作开始	1	核对工作屏位、屏内装置正确无误，在工作地点设"在此工作"标示牌	
	2	进行安全、技术交底，使每一位工作人员明确工作范围、带电部位、安全注意事项和应急处置措施	
作业阶段	1	记录测控装置型号、面板信息、指示灯、空气开关位置、遥控出口压板等信息	
	2	确认测控装置遥控出口压板在取下状态	
	3	拉开屏后测控装置直流电源开关	
	4	试合测控装置直流电源开关	
	5	检查测控装置面板信息、指示灯正常，已恢复正常运行	
	6	在监控后台检查测控装置遥测、遥信正常	
	7	与调度自动化核对测控装置相关远动信息正常	
	8	检查测控装置遥控出口压板在取下状态，具备工作终结条件	
工作结束	1	工作验收，确认设备运行正常	
	2	将工作填入相应记录簿（缺陷单、PMS 运行记录）	

三、安全注意事项

（1）工作应应取下测控装置遥控出口压板，防止误出口；

（2）工作前，应仔细核对屏柜名称，防止走错间隔；

（3）拉开测控装置直流电源空气开关前，应仔细核对空气开关命名，防止误拉同屏其他设备空气开关。

（4）必须在有监护的前提下进行工作。

四、技术要求

（1）工作前，应详细记录测控装置型号及软件版本、面板信息、指示灯、空气开关位置、遥信开入量等信息，以防重启后出现其他异常未能发现；

（2）若试合测控装置直流电源空气开关不成功，应停止本次运维一体化作业，通知专业检修人员处理；

（3）测控装置重启后，应对其采样值、开关量、定值、指示灯、与监控主机（服务器）通信状态等信息进行充分检查。

》 实例七：特高压变电站保信（录波）子站通信中断处理

一、故障录波系统网络结构

某变电站录波装置独立组网，具备完善的分析和通信管理功能，与保护和故障信息管理子站系统通信，通过数据网接入调度端主站系统。故障录波系统能接受站内统一 GPS 系统的时钟同步信号，故障录波装置通过 3 台交换机分别接入站内保护及故障录波管理子站、国网调度及华东网调主站系统。故障录波系统采用武汉中元华电科技生产的 ZH－5 型、山东山大 WDGL－Ⅵ 型和南京航天银山电气有限公司 YS－900A 型故障录波器。

该变电站配置了一套保护及故障信息管理子站系统，包括 1 面服务器屏和 1 面网络设备屏，位于主控楼计算机室。该装置经防火墙接入站内计算机监控系统站控层网络，实现信息共享，故障录波单独组网后与该子站连接，该子站通过电力调度数据网与调度中心主站通信。某变电站故障录波系统网络拓扑图如图 2－86 所示。

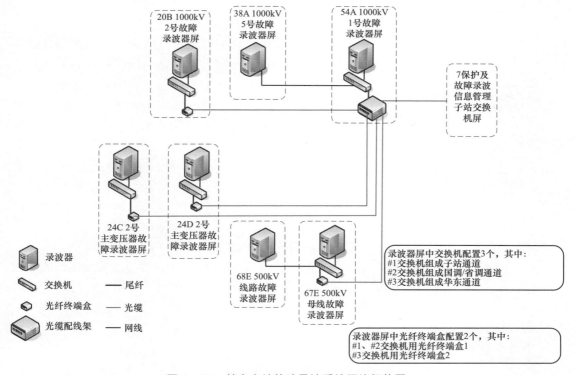

图 2－86　某变电站故障录波系统网络拓扑图

如图 2-87 所示，故障录波器使用 A 网通过光纤及交换机与保信子站直接相连，由保信子站服务器调取分析波形，另外，通过 B 网、C 网直接将故障录波信息上送远方调度，站内保信子站亦将录波信息上送远方调度。

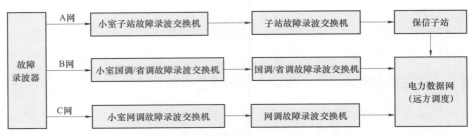

图 2-87　某变电站故障录波信息上送远方调度示意图

二、常见通信中断故障

保护及故障信息管理子站（或远方调度端）与故障录波器通信连接中断，可能有以下原因：

（1）网线（光纤）问题，网线接头松动、水晶头（光纤接头）损坏；

（2）光电转换器损坏；

（3）交换机损坏；

（4）IP 设置问题；

（5）装置本身运行故障；

（6）子站配置文件错误。

如果是多个故障录波器通信有问题，则可能是公共部分出现问题，如交换机、小室与小室之间的网线；如果一个交换机连接分支部分正常，个别有问题，说明交换机基本没问题，重点排查交换机至下一分支的问题，如网口、网线。如拔插一下网线就能联通的，有可能是水晶头接触不良，有条件时应重新制作。

交换机有问题一般表现为一整片故障录波器均通信中断，可以先重启该交换机，看问题是否消失。交换机、光电转换器损坏现象一般有：运行灯不亮、有接入网线的网口链路指示灯不亮、多个故障录波器通信中断等。

三、实施流程

下面以某录波器 B 网的国调/省调故障录波交换机故障，引发该录波器与省调录波主站直达通道通信中断为例，实施流程如图 2-88 所示。

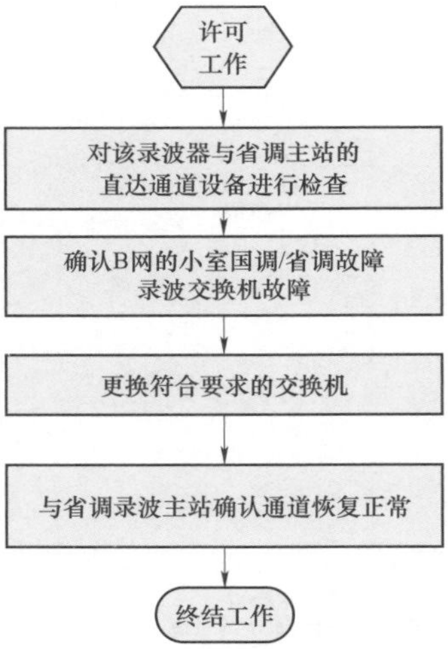

许可
工作

↓

对该录波器与省调主站的
直达通道设备进行检查

↓

确认 B 网的小室国调/省调故障
录波交换机故障

↓

更换符合要求的交换机

↓

与省调录波主站确认通道恢复正常

↓

终结工作

图 2-88　实施流程

四、作业步骤

保信子站通信中断处理标准作业卡见表 2-60。

表2-60 保信子站通信中断处理标准作业卡

步骤	序号	工 作 内 容	√
准备阶段	1	备好小室和保护屏柜钥匙、螺丝刀、万用表、光功率计等工具	
工作开始	1	核对工作屏位、屏内装置正确无误，在工作地点设"在此工作"标示牌	
	2	进行安全、技术交底，使每一位工作人员明确工作范围、安全注意事项和应急处置措施	
作业阶段	1	记录B网小室故障录波交换机型号、指示灯、光纤接口、网线接口等信息	
	2	关闭B网小室故障录波交换机工作电源	
	3	拆除损坏的交换机	
	4	安装符合要求的交换机	
	5	接通交换机工作电源	
	6	检查交换机工作灯的信号均正确	
	7	与调度录波主站确认通信恢复	
	8	检查工完、料尽、场地清，具备工作终结条件	
工作结束	1	工作验收，确认设备运行正常	
	2	将工作填入相应记录簿（缺陷单、PMS运行记录）	

五、安全注意事项

（1）工作前，应详细记录交换机指示灯、光纤接口、网线接口等信息；
（2）工作前，应仔细核对屏柜名称，防止走错间隔；
（3）仔细核对屏内交换机命名，防止误动同屏其他设备；
（4）工作应在监护下进行。

六、技术要求

（1）工作前，应得到相关调度部门确认同意；
（2）更换交换机后，应对其指示灯等信息进行充分检查；
（3）必须与调度录波主站确认通信恢复，并持续观察一段时间，才能终结工作。

七、所需工器具（见表2-61）

表2-61 所需工器具

工具	仪器	材料
中性笔	万用表	备用交换机
一字螺丝刀	光功率计	绝缘胶布
十字螺丝刀		记录纸

》 实例八：特高压变电站保护装置定值修改

继电保护装置在运行中，因系统运行方式变化，需要改变继电保护装置的定值，部分无需调试校验即可完成的定值修改工作，可由运维人员以运维一体化作业的方式进行。

一、实施流程（如图 2-89 所示）

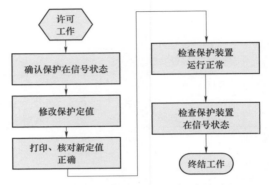

图 2-89　保护装置定值修改实施流程

二、作业步骤

标准作业卡见表 2-62。

表 2-62　　　　　　　　　　　　　标 准 作 业 卡

步骤	序号	工 作 内 容	√
准备阶段	1	备好小室、保护屏柜钥匙，安全帽等操作工具和安全用具	
工作开始	1	核对工作屏位、屏内装置正确无误，在工作地点设"在此工作"标示牌	
	2	进行安全、技术交底，使每一位工作人员明确工作范围、带电部位、安全注意事项和应急处置措施	
作业阶段	1	记录保护型号及软件版本、保护面板信息、指示灯、空气开关位置、开关量等情况	
	2	确认保护装置在信号状态	
	3	修改保护装置定值	
	4	检查保护装置定值修改正确	
	5	检查保护装置运行正常、开入开出正常，核对保护装置定值无误并打印，确认无异常可以投运	
	6	检查保护装置在信号状态	
	7	检查工完、料尽、场地清，具备工作终结条件	
工作结束	1	工作验收，确认设备运行正常	
	2	将工作填入相应记录簿（缺陷单、PMS 运行记录）	

以某保护装置修改定值为例，修改步骤如图 2-90～图 2-94 所示。

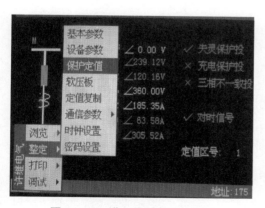

图 2-90　进入保护整定界面 1

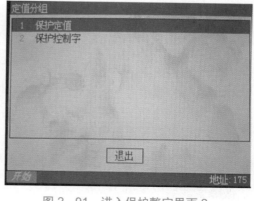

图 2-91　进入保护整定界面 2

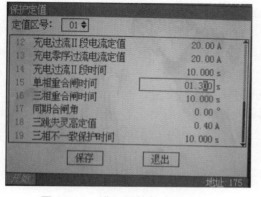

图 2-92　进入保护整定界面 3

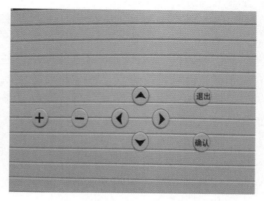

图 2-93　定值大小修改、上下切换界面

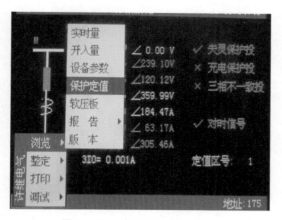

图 2-94　查看新的保护定值

三、安全注意事项

（1）工作应在保护装置处于信号状态下进行；

（2）工作前，应仔细核对屏柜名称，防止走错间隔；

（3）仔细核对屏内保护装置命名，防止误动同屏其他设备；

（4）定值修改工作应在监护下进行。

四、技术要求

（1）工作前，应详细记录保护型号及软件版本、保护面板信息、指示灯、空气开关位置、开关量等信息；

（2）保护修改定值一般需要输入密码，在工作前应提前准备；

（3）定值修改后，应打印新的保护定值，并与整定单核对无误；

（4）定值修改后，应对保护装置的采样值、开关量、定值、指示灯、与监控主机通信、通道状态等信息进行充分检查，确认无误后才能终结工作。

》 实例九：特高压变电站故障录波装置原屏更换

故障录波器用于电力系统，可在系统发生故障时，自动、准确地记录故障前、后过程中各种电气量的变化情况。通过对这些电气量的分析、比较，对处理事故、判断保护是否正确动作，提高电力系统安全运行水平有重要作用。

故障录波器长期处于运行状态，并且不间断地进行录波，CPU、硬盘等时刻处于工作状态，长期运行后故障录波器可能会出现通信中断、频繁启动等异常，若遇到装置多次死机或者存储内容发生错误，则需要考虑更换录波装置。

此外，由于电力系统的发展，故障录波器的功能会更加完善，产品更新换代的速度也加快，为了适应系统发展，更加准确地记录故障状态，同样需要考虑更换录波装置。为减少工作量及相关装置停役时间，一般采用原屏更换方式，外接线设计不动，拆除内部接线及装置，更换新的装置及内部接线。

一、实施流程（如图 2-95 所示）

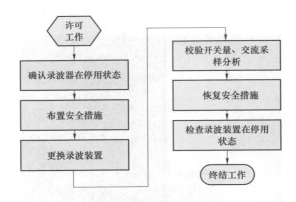

图 2-95　录波装置原屏更换实施流程

二、作业步骤

录波装置原屏更换标准作业卡见表 2-63。

表 2-63　　　　录波装置原屏更换标准作业卡

步骤	序号	工 作 内 容	√
准备阶段	1	备好小室和保护屏柜钥匙、螺丝刀、万用表等工具	
	2	准备所需要的录波装置、厂家原理图、故录端子排图，并确认相符	

续表

步骤	序号	工 作 内 容	✓
工作开始	1	核对工作屏位、屏内装置正确无误，在工作地点设"在此工作"标示牌	
	2	进行安全、技术交底，使每一位工作人员明确工作范围、带电部位、安全注意事项和应急处置措施	
作业阶段	1	确认故障录波装置在停用状态	
	2	将录波器中的数据进行备份	
	3	执行电流回路安全措施（相关保护装置处于信号状态）	
	4	执行故障录波装置电压、电流、信号（开出）、交直流电源回路等的安全措施，同时关注采样变化情况	
	5	检查确认无误碰运行、带电回路风险	
	6	依次拆下端子排上所有接线	
	7	更换新的录波器	
	8	依次接线，检查连接紧固、无松动	
	9	测试新故障录波装置各部件绝缘合格	
	10	新故障录波装置上电，检查运行正常	
	11	按照整定单输入定值	
	12	校验开入量正确	
	13	校验采样及定值满足要求	
	14	检查保信子站、主站、远程调取录波功能正常	
	15	恢复故障录波装置电压、电流、信号（开出）、交直流电源回路等的安全措施	
	16	恢复电流回路安全措施（相关保护装置处于信号状态）	
	17	检查录波器运行正常	
	18	检查工完、料尽、场地清，具备工作终结条件	
工作结束	1	工作验收，确认设备运行正常	
	2	将工作填入相应记录簿（缺陷单、PMS运行记录）	

三、安全注意事项

（1）工作前，必须进行详细的现场踏勘工作；

（2）工作前，提前审核图纸，发现异常、错误及时与设计、厂家确认；

（3）工作前，应确认故障录波装置在停用状态；

（4）故障录波装置电流回路上级串接其他保护装置时，工作前应申请该保护改信号，防止故障录波装置工作造成其他保护误动、拒动；

（5）工作结束后，应与相关调度自动化值班员确认通信正常；

（6）必须在有监护的前提下进行工作。

四、技术要求

1. 交流电流回路安全措施实施

（1）电流回路安全措施采取在上级屏柜和故障录波装置本屏柜两级安全措施方法。在上一级电流接线处电流回路隔离时，执行与恢复应单独使用工作票，相关保护改信号状态后将电流回路短接使电流回路保持完整性，避免开路。故障录波装置改造工作许可后，在故障录波装置本屏内对电流回路进行短接后划开连接片作为故障录波装置改造工作票票内安全措施执行。具体实施顺序见表2-64。

表2-64　　　　　　　　　　　　　安全措施执行顺序表

序号	内　　容	备　　注
1	许可并执行"执行××故障录波装置改造电流回路安全措施"工作票，在上级屏柜电流回路执行安全措施	保护在信号状态下
2	许可并执行故障录波装置改造工作票。工作开始前在本屏内执行安全措施，工作结束后恢复安全措施	典型安全措施包括电流、电压、信号、电源等回路安全措施
3	许可并执行"恢复××故障录波装置改造电流回路安全措施"工作票，在上级屏柜电流回路恢复安全措施	保护在信号状态下

故障录波器交流电流模拟量输入回路一般接在 CT 次级最末端，先将上一级屏柜尾端用短接线短接，全部相关电流回路均短接后，再用短接片短接故障录波装置屏电流输入外侧端子（CT 侧），经检查相关保护电流正常、故障录波装置电流为零后，划开故障录波装置屏内连接片并用绝缘胶布包好。恢复电流安全措施时，先全部恢复故障录波装置屏内电流回路安全措施，再恢复上级屏柜电流回路安全措施，最后划开上一级屏柜内的短接片前必须检查、确认接入至故障录波装置的回路的完好性。执行安全措施与恢复安全措施原理示意图如图2-96所示，上级屏柜屏后 TA 电流回路安全措施样式如图2-97所示。

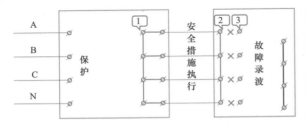

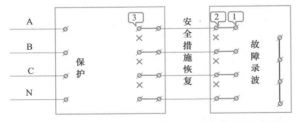

图2-96　执行安全措施与恢复安全措施原理示意图

图2-97　上级屏柜屏后 TA 电流回路安全措施样式

（2）主变压器间隔故障录波装置电流部分接自主变压器套管 TA，集中于主变压器冷却器总控箱，鉴于电流回路接地点位置不同、电流相别分布方式不同，应分不同情况制定隔离措施。主变压器某侧开关电流接自独立电流互感器，故障录波装置电流接于中压侧开关失灵装置尾端。冷却器控制箱内隔离方式如图2-98所示。

图2-98　2号、3号主变压器总控箱中电流回路安全措施图

2. 交流电压回路安全措施实施

故障录波器电压回路与保护等回路共用次级，安全措施隔离时应防止TV短路或接地，防止拆除其他保护电压回路，防止保护误动、拒动。

3. 遥信回路隔离

故障录波器遥信回路电源来自测控装置，采取拆开对应故障录波器端子排外部线并用绝缘胶布包好的安全措施进行隔离。

4. 电源回路隔离

（1）直流电源回路隔离：将故障录波器屏直流电源上级空气开关（对应小室的直流分屏）拉开。而开关量输入回路外部接线为无源接点，无需隔离，断开装置本身电源即可。

（2）交流电源回路隔离：将本屏内交流电源端子内侧电缆拆除并用绝缘胶布包好电缆及内外侧端子排进行隔离。

5. 更换录波装置

更换录波装置时，涉及外回路的接线若无特殊要求，可不必更改，原来的交直流电源回路无需变动。

五、所需工器具（见表2-65）

表2-65　　　　　　　　　　　　所 需 工 器 具

工　　具	仪　　器	材　　料
一字螺丝刀	万用表	备用录波装置
十字螺丝刀	继电保护校验仪	保护打印纸
中性笔		试验报告
短接线		绝缘胶布
		扎线带

第四节　特高压变电站辅助系统维护实例分析

>> **实例一：特高压变电站油色谱在线监测装置载气瓶更换**

一、原理

变压器油色谱在线监测系统是一套应用于油浸式电力变压器的对其在线运行安全状况作实时监测的设备。整个工作的基本过程是，按设定日期的采样周期，定时地从运行变压器中取出绝缘油油样，引入油气分离装置进行油气分离的脱气处理，把油中分离出的混合气体收集压缩，经由载气（氦气）带入色谱柱，由色谱柱完成对不同样气进行组分分离，分离以后的 8 种样气（氢气、氧气、一氧化碳、二氧化碳、甲烷、乙烷、乙烯、乙炔）在载气的推动下经过气体传感器，将气体浓度转换成电压信号，此电压信号通过高精度 A/D 转换器转换成数字序列信号，通过 RS458 通信接口上传到后台监控系统进行存储、分析和显示，从而实现主变压器本体、高抗在线监测的作用。

当前，在特高压变电站普遍安装主变压器、高抗油色谱在线监测装置，该类型在线监测装置默认 4h 分析一次，载气（氦气）瓶内气体可以使用 4 年以上。装置要求每季度检查一次减压阀表压，每半年用检漏液检查一次气路连接的气密性，以确保不漏气。当载气瓶的压力表读数低于 150psi（10.34bar）时，需要更换载气瓶。载气（氧气）瓶实物图如图 2-99 所示。

二、实施流程（如图 2-100 所示）

图 2-99　载气（氦气）瓶实物图

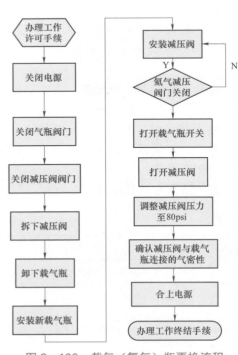

图 2-100　载气（氦气）瓶更换流程

三、作业指导卡（见表 2 - 66）

表 2 - 66　　　　　　　　　　　作 业 指 导 卡

步骤	序号	工 作 内 容	√
准备阶段	1	确定更换日期，预计更换时间	
	2	确定备品载气瓶内气体合格，并准备好所需工器具	
	3	保持安全距离 35kV≥1m，110kV≥1.5m，500kV≥5m，1000kV≥9.5m	
工作开始	1	核对所更换的设备正常，在工作点设"在此工作"标示牌	
	2	进行安全、技术交底，使每一位工作班成员明确工作范围、带电部位、安全注意事项和应急处置措施	
作业阶段	1	将监测仪的电源关闭	
	2	顺时针旋转气瓶的阀门至完全关闭位置	
	3	顺时针旋转减压阀上的阀门至完全关闭位置	
	4	用合适的扳手将减压阀从载气瓶上拆卸下来	
	5	扶住减压阀和不锈钢管，把载气瓶从安装托架上卸下	
	6	把新载气瓶安装到托夹上，用载气瓶绑带固定	
	7	把减压阀安装到氢气瓶上	
	8	调整减压阀上的表到竖直位置，拧紧螺纹接口和载气瓶连接的螺母	
	9	调整载气瓶的方向，使减压阀上的压力表能被清楚地看到	
	10	确认氢气减压阀关闭，缓慢沿逆时针方向完全打开氢气瓶上的开关	
	11	缓慢沿逆时针方向打开氢气减压阀的阀门，直到氢气开始流动	
	12	将减压阀沿逆时针方向打开，调整压力值 80psi	
	13	用检漏液检查确认减压阀与载气瓶连接的气密性	
	14	打开监测仪电源	
工作终结	1	工作验收，确认设备运行正常	
	2	将工作结论填入相应记录簿	

四、技术要求

（1）此项工作需要至少两人一组进行。

（2）新气瓶色谱分析级氢气。

（3）新气瓶 99.999 9% 的纯度（等级 6.0）。

（4）新气瓶水分含量小于 0.2×10^{-6}。

（5）接口为 CGA - 580（美制钢瓶用接口形式，用于气体钢瓶接口）。

五、安全注意事项

（1）在充满的状态下，氢气瓶的压力超过 2000psi（138bar），氢气在进入监测器之前被调节到 80psi（5.5bar）。

（2）使用的氢气应达到 99.999 9% 纯度和水分小于 0.2×10^{-6}。

（3）在拧松连接时，将有少量的高压氢气释放出来。

（4）需要特别注意不能让任何污染物，特别是水进入拆卸下来的减压阀和气路。

（5）确认氢气减压阀在关闭状态下，才能打开载气瓶上的开关。

（6）打开氢气减压阀的阀门时，不要将减压阀上的关闭阀完全打开。

（7）防漏监测非常重要，因为一点泄露都会大大减少氢气的使用寿命。

六、所需工具、仪器及材料（见表 2–67）

表 2–67 所需工具、仪器及材料

工 具	仪 器	材 料
扳手		检漏液
线手套		载气瓶

》 实例二：特高压变电站油色谱在线监测装置标气瓶更换

一、原理

标气瓶中的气体用于校验在线监测装置的监测精度。主变压器（高抗）油色谱在线监测仪 TM8 标气检验证书的有效期为 3 年，按照默认的每 3 天一次的校验频率，标气瓶中的气量足够 3 年使用。每季度需要检查一次减压阀表压，每半年用检漏液检查一次气路连接的气密性，以确保不漏气。当标气瓶高压侧压力低于 25psi（1.72bar）时，需要更换标气瓶。标气瓶实物图如图 2–101 所示。

二、实施流程图（如图 2–102 所示）

图 2–101 标气瓶实物图

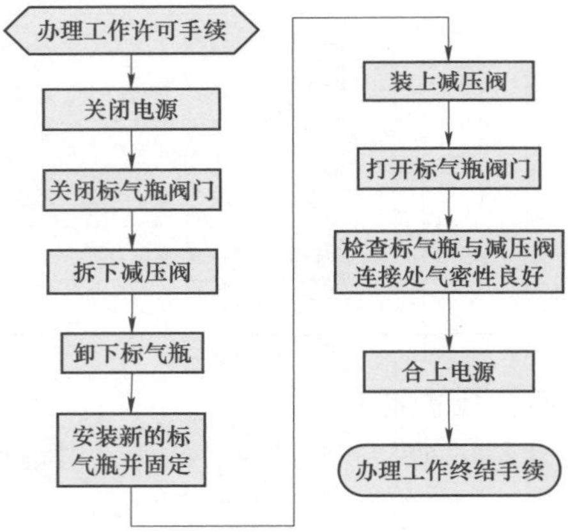

图 2–102 标气瓶更换流程图

三、作业指导卡（见表 2–68）

表 2–68 作 业 指 导 卡

步骤	序号	工 作 内 容	√
准备阶段	1	确定更换日期，预计更换时间	
	2	确定备品载气瓶内气体合格，并准备好所需工器具	
	3	保持安全距离 35kV≥1m，110kV≥1.5m，500kV≥5m，1000kV≥9.5m	

步骤	序号	工 作 内 容	√
工作开始	1	核对所更换的设备正常，在工作点设"在此工作"标示牌	
	2	进行安全、技术交底，使每一位工作班成员明确工作范围、带电部位、安全注意事项和应急处置措施	
作业阶段	1	关闭监测仪电源	
	2	顺时针旋拧标气瓶的阀门至完全关闭位置	
	3	使用合适扳手，将减压阀从标气瓶上拆下来	
	4	托住标气瓶，将标气瓶从尼龙搭扣上卸下	
	5	安装新的标气瓶，用尼龙搭扣固定	
	6	将减压阀安装到标气瓶上，拧紧	
	7	逆时针完全打开标气瓶阀门	
	8	用检漏液检查确认标气瓶与减压阀的连接是气密的，擦干多余的检漏液	
	9	打开监测仪电源	
工作终结	1	工作验收，确认设备运行正常	
	2	将工作结论填入相应记录簿	

四、技术要求

（1）此项工作需要至少两人一组进行。

（2）当充满时，标气瓶的压力超过 500psi（34bar）；标气在进入监测仪之前用减压阀调节为 8psi（0.5bar）；标气瓶用于对监测仪的自动标定。

（3）搬运气瓶以及安装气瓶时需轻拿轻放。

五、安全注意事项

（1）在拧松连接时，将有少量的高压标气释放出来。

（2）气密性的检测十分重要，很小的一点泄漏都会显著地影响标气瓶的寿命。

六、所需工具、仪器及材料（见表 2－69）

表 2－69　　　　　　　　　　所需工具、仪器及材料

工　　具	仪　　器	材　　料
扳手		检漏液
		标气瓶
		尼龙搭扣

▶▶ 实例三：特高压变电站油色谱在线监测装置电源板更换

一、原理

油色谱在线监测装置电源板提供油色谱在线监测装置正常运行所需的必要电源。电源板出现故障，则油色谱在线监测装置不能正常运行，也就失去了油色谱监测的作用。以油色谱在线监测装置 TM8 的电源板为例，TM8 更换电源板涉及元器件如图 2－103 所示。

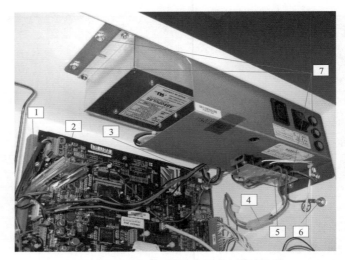

图 2－103　TM8 更换电源板涉及元器件

1—J1 连接器；2—J50 连接器；3—J103 连接器；4—Molex 连接器；5—加热器电线；6—接地线；7—3/8″螺母

二、实施流程（如图 2－104）

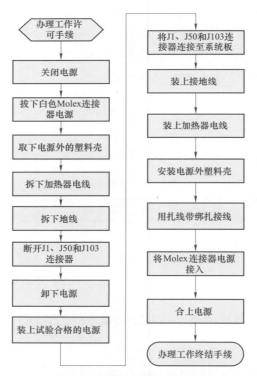

图 2－104　油色谱在线监测装置 TM8 电源板更换流程图

三、作业指导卡（见表 2-70）

表 2-70 　　　　　　　　油色谱在线监测装置 TM8 电源板更换作业指导卡

步骤	序号	工 作 内 容	√
准备阶段	1	确定更换日期，预计更换时间	
	2	准备好所需工器具，备品备件，标识牌	
工作开始	1	核对所更换的设备正常，在工作点设"在此工作"标示牌	
	2	进行安全、技术交底，使每一位工作班成员明确工作范围、带电部位、安全注意事项和应急处置措施	
作业阶段	1	拉开油色谱监测装置电源空气开关（断开电源）	
	2	拔下白色 Molex 连接器的电源	
	3	从电源端子排上取下塑料盖	
	4	从电源端子排上拆下两根白色加热器电线	
	5	从油色谱监测装置的内壁上拆下地线	
	6	断开系统板上的 J1、J50 和 J103 连接器	
	7	根据需要拆下电线扎带	
	8	卸下电源模块	
	9	安装试验合格的电源	
	10	将 J1、J50 和 J103 连接器连接至系统板	
	11	将地线连接到油色谱监测装置的内壁	
	12	将两根白色加热器电线接到电源端子排	
	13	将塑料壳安装在电源端子板上	
	14	用扎线带绑扎接线	
	15	将白色 Molex 连接器电源接入	
	16	合上油色谱监测装置的电源空气开关（接通电源）	
工作终结	1	工作验收，确认设备运行正常	
	2	将工作结论填入相应记录簿	

四、技术要求

（1）此项工作需要至少两人一组进行。

（2）开始工作前必须先断开装置电源。

（3）拆解导线时应注意导线位置，正确拔插连接器。

五、安全注意事项

（1）严格按照作业指导卡中作业步骤进行工作。

（2）拆装连接器时注意方向和力度，防止用力不当造成板件或者插槽损坏。

六、所需工具、仪器及材料（见表 2−71）

表 2−71　　　　　　　　　　所需工具、仪器及材料表

工　具	仪　　　器	材　　　料
扳手		
十字螺丝刀		
一字螺丝刀		
尖嘴钳		

▷▷ 实例四：特高压变电站油色谱在线监测装置监测周期等定值修订

一、原理

变压器（高抗）油箱中的油连续 24h 不间断流过在线监测装置，使得脱出的气体能最好反应变压器（高抗）内部的状况，默认状态下每隔设定的时间做一次采样分析。

下面以变压器（高抗）油色谱状态监测装置 TM8 为例进行说明。TM8 可以设定的监测周期有 2、4、6、8、10、12h 共六种参数。TM8 可以使用命令对氢气、氧气、一氧化碳、二氧化碳、甲烷、乙烷、乙烯、乙炔 8 种气体进行注意值和报警值设定。

二、实施流程（如图 2−105 所示）

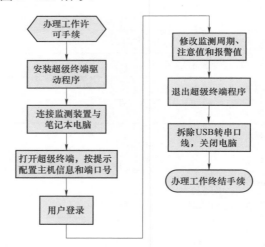

图 2−105　油色谱在线监测装置监测周期等定值修订流程图

三、作业指导卡（见表 2−72）

表 2−72　　　　　油色谱在线监测装置监测周期定值修订作业指导卡

步骤	序号	工　作　内　容	√
准备阶段	1	确定修改日期，预计工作时间	
	2	准备好所需工器具	
工作开始	1	核对所工作的设备正常，在工作点设"在此工作"标示牌	
	2	进行安全、技术交底，使每一位工作班成员明确工作范围、带电部位、安全注意事项和应急处置措施	

续表

步骤	序号	工 作 内 容	√
作业阶段	1	笔记本电脑中安装超级终端驱动程序 CDM21218	
	2	使用 USB 转串口线连接油色谱在线监测装置与笔记本电脑	
	3	打开超级终端程序 hypertrm，根据提示输入油色谱在线监测装置主机信息和端口号	
	4	进入超级终端后输入用户名 Serveron 密码：LoginFailed	
	5	修改 TM8 周期，输入命令：ss−ms 2h/4h/6h/8h/10/12h	
	6	修改 TM8 注意和报警定值，输入命令：gas o2/c2h4/c2h6/co/ch4/h2/co/c2h2_ppm 1 2	
	7	退出超级终端程序	
	8	拆除 USB 转串口线，关闭电脑	
工作终结	1	工作验收，确认设备运行正常	
	2	将工作结论填入相应记录簿	

四、技术要求

（1）如果笔记本电脑中有超级终端程序可以直接使用，跳过第一步。

（2）安装超级终端驱动程序 CDM21218 时，如图 2−106 所示，点击下一步，直到安装完成。

（3）USB 转串口组成的油色谱在线监测装置专用数据线如图 2−107 所示。

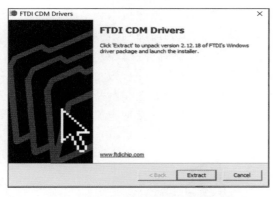

图 2−106　CDM21218 超级终端驱动程序安装界面　　　图 2−107　油色谱在线监测装置专用数据线

（4）端口号可以通过打开"控制面板＞系统＞硬件＞设备管理器＞端口"，这时可以看到给 USB 转接器分配的 COM 端口。

（5）命令：ss−ms 2h/4h/6h/8h/10/12h 表示将周期修改为 2、4、6、8、12h，修改时可以选择其中一种周期。

（6）命令：gas o2/c2h4/c2h6/co/ch4/h2/co2/c2h2_ppm 1 2 表示氧气、乙烯、乙烷、一氧化碳、甲烷、氢气、二氧化碳、乙炔等注意和告警值修改，其中前面的数值 1 为注意值，后面的 2 为告警值，单位均为 1×10^{-6}。可以对以上 8 中气体的注意和告警值进行修改。

五、安全注意事项

（1）定值修改应使用专用笔记本电脑。

（2）使用油色谱在线监测装置专用数据线连接笔记本电脑和油色谱在线监测装置时注意网线插孔位置，防止误碰油色谱在线监测装置内的其他器件。

六、所需工具、仪器及材料（见表2-73）

表2-73　　　　　　　　　　所需工具、仪器及材料表

工　具	仪　器	材　料
专用笔记本电脑		
油色谱在线监测装置专用数据线		

▶▶ 实例五：特高压变压器铁心夹件在线监测装置电流互感器更换维护

一、原理

特高压变压器铁心夹件接地电流在线监测装置采用高性能微小电流传感技术连续、实时、在线测量变压器铁心夹件的接地全电流、接地工频电流等参量，可及时了解变压器铁心夹件的运行状况。

本实例以MT2100变压器铁心夹件接地电流在线监测装置为例，进行说明。该装置可以对运行状况相同的同类设备进行横向比较分析，还可以对同一设备进行纵向对比分析，同时还可以对设备绝缘状态的特征数据进行趋势预测，能及早发现变压器铁心夹件潜在的故障，及早进行预警和处理，避免事故的发生。

MT2100监测装置是一种精密的测量仪器，主要有以下几个关键技术环节组成：微小电流传感环节、小信号无失真放大环节、绝缘性能高精度测试和故障判断专家诊断环节。微小电流传感器采用高性能的双层屏蔽电缆将小电流信号传输到MT2100监测装置中，MT2100监测装置进行计算分析得到各种表征变压器铁心夹件性能的参数。各种参数通过RS-485总线或网络送到上位机综合数据平台专家系统进行数据处理和判断分析，通信协议采用标准的MODBUS或IEC61850协议。特高压变压器铁心夹件接地电流在线监测装置原理示意图如图2-108所示。

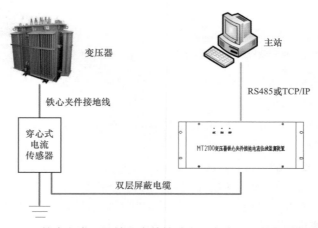

图2-108　特高压变压器铁心夹件接地电流在线监测装置原理示意图

铁心夹件在线监测装置电流互感器设置在主变压器铁心夹件入地铜排的上方，安装位置如图2-109所示。

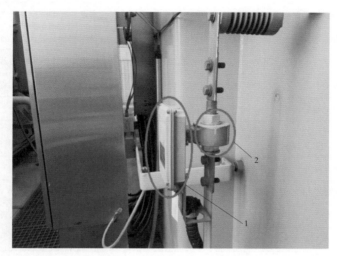

图2-109　特高压变压器铁心夹件在线监测装置电流互感器安装位置

注：图中1为电流测量模块，2为铁心接地电流测量电流互感器

二、实施流程（如图2-110所示）

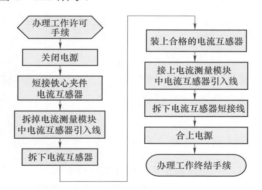

图2-110　特高压变压器铁心夹件在线监测装置电流互感器更换维护流程图

三、作业指导卡（见表2-74）

表2-74　　　特高压变压器铁心夹件在线监测装置电流互感器更换作业指导卡

步骤	序号	工　作　内　容	√
准备阶段	1	确定更换日期，预计更换时间	
	2	确定备品载气瓶内气体合格，并准备好所需工器具	
	3	保持安全距离 35kV≥1m，110kV≥1.5m，500kV≥5m，1000kV≥9.5m	
工作开始	1	核对所更换的设备正常，在工作点设"在此工作"标示牌	
	2	进行安全、技术交底，使每一位工作班成员明确工作范围、带电部位、安全注意事项和应急处置措施	

续表

步骤	序号	工 作 内 容	√
作业阶段	1	拉开变压器在线监测装置柜背面的铁心夹件接地电流在线测量装置电源空气开关	
	2	用短接线将铁心（夹件）接地电流测量电流互感器短接，即用导线跨接在电流互感器两端	
	3	用十字口螺丝刀拆开铁心（夹件）电流测量模块的盖子，拆掉电流互感器的接线端子	
	4	用扳手拆卸铁心（夹件）接地电流测量电流互感器两侧的螺栓，取下电流互感器	
	5	更换上试验合格的电流互感器，用扳手将电流互感器两侧的螺栓拧紧	
	6	用十字口螺丝刀将电流互感器端子接到电流测量模块中，检查接线无误后，盖上电流测量模块盖子，并拧紧螺丝	
	7	拆下短接在电流互感器两端的短接线	
	8	合上油色谱在线监测装置柜背面的铁心夹件测量装置电源空气开关	
工作终结	1	工作验收，确认设备运行正常	
	2	将工作结论填入相应记录簿	

四、技术要求

（1）严格按照作业指导卡中的作业步骤进行，即需要先将铁心夹件接地电流在线测量装置断电后，方可进行后续作业。

（2）短接铁心夹件接地电流测量流变的导线截面积应选择至少 4cm² 以上铜线。

五、安全注意事项

（1）将流变短接及拆除短接线需戴绝缘手套。

（2）必须先将电流互感器两端通过导线短接方可进行拆卸电流互感器。

（3）安装电流互感器时注意电流互感器时应轻拿轻放，以免对电流互感器造成损伤，影响测量精度。

六、所需工具、仪器及材料（见表 2-75）

表 2-75　　　　　　　　所需工具、仪器及材料表

工 具	仪 器	材 料
扳手		短接线
十字口螺丝刀		电流互感器备品
绝艳手套		

》 实例六：特高压变电站 GIS 压力电子传感器更换

一、原理

特高压变电站 GIS 压力电子传感器（简称压力传感器）起到对 GIS 气室内压力检测的作用，然后传到后台监控系统实现对现场压力实时监视。如图 2-111 所示为某气室压力传感器安装位置。

图 2－111　某压力传感器安装位置

1—GIS压力传感器；2—压力表；3—取气口阀门

当进行压力传感器更换时防止气室内的气体外泄。

二、实施流程（如图 2－112 所示）

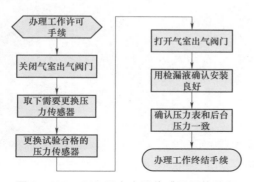

图 2－112　GIS压力电子传感器更换流程

三、作业指导卡（见表 2－76）

表 2－76　　　　　　　　　　GIS压力电子传感器更换作业指导卡

步骤	序号	工 作 内 容	√
准备阶段	1	确定更换日期，预计更换时间	
	2	确定备品载气瓶内气体合格，并准备好所需工器具	
	3	保持安全距离 35kV≥1m，110kV≥1.5m，500kV≥5m，1000kV≥9.5m	
工作开始	1	核对所更换的设备正常，在工作点设"在此工作"标示牌	
	2	进行安全、技术交底，使每一位工作班成员明确工作范围、带电部位、安全注意事项和应急处置措施	

续表

步骤	序号	工 作 内 容	√
作业阶段	1	将GIS设备气室与压力传感器和压力表共用的出气阀门（箱体外）旋到关闭位置	
	2	检查气室取气口阀门确在关闭位置	
	3	用扳手先松下压力传感器左侧的螺帽，再用扳手松下压力传感器右侧的螺帽	
	4	用扳手安装试验合格的压力传感器，并注意方向	
	5	将GIS设备气室与压力传感器和压力表联通的出气阀门旋到开启位置	
	6	用检漏液检测新安装上的压力传感器两侧的接头处有无气体泄漏，确认安装良好	
	7	确认压力表压力和后台压力一致	
工作终结	1	工作验收，确认设备运行正常	
	2	将工作结论填入相应记录簿	

四、技术要求

（1）如图2-113所示将GIS设备气室与压力传感器和压力表连通的出气阀门旋到关闭位置，并拧紧。

图2-113　1000kV电流互感器气室出气阀门位置

（2）使用扳手拆装压力传感器时注意方向和力度，以防损坏传感器。

五、安全注意事项

（1）拆卸压力传感器前应将气室与表计连通的出气阀门关闭，以免气室内的 SF_6 气体泄漏，污染环境。

（2）拆卸压力传感器时注意适度用力，防止用力过度造成连接口损坏。

六、所需工具、仪器及材料（见表2-77）

表2-77　　　　　　　　　　所需工具、仪器及材料

工具	仪器	材料
扳手		检漏液
		传感器备件

» 实例七：特高压变电站变压器消防 SP 泡沫液更换

一、原理

主变压器（高抗）SP 泡沫灭火系统中所使用的 SP 泡沫液在存放一定周期后，性能会失效，达到规定周期要更换新的 SP 泡沫液。该项工作须由运维人员与相应厂家或维保单位共同进行。

二、实施流程（如图 2-114 所示）

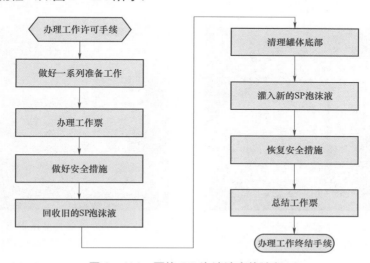

图 2-114　更换 SP 泡沫液实施流程

三、作业指导卡（见表 2-78）

表 2-78　　　　　　　　　　　更换 SP 泡沫液作业指导卡

步骤	序号	工　作　内　容	√
准备阶段	1	确定更换日期，预计更换时间	
	2	确定好车辆、回收容器、新 SP 泡沫液容器停（堆）放点	
	3	保持安全距离 35kV≥1m，110kV≥1.5m，500kV≥5m，1000kV≥9.5m	
工作开始	1	核对所更换的设备正常，SP 泡沫液容量符合。在工作点设"在此工作"标示牌	
	2	进行安全、技术交底，使每一位工作班成员明确工作范围、带电部位、安全注意事项和应急处置措施	
作业阶段	1	检查 SP 泡沫液罐上各出口阀门均处于关闭状态	
	2	卸下 SP 泡沫灭火系统中氮气启动瓶上的顶针，防止氮气误进入 SP 泡沫液罐	
	3	打开 SP 泡沫液罐上方的观察窗盖板	
	4	从打开的 SP 泡沫液罐上方的观察窗用抽水泵将罐内的 SP 泡沫液抽到回收容器中	
	5	待全部 SP 泡沫液抽出后，清洗 SP 泡沫液罐底部，清理残渣	
	6	将新的 SP 泡沫液灌入到 SP 泡沫液罐中，直至灌满	
	7	盖回 SP 泡沫液罐上方的观察窗盖板，并将螺旋旋紧	
	8	更换 SP 泡沫液运行说明卡	
工作终结	1	工作验收，确认设备运行正常	
	2	将工作结论填入相应记录簿	

四、技术要求

（1）更换工作一般结合主变压器或高抗计划检修一并进行；

（2）更换前，应核对所需更换的 SP 泡沫液的准确数量，并留有一定裕度；

（3）工作前，检查 SP 泡沫液罐上各出口阀门均处于关闭状态，卸下 SP 泡沫灭火系统中氮气启动瓶上的顶针，防止氮气误进入 SP 泡沫液罐。

下面以更换主变压器 SP 泡沫灭火系统中所使用的 SP 泡沫液为例，对更换工作进行展示，如图 2－115～图 2－120 所示。

图 2－115　外部堆场准备

图 2－116　检查主变压器 SP 泡沫液罐上所有阀门均在关闭状态

图 2－117　取下氮气启动瓶上的顶针

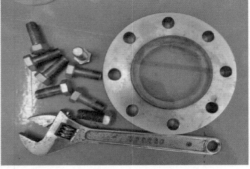

图 2－118　打开 SP 泡沫液罐上方的观察窗盖板

图 2-119　从泡沫液罐上方的观察窗洞口抽取旧 SP 泡沫液

图 2-120　回收旧泡沫液及抽取新泡沫液

五、安全注意事项

（1）室外就近规划好容器堆放区；

（2）该工作不得间断，并尽量缩短总耗时；

（3）开始工作时，检查主变压器（高抗）泡沫液罐上的各阀门应处于关闭状态，SP 泡沫灭火系统中氮气启动瓶上的顶针已卸下，防止更换泡沫液时罐内泡沫液误出口。

六、所需工具、仪器及材料（见表 2-79）

表 2-79　　　　　　　　　　　所需工具、仪器及材料

工　具	仪　器	材　料
扳手	万用表	空容器
抽水泵		

≫ 实例八：端子箱温湿度控制器及加热器维护

一、原理

变电站内户外端子箱、汇控柜等一般会安装温湿度控制器及加热器，当端子箱、汇控柜内温度低于一个设定值或者湿度高于设定值时启动加热器回路进行加热；当温度高于另外一个设定的温度值且湿度低于另外一个设定的定值时，断开加热器回路，从而实现端子箱、汇控柜内温湿度在一定范围，即满足内部设备的最佳运行环境，保证设备使用寿命。

特高压变电站运维
一体化培训教材

特高压变电站每年迎峰度夏及冬季之前对全站"五小箱"（变电站内端子箱、汇控箱、机构箱等的统称）加热器和温湿度控制器进行排查维护，避免夏季多雨和冬季温差引起的箱体凝露现象，由运维人员以运维一体化作业的方式进行。

二、实施流程（如图 2-121 所示）

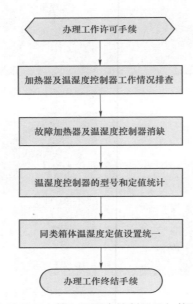

图 2-121　变电站"五小箱"温湿度控制器及加热器维护工作流程图

三、作业指导卡（见表 2-80）

表 2-80　　　　变电站"五小箱"温湿度控制器及加热器维护标准作业指导卡

步骤	序号	工　作　内　容	√
准备阶段	1	办理作业指导卡	
	2	准备好相应工具	
工作开始	1	在工作点设"在此工作！"标示牌	
	2	进行安全、技术交底，使工作人明确工作范围、带电部位	
作业阶段	1	检查加热器是否工作	
	2	调整温湿度定值、拉合电源等方法查看加热器是否投入	
	3	处理故障加热器或温湿度控制器	
	4	统计不同箱体内温湿度控制类型和定值	
	5	调整同类箱体温湿度定值统一	
	6	检查工完、料清、场净，具备工作终结条件	
工作终结	1	工作验收，终结作业指导卡	
	2	将工作结论填入相应记录簿	

四、技术要求

1. 技术要求

（1）此项工作需要至少两人一组进行。

（2）加热器及温湿度控制器工作情况排查，检查温湿度控制器及加热器电源回路电源正常。

（3）调整温湿度控制器中的温度或者湿度定值，测试加热器是否能正常工作。

（4）当温湿度控制器动作后，加热器不工作时，应用万用表测试加热器两端是否有电压，如果有电压，拉开加热照明空气开关，测量加热器电阻，看是否满足额定电阻要求，当电阻远大于加热器名牌阻值时，对加热器进行更换；如果无电压，则可能是温湿度控制器损坏（如接点不同等），需要更换温湿度控制器。

（5）对温湿度控制器类型进行统计，同类箱体温湿度定值设置统一。

（6）维护处理好后需要清理现场，做到工完、料尽、场地清。

2. 以某特高压变电站为例，对加热器和温湿度控制器维护工作进行介绍

（1）加热器及温湿度控制器工作情况排查。

1）"五小箱"加热器投入方式见表 2-81。

表 2-81　　　　　　　　　　　　"五小箱"加热器投入方式

加热器投入方式	箱体类型
通过温度控制器和湿度控制器控制加热器	所有的在线监测装置柜
通过温度控制器控制加热器	无功区域机构箱
通过湿度控制器控制加热器	主变压器风冷控制箱
仅通过加热器电源空气开关控制加热器	交流电源箱、检修电源箱 开关端子箱、电压互感器端子箱 低容低抗开关分控箱

2）加热器未投入情况统计。加热器本身无故障，温湿度未达到启动值；加热器故障；电源失去；温湿度控制器接线错误。

（2）故障加热器及温湿度控制器消缺。

1）加热器本身无故障温湿度未达到启动值。这一原因导致加热器暂时未工作的情况较多，调整整定值进行测试加热器均能正常工作。

2）1102 开关端子箱无温湿度控制器，加热器长期投入导致内部接头部位接线烧断，电阻值 41.71MΩ（正常电阻应为 500Ω 左右），更换加热器后工作正常。1 号主变压器 110kV 电压互感器端子箱加热器缺少一接头螺丝，安装螺丝后加热器工作正常。

3）1 号站用变压器 111427 接地闸刀机构箱加热器电源失去，经检查为端子排上加热器对应的 L-QF3-1 端子松脱，紧固后恢复正常。

4）500kV 电压互感器端子箱温湿度控制器处于短接状态，仍为手动控制，对加热器回路进行改造后恢复正常。

五、安全注意事项

（1）工作前应得到当班值长的许可，并告知同组运维人员存在的危险因素和安全注意事项。

（2）温湿度控制器及加热器维护排查时注意防止低压触电。

（3）故障加热器及温湿度控制器消缺时应先拉开加热照明空气开关后方可进行下一步工作。

六、所需工具、仪器及材料（见表 2-82）

表 2-82   所需工具、仪器及材料

工　具	仪　器	材　料
一字螺丝刀	万用表	温湿度控制器
十字螺丝刀		加热器
尖嘴钳		绝缘胶布

≫ 实例九：特高压变电站蓄电池出口熔丝更换

一、原理

特高压变电站直流系统的蓄电池组出口处除配有蓄电池投退开关外，还配有直流熔丝。直流熔丝起到当发生直流短路，故障电流大于熔丝限定的电流后熔丝熔断，直流回路断开，切断故障点。此熔丝的更换可由运维人员进行。

二、实施流程（如图 2-122 所示）

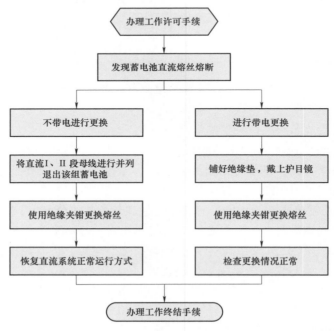

图 2-122　蓄电池出口熔丝更换流程

三、标准作业卡（见表2-83和表2-84）

表2-83　　　　　蓄电池出口熔丝更换标准作业卡（不带电进行更换熔丝）

步骤	序号	工　作　内　容	√
准备阶段	1	发现蓄电池出口直流熔丝熔断	
	2	将直流I、II段母线进行并列，并退出该组蓄电池	
工作开始	1	核对工作设备、地点正确无误，在工作点设"在此工作！"标示牌	
	2	进行安全、技术交底，使每一位工作人明确工作范围、带电部位、安全注意事项和应急处置措施	
作业阶段	1	核对备用直流熔丝与熔断的熔丝确为同一规格	
	2	使用绝缘夹钳取下熔断熔丝，放上新熔丝	
	3	将该组蓄电池投入运行	
	4	核对检查无异常后，将直流系统恢复正常运行方式	
工作终结	1	工作验收，终结作业指导卡	
	2	将工作结论填入相应记录簿	

表2-84　　　　　　蓄电池出口熔丝更换标准作业指导卡

（带电进行更换熔丝，仅适用正常运行方式下蓄电池作为备用电源的情况）

步骤	序号	工　作　内　容	√
准备阶段	1	发现蓄电池出口直流熔丝熔断	
工作开始	1	核对工作设备、地点正确无误，在工作点设"在此工作！"标示牌	
	2	进行安全、技术交底，使每一位工作人明确工作范围、带电部位、安全注意事项和应急处置措施	
作业阶段	1	核对备用直流熔丝与熔断的熔丝确为同一规格	
	2	在工作地点放置绝缘垫	
	3	操作人戴好护目镜、绝缘手套	
	4	使用绝缘夹钳取下熔断熔丝，放上新熔丝	
	5	核对检查无异常	
工作终结	1	工作验收，终结作业指导卡	
	2	将工作结论填入相应记录簿	

四、技术要求

1. 技术要求

（1）该项工作至少由2人及以上完成；

（2）更换前根据不同的工作方式，注意是否调整直流系统运行方式；

（3）更换前确认备用直流熔丝与熔断的熔丝为同一规格；

（4）更换蓄电池组出口熔丝，使用绝缘夹钳取下熔断熔丝，放上新熔丝；

（5）将该组蓄电池投入运行，核对检查无异常后，将直流系统恢复正常运行方式。

2. 下面以1号蓄电池为例，对1号蓄电池出口熔丝进行不带电更换工作进行展示

（1）调整直流系统运行方式。直流 I、II 段并列运行，1号蓄电池组退出运行，如图2-123所示。

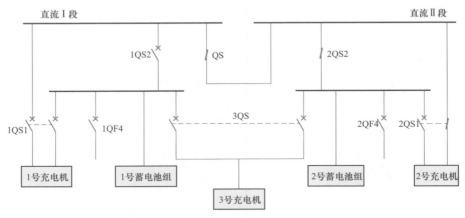

图2-123　调整直流系统运行方式，将1号蓄电池组退出运行

（2）更换准备。核对备用直流熔丝与熔断的熔丝确为同一规格，如图2-124所示。

图2-124　1号蓄电池出口熔丝

（3）更换蓄电池组出口熔丝。使用绝缘夹钳取下熔断熔丝，放上新熔丝。

（4）直流系统恢复正常运行方式。将该组蓄电池投入运行，核对检查无异常后，将直流系统恢复正常运行方式。

五、安全注意事项

（1）核对备用直流熔丝与熔断的熔丝确为同一规格。

（2）工作前，应仔细核对屏柜名称，防止走错间隔。

（3）仔细核对屏内设备命名，防止误动同屏其他设备。

（4）更换工作应使用直流熔丝夹钳，并做好相应防护措施。

（5）带电更换的操作时间应尽可能短。

六、所需工具、仪器及材料（见表 2–85）

表 2–85　　　　　　　　　　所需工具、仪器及材料

工　具	仪　器	材　料
直流熔丝夹钳	万用表	蓄电池组备用熔丝
护目镜		
绝缘垫		
绝缘手套		

》实例十：特高压变电站蓄电池核对性充放电试验

一、原理

蓄电池组是变电站直流系统的主要组成部分，在交流失电情况下，可为保护、自动化设备提供不间断电源。通过定期的核对性充放电试验，可以掌握单体电池和电池组的性能，及时发现老化电池，还可以保持电池内部化学物质活性，延长电池寿命。特高压变电站直流系统的蓄电池组按规定应每年进行一次，以提高蓄电池的寿命及发现部分运行情况不良好的单个蓄电池，由运维人员以运维一体化作业的方式进行。

二、实施流程（如图 2–125 所示）

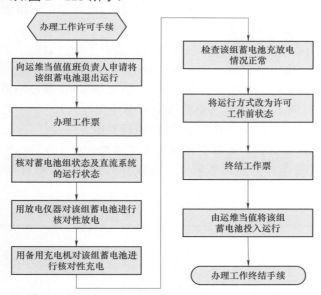

图 2–125　蓄电池组核对性充放电试验实施流程

三、作业指导卡（见表 2–86）

表 2–86　　　　　　　蓄电池组核对性充放电试验标准作业指导卡

步骤	序号	工　作　内　容	√
准备阶段	1	向运维当值值班负责人申请将该组蓄电池退出运行	
	2	准备好相应的仪器、工具、记录表格	

续表

步骤	序号	工 作 内 容	√
工作 开始	1	核对工作设备、地点正确无误，在工作点设"在此工作！"标示牌	
	2	进行安全、技术交底，使每一位工作人明确工作范围、带电部位、安全注意事项和应急处置措施	
作业 阶段	1	调试好蓄电池放电仪器，接上试验接线，并保证牢固	
	2	蓄电池放电仪器，对该组蓄电池进行核对性放电	
	3	专人守护，定时记录相关数据，发现异常及时处置	
	4	核对性放电完成，并检查无异常	
	5	投入备用充电机，对该组蓄电池进行核对性充电	
	6	专人守护，定时记录相关数据，发现异常及时处置	
	7	将运行方式恢复到许可工作前的状态	
	8	检查工完、料清、场净，具备工作终结条件	
工作 终结	1	工作验收，确认设备运行正常	
	2	将工作结论填入相应记录簿	

四、技术要求

1. 技术要求

（1）该项工作至少由 2 人及以上完成。

（2）调整直流系统运行方式，直流Ⅰ、Ⅱ段并列运行，其中一组蓄电池组退出运行。

（3）调试好放电仪器，接上试验接线。

（4）试验接线确认无误后，蓄电池放电回路开关合上进行放电，记录放电电流、单节电池电压、极端电压，每小时记录一次，直到放电终止或放电时间达到 10h。

（5）当蓄电池组达到放电终止条件时，放电仪将自动停止蓄电池组放电，或放电时间达到 10h，记录放电时间 t，此时将蓄电池放电回路开关拉开。

（6）蓄电池放电停止后，需要静放 1h 后再进行充电。

2. 下面以 1 号蓄电池为例，对蓄电池核对性充放电试验工作进行展示。

（1）调整直流系统运行方式。直流Ⅰ、Ⅱ段并列运行，1 号蓄电池组退出运行，如图 2-126 所示。

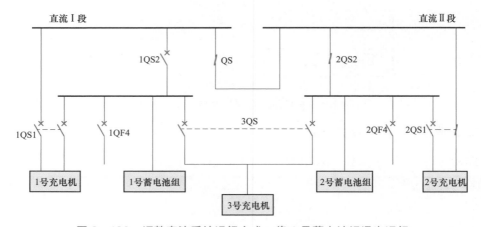

图 2-126　调整直流系统运行方式，将 1 号蓄电池组退出运行

（2）试验准备。调试好放电仪器，接上试验接线，如图 2-127 所示。

（3）对蓄电池组进行放电。试验接线确认无误后，将 1 号蓄电池放电回路开关 1QF4 合上进行放电，记录放电电流、单节电池电压、极端电压，每小时记录一次，直到放电终止或放电时间达到 10h。

（4）蓄电池放电结束。当蓄电池组达到放电终止条件时，放电仪将自动停止蓄电池组放电，或放电时间达到 10h，记录放电时间 t，此时将 1 号蓄电池放电回路开关 1QF4 拉开。

（5）蓄电池充电。蓄电池放电停止后，需要静放 1h 后再进行充电。在开关电源上设置好蓄电池充电参数，以 I10 电流按恒流限压充电→恒压充电→浮充电的程序进行；参数设置完毕后，将 1 号充电机输出切换开关 1QS1 从"停用"切换至"I 组蓄电池充电"位置进行充电。记录充电电流、单节电池电压、极端电压，每小时记录一次，持续至蓄电池由均充转为浮充为止（约 11h），再将 1 号充电机输出切换开关切换至"停用"位置停止充电。蓄电池组监视表计如图 2-128 所示。

图 2-127 调试好放电仪器、接上试验接线

图 2-128 蓄电池组监视表计

五、安全注意事项

（1）工作前，应核对放电仪器容量与蓄电池组是否匹配；

（2）工作前，应仔细核对屏柜名称，防止走错间隔；

（3）仔细核对屏内设备命名，防止误动同屏其他设备；

（4）核对性充放电时间持续很长，在整个过程中始终保持现场有人，发现异常及时处置；

（5）应考虑放电仪器的散热问题，并做好辅助散热措施；

（6）蓄电池放电停止后，需要静放 1h 后再进行充电；

（7）两人共同作业，工作负责人需备具运维一体化工作负责人资质。

六、所需工具、仪器及材料（见表 2-87）

表 2-87　　　　　　　　　　　　　所需工具、仪器及材料

工具	仪器	材料
配套试验接线	蓄电池组放电专用仪	风扇
活动扳手		接线盘

》实例十一：特高压变电站户外机构箱加装智能除湿机

一、原理

1. 机构箱凝露的原理

凝露现象是指柜体内壁表面或母排表面温度下降到露点温度以下时，内壁或母排、绝缘器件等表面发生的水珠凝结现象。结合现场发生的设备缺陷以及柜内的凝露现象，总结了以下 3 种原因：

（1）长期处于备用或未安装加热器的机构箱。由于柜内温度经常低于柜外温度，在空气湿度大的环境中，柜外湿气侵入柜内，容易形成凝露。对于备用间隔的柜门，可采取加装加热器的方法，提高柜内环境温度，使空气能容纳更多水分，并通过排气孔带走柜内水气。

（2）进线电缆密封不严的机构箱。电缆层有积水的情况下，如果柜门底部进线电缆密封不严，湿气容易进入柜内，使柜内的湿度加大，导致柜内凝露。针对进线电缆较多的柜门，应仔细排查柜内的防封堵情况，做到不留死角，密封严实。

（3）通气孔堵塞的机构箱。户外设备置于敞开的环境中，蚊虫、蚂蚁、蜜蜂等进入通气孔做窝或冬眠，导致通气孔堵塞。当柜内湿气较大时，不能及时将湿气排除。

2. 智能除湿器核心原理

智能除湿器采用半导体制冷的原理，利用通风机加速空气流动，将湿空气反复掠过冷端，加以冷却，待温度降至露点温度以下时，水汽在冷端凝结析出后排出柜外。半导体制冷原理如图 2-129 所示。

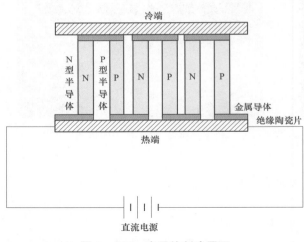

图 2-129 半导体制冷原理

当电流方向是 N→P 时，P 型半导体中的空穴和 N 型半导体中的电子，在满带中留下一个空穴，即产生电子—空穴对，产生电子—空穴对时所吸收的热量大大超过它们通过接头时所释放的能量，总的结果是使接头处的温度下降而成为冷端，产生制冷效果；当电流方向是 P→N 时，P 型半导体中的空穴和 N 型半导体中的电子相向向接头处运动，接头处温度升高成为热端，并向外界放热。

3. 智能除湿器工作流程

如图 2-130 所示，智能除湿器除了最核心的凝水系统（主要由半导体制冷片、风扇、加热器组成）外，还有温湿度传感器、排水模块、电源模块、显示及按键等人机交互模块、数据通信控制模块。

智能除湿器上电后从内存中读取并使用之前保存的参数，也可通过面板设置工作参数并保存，主要是温度和湿度两个参数。当温湿度传感器测到的环境湿度大于系统阈值时，控制系统打开凝水系统。在加热机构箱内升高空气温度的同时强制形成空气循环，让环境中的潮湿空气流过凝水器，并在凝水器上形成露珠。当露珠达到一定量时形成水滴，通过排水管排到机构箱外部。随着水分的凝结并被排出箱外，机构箱内环境中的湿度逐渐下降。当湿度降到阈值以下后，控制系统关闭凝水系统。智能除湿器还可以远程监控，可以通过串行通信接口对机构箱内环境的温湿度及除湿器的工作状态进行监控，并可将多台智能除湿器组建成通信网络，实现智能远程监控。

根据半导体制冷的原理以及智能除湿器的工作流程，研制出智能除湿器，目前应用于某变电站现场。现场安装图如图 2－131 所示。

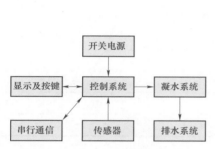

图 2－130　智能除湿器结构

图 2－131　智能除湿器现场安装图

二、实施流程（如图 2－132 所示）

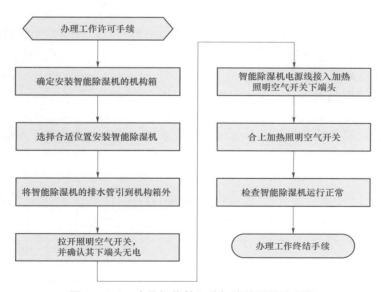

图 2－132　户外机构箱加装智能除湿机流程图

三、作业指导卡（见表2-88）

表2-88　　　　　　户外机构箱加装智能除湿机作业指导卡

步骤	序号	工作内容	√
准备阶段	1	确定安装日期，预计工作时间	
	2	准备好所需工器具，备品备件，标识牌	
工作开始	1	在工作点设"在此工作"标示牌	
	2	进行安全、技术交底，使每一位工作班成员明确工作范围、带电部位、安全注意事项和应急处置措施	
作业阶段	1	根据现场实际情况选择安装智能除湿机的机构箱	
	2	选择合适位置用卡槽安装智能除湿机	
	3	将智能除湿机的排水管引到机构箱的外部	
	4	拉开机构箱内加热照明空气开关，用万用表检查加热照明空气开关下端头却无电压	
	5	将智能除湿机的电源线接到加热照明空气开关的下端头	
	6	合上加热照明空气开关	
	7	检查智能除湿机运行正常	
工作终结	1	工作验收，确认设备运行正常	
	2	将工作结论填入相应记录簿	

四、技术要求

（1）此项工作需要至少两人一组进行。

（2）当由于智能除湿机安装位置致使其电源线长度不够可以采用导线延长长度的做法，此时应确认延长点接线用绝缘胶带包扎好。

（3）如果照明空气开关下端头每个孔洞已经有两根导线，应额外加装加热除湿空气开关，严禁一个孔洞有三根导线的接线方式。

五、安全注意事项

（1）严格按照作业指导卡中作业步骤进行工作。

（2）安装智能除湿机电源线前必须确认无电后方可进行。

（3）机构箱内设备均运行，且其内元件布置紧凑，处理过程中应专人监护，确保工作人员与箱内带电设备保持距离。

六、所需工具、仪器及材料（见表2-89）

表2-89　　　　　　　　所需工具、仪器及材料

工具	仪器	材料
一字螺丝刀	万用表	智能除湿机
十字螺丝刀		导线
尖嘴钳		绝缘胶带
		空气开关

» 实例十二：特高压变电站站控层 UPS 的不断电更换

一、原理

1. UPS 三种主要工作模式

（1）正常运行模式：当设备正常运转时，市电电源经滤波器滤除高次谐波，变压器隔离整流滤波成直流电源，经逆变器转成纯净的正弦波电源，经变压器隔离、静态开关、滤波器输出给负荷供电。

（2）市电断电模式：当市电断电时，由直流输入迅速供电给逆变器，经变压器隔离、静态开关、滤波器持续输出给负荷供电，不至造成负载断电。

（3）旁路供电模式：当市电断电且直流输入断电，或者内部逆变模块异常，或者关闭逆变功能时，UPS 转入旁路供电模式。还有过载等其他多种原因也会使 UPS 转入旁路模式。

2. UPS 异常情况及现象

由于设备老化、内部元器件损坏等原因，UPS 会出现各种异常。以下总结了两条工作中实际遇到的异常及现象。

（1）直流输入异常。正常情况下，UPS 市电输入失去时，自动切至直流供电，逆变输出。当市电输入和直流输入都失电时，才会切至交流旁路供电。变电站运维人员在做定期切换时发现，当拉开市电输入开关后，UPS 并没有转入直流逆变供电，而是直接切至旁路供电。后续检修发现该异常的原因为隔离二极管损坏导致直流输入异常。

（2）逆变功能异常。当市电输入和直流输入均正常时，UPS 没有逆变输出而由旁路输出。该异常的原因为逆变模块异常。

由于更换或检修 UPS 时，需要将 UPS 本身断电。为了使负载不断电，需要将整个 UPS 旁路，即在市电与 UPS 输出之间接入一条检修旁路。该检修旁路中间串联一个合适的空气开关，方便电路通断和工作模式切换。检修旁路的市电侧必须与 UPS 旁路输入为同一路电源，防止不同电源之间并列。

检修旁路接线如图 2-133 所示。

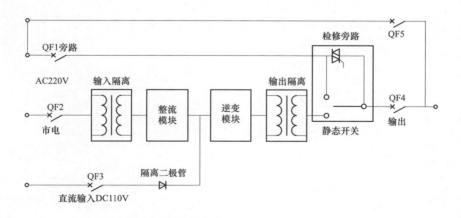

图 2-133　检修旁路接线

二、实施流程（如图 2－134）

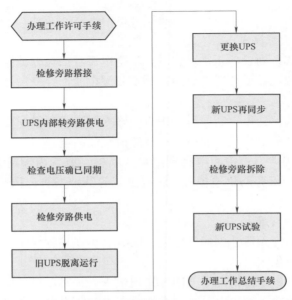

图 2－134　变电站站控层 UPS 的不断电更换流程

三、作业指导卡（见表 2－90）

表 2－90　　　　　　　　变电站站控层 UPS 的不断电更换作业指导卡

步骤	序号	工 作 内 容	√
准备阶段	1	确定更换日期，预计工作时间	
	2	准备好所需工器具，备品备件，标识牌	
工作开始	1	核对所更换的设备正常，在工作点设"在此工作"标示牌	
	2	进行安全、技术交底，使每一位工作班成员明确工作范围、带电部位、安全注意事项和应急处置措施	
作业阶段	1	检修旁路搭接，断开 QF5，将检修旁路线搭接到旁路输入和 UPS 输出之间	
	2	关闭 UPS 逆变开关，用钳形电流表测量旁路线电流以确认 UPS 确已切至旁路	
	3	用万用表测量 QF5 两端电压差，在 0.2V 左右	
	4	电压同期后，合上 QF5 空气开关，用钳形电流表测量检修旁路确已带上负荷。将 UPS 总输出空气开关 QF4 拉开，使负荷完全由检修旁路供应	
	5	将旧 UPS 的市电输入开关 QF2、直流输入开关 QF3、旁路输入开关 QF1 均拉开，使旧 UPS 脱离电源	
	6	将旧的 UPS 移除，安装新的 UPS 装置。新安装的 UPS 逆变开关关闭	
	7	新 UPS 安装完毕后，将市电输入开关 QF2、直流输入开关 QF3、旁路输入开关 QF1 均合上，总输出开关 QF4 断开	
	8	新 UPS 的旁路正常并已供电后，拉开检修旁路开关 QF5，将检修旁路拆除	
	9	对新 UPS 进行功能试验，包括输入转换试验，逆变与旁路切换试验等，试验正常后投入运行	
工作终结	1	工作验收，确认设备运行正常	
	2	将工作结论填入相应记录簿	

四、技术要求

（1）此项工作需要至少两人一组进行。

（2）关闭 UPS 逆变开关也可以采取将 UPS 市电输入、直流输入开关依次拉开，使 UPS 内部切至旁路供电。

（3）有条件的可用示波器测量 QF5 两端电压的波形进行比较，判断是否已满足同期条件。

（4）新 UPS 安装完毕后，由于旁路电源与检修旁路来自同一路电源，电压本就同期。用钳形电流表测量确认新的 UPS 旁路确已供电。

五、安全注意事项

（1）严格按照作业指导卡中作业步骤进行工作。

（2）作业时应注意正确拉合对应空气开关。

（3）作业中注意与运行设备保持足够的安全距离。

六、所需工具、仪器及材料（见表 2-91）

表 2-91 所需工具、仪器及材料

工　　具	仪　　器	材　　料
一字螺丝刀	钳形电流表	新 UPS
十字螺丝刀	万用表	
尖嘴钳	示波器	

》 实例十三：特高压变电站机构箱门灯常亮处理

一、原理

变电站机构箱门控灯具有机构箱门打开时灯亮，机构箱门关闭时灯灭的功能。从而实现检查机构箱时有足够的亮度，关上机构箱门时节省电能同时延长灯的使用寿命。

二、实施流程（如图 2-135 所示）

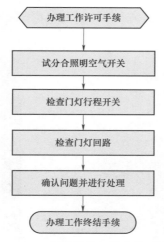

图 2-135　机构箱门灯常亮处理流程

三、作业指导卡（见表 2-92）

表 2-92 　　　　　　　　　　机构箱门灯常亮处理作业指导卡

步骤	序号	工 作 内 容	√
准备阶段	1	确定处理日期，预计工作时间	
	2	准备好所需工器具，标识牌	
工作开始	1	在工作点设"在此工作"标示牌	
	2	进行安全、技术交底，使每一位工作班成员明确工作范围、带电部位、安全注意事项和应急处置措施	
作业阶段	1	试分合照明电源空气开关	
	2	拆开门灯行程开关的隔板，肉眼检查门灯行程开关内部无明显异常	
	3	检查回路门灯回路是否接线正确良好	
	4	确认问题、进行处理	
	5	检查工完、料清、场净，具备工作终结条件	
工作终结	1	工作验收，确认设备运行正常	
	2	将工作结论填入相应记录簿	

四、技术要求

1. 技术要求

（1）此项工作需要至少两人一组进行。

（2）工作前查看图纸与现场接线，分析可能的原因。

（3）工作前拉开上级电源空气开关。

2. 实例分析

某变电站夜间巡视发现 2 号主变压器 1103 开关机构箱门灯常亮，次日查阅 2 号主变压器 1103 开关机构箱照明回路图纸，并与 1104 开关机构箱内的进行比对，检查现场接线。

（1）初步检查处理过程。

1）试分合照明电源空气开关 8RC，门灯受 8RC 控制。

2）1103 开关机构箱内门灯行程开关的接线与 1104 开关机构箱内一致。

3）1103 开关机构箱内行程开关的接线按照图纸回路编号施工，无明显异常，如图 2-136 和图 2-137 所示。

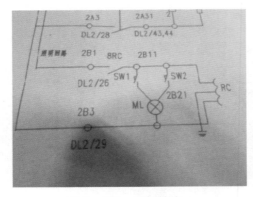

图 2-136　图纸接线

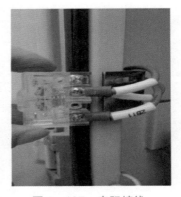

图 2-137　实际接线

4）拆开门灯行程开关隔板，肉眼检查门灯行程开关内部无明显异常。

从以上检查可以初步判断，电源正常、行程开关正常、行程开关接线按图施工，与正常间隔的接线一致，一切都正常。

但不能排除一种可能——在接线施工过程中，行程开关的 3 根电缆的套头编号有误，按编号接线致使回路错误，导致门灯常亮。

（2）行程开关接线检查

从图 2-135 可以看出，行程开关处有电缆 3 根：其中编号 2B11 电缆一根，电源接入用；编号 2B21 的电缆 2 根，均接到灯泡。

按图 2-135 原理：从行程开关处测 2 根 2B21 电缆的总电阻，电阻应很小；在行程开关断开时，2B11 电缆与 2 根 2B21 电缆的电阻应均为无穷大。进行两次测量工作。

第一次测量，2B11 电缆与一根 2B21 电缆的电阻无穷大；

第二次测量，2B11 电缆与另一根 2B21 电缆的电阻为 0.1Ω。

因此可以判断：电缆套头编号错误。第二根 2B21 编号的电缆实际对应图纸中的 2B11 电缆。

将行程开关的接线按正确方式恢复，实测发现行程开关能正确控制门灯。

五、安全注意事项

（1）在汇控柜内工作，必须确保与带电部位保持足够的距离。

（2）门灯行程开关接线带电，拆、接线前应拉开该机构内照明电源空气开关。

（3）机构箱内设备均运行，且其内元件布置紧凑，处理过程中应专人监护，确保工作人员与箱内带电设备保持足够的距离。

六、所需工具、仪器及材料（见表 2-93）

表 2-93   所需工具、仪器及材料

工 具	仪 器	材 料
一字螺丝刀	万用表	灯泡
十字螺丝刀		
尖嘴钳		

第三章

运维一体化模式下的事故及异常处置案例

第一节 特高压变电站事故处理一般原则与方法

一、电力系统事故的基本概念及原因分析

1. 电力系统事故的基本概念

电力系统事故指由于电力系统电气设备故障、稳定破坏、人员失误等原因引起的，将使电力系统的正常运行遭到破坏，造成对用户的少供电或停止供电、电能质量变坏到不能允许的程度，严重时甚至损坏设备或造成人员伤亡等。变压器着火和灭火后照片如图 3－1 和图 3－2 所示。

图 3－1　变压器着火

图 3－2　变压器灭火后

2. 引起电力系统事故的原因分析

（1）自然灾害引起：大风、雷击、污闪、覆冰、树障、山火等。

（2）设备原因引起：设计质量、产品制造质量、安装检修工艺、设备缺陷；

（3）人为因素引起：设备检修后验收不到位、外力破坏、维护管理不当、运行方式不合理、继电保护定值错误和装置损坏、运维人员误操作、设备事故处理不当等。

二、事故处理的原则

1. 事故处理的基本原则

（1）尽快限制事故的发展，消除事故根源，解除对人身和设备的威胁。

（2）用一切可能的方法保持对用户的正常供电，保证站用电源正常。

（3）尽快对已停电的用户恢复供电，对重要用户应优先恢复供电。

（4）及时调整电力系统的运行方式，使其恢复正常运行。

2. 调度对 1000kV 特高压系统事故及异常处理的相关规定和要求

（1）1000kV 特高压设备调度管辖划分。

1）晋东南特高压示范工程：各变电站的特高压设备和线路是由国调直接调度。

2）皖电东送等工程：特高压变电站基本都由各国调区域分中心（华东网调、华北网调等）调度（跨大区的特高压线路除外）。

（2）调度对特高压交流系统事故处理的具体规定（华东、华北网调对特高压事故处置规定）。

1）特高压交流系统事故处理应遵循事故处理的一般原则。

2）原则上，1000kV 特高压设备不得无主保护运行。

3）1000kV 开关发生非全相运行时，不得恢复全相运行，应立即拉开该开关。

4）1000kV 开关异常，出现"合闸闭锁"信号且未出现"分闸闭锁"信号时，应立即拉开异常开关。1000kV 开关异常，出现"分闸闭锁"信号时，应立即停用该开关操作电源，若相邻隔离开关未经现场规程允许解串内环流，则应控制相应系统潮流后，断开相邻带电设备隔离该开关

5）1000kV 线路跳闸后，为加速事故处理，值班调度员可不待查明事故原因，经现场确认具备强送条件后立即进行强送电。1000kV 线路一般允许强送一次，若强送不成，经请示有关领导后允许再强送一次。

6）1000kV 主变压器跳闸后，未经查明原因和消除故障之前，不得进行试送。

7）1000kV 主变压器 110kV 侧电压互感器发生异常需要隔离，且现场确认该电压互感器所在 110kV 系统无接地时，如该电压互感器高压侧隔离开关可遥控操作，则遥控拉开高压侧隔离开关进行隔离，否则停役该电压互感器所属主变压器后进行隔离。

（3）区域电网调度汇报要求。

1）华东网调对事故处理的汇报有时间要求：

5min 内第一次汇报：汇报事故发生时间、跳闸的断路器、相应线路或主变压器的潮流情况、现场天气情况等。

15min 内第二次汇报：一、二次设备事故后的状态；继电保护和安全自动装置动作情况；事故原因初步判断及现场处置建议等。

2）华北网调对事故处理的汇报有时间要求：

5min 内第一次汇报：汇报事故发生时间、跳闸的断路器、相应线路或主变压器的潮流情况、监控后台显示的主要保护动作情况、现场天气情况等。

20min 内第二次汇报：一、二次设备事故后的状态；继电保护和安全自动装置动作情况；事故原因初步判断及现场处置建议等。

（4）国家电网公司对特高压变电站（一级变电站）事故处置信息报送要求（国家电网运检〔2013〕1084 号《国家电网公司关于印发加强重要变电站管理意见》）

1）及时报送信息。主设备故障及其他可能威胁特高压交流系统安全运行的异常发生时，运维单位在 **30min** 内将事件简要情况报告省公司和国网运检部。

2）4h 内将事件详细情况，包括事件经过、现场检查情况、初步原因分析、建议处理方案等，以快报形式通过电子邮件报送省公司和国网运检部。

3．1000kV 特高压变电站事故处理组织原则

（1）运维值人员组成。

目前特高压变电站运维值值班人数一般不少于四人，其中至少一人具备值班负责人资格，其他至少一人具备操作监护人资格。

在特别保供电时期，运维值还需有站内技术骨干人员带班。

（2）运维值事故处理分工建议，见表 3－1。

表 3－1　　　　　　　　特高压变电站事故处理一般原则与方法

序号	运维岗位	职责分工	职　责　分　工
1	值长（副值长）	事故处理指挥员	负责与调度及相关人员汇报沟通；负责事故处理人员分工；负责汇总现场设备检查信息，判断事故原因，提出事故处置建议
2	主值（副值长）	事故处理主要参与人	负责二次设备或一次设备现场检查；协助值班负责人做好汇报、沟通；协助值班负责人判断事故原因，提出事故处置建议；担任事故处置倒闸操作的监护人
3	副值	事故处理参与人	负责二次设备或一次设备现场检查；担任事故处置倒闸操作的操作人；现协助记好相关记录
4	值班员	事故处理参与人	负责现场一次设备检查工作；担任事故处置倒闸操作的操作人；协助记好相关记录

4．日常运维工作中做好事故处置的准备工作

（1）运用设备巡视、检测、数据比对等多种方法与措施及早发现设备异常，将故障消灭在萌芽状态。

（2）维护保管好对讲机、强光电筒、各类钥匙等处于随时能用的状态，保护及故录所接打印机可用。

（3）做好事故推演及反事故演习工作，提高处置事故能力。定期进行反事故演习，可以培养变电站运行人员居安思危的抢险意识，同时加强各班组内部以及班组之间配合的默契程度。通过反事故演习，可以及时发现事故处理时容易出现的问题，总结经验教训，提高实际作业能力。

（4）根据个人的不同运维岗位，练好相对应事故处理专项技能。

（5）做好典型事故处置指导卡编制工作，并及时修订。

（6）了解系统或站内设备薄弱点，根据系统风险预警及站内带严重及以上缺陷运行的设备做好事故预想及处置预案。

（7）在特殊运行方式、重大保供电时段增加运维值班力量。碰到恶劣天气状态下，根据需要，事先将充足的运维人员集中在主控室待命，准备好各类工器具，随时准备应急处置事故跳闸。

三、1000kV 特高压系统各类设备故障处理原则

1．1000kV 断路器异常的处理原则

（1）1000kV 断路器发生非全相运行时，不得恢复全相运行，应立即拉开该断路器。

（2）1000kV 断路器异常，出现"合闸闭锁"信号且未出现"分闸闭锁"信号时，应立即拉开异常断路器。

（3）1000kV 断路器异常，出现"分闸闭锁"信号时，如无明确规定，原则上按断开所有电源的方式来隔离。不能采用 500kV 系统解串内环流的方法直接隔离。

2. 1000kV 线路故障的处理原则

（1）1000kV 线路跳闸后，为加速事故处理，值班调度员可不待查明事故原因，经现场确认具备强送条件后立即进行强送电。1000kV 线路一般允许强送一次，若强送不成，系统急需时允许再强送一次。

（2）1000kV 线路故障重合不成功能否强送判断：结合相应保护及自动装置的动作情况、故录信息、站内相应一次设备情况来综合判断。特别关注监控后台故障线路三相感应电压是否正常。如果故障相电压明显低于非故障相电压水平（三相不平衡达到 30% 以上）或者三相电压均接近于 0，则需结合避雷器泄漏电流表读数，综合判断线路是否可能存在永久性接地故障。

3. 1000kV 主变压器（高抗）故障的处理原则

（1）1000kV 主变压器故障，无论是何种保护动作，未经查明原因和消除故障之前，不得进行试送。（500kV 及以上电压等级主变压器故障，若瓦斯或差动保护之一动作跳闸，在检查变压器外部无明显故障，检查瓦斯气体和进行油中溶解气体色谱分析，证明变压器内部无故障者，可以试送一次。若变压器压力释放保护动作跳闸，在排除误动的可能性后，检查外部无明显故障，进行油中溶解气体色谱分析，证明变压器内部无故障者，在系统急需时可以试送一次。变压器后备过流保护动作跳闸，在找到故障并有效隔离后，一般可以对变压器试送一次。）

（2）主变压器（高抗）若在运行中，轻瓦斯保护连续动作两次，应拉停该主变压器（高抗）。

4. 1000kV 母线故障的处理原则

（1）1000kV 母线故障，未经查明原因和消除故障之前，不得进行试送。

（2）1000kV 母线故障，故障点很明显的情况（出现异常味道、气体泄漏、盆式绝缘子破裂等现象），应采取安全措施后（带上正压式空气呼吸器或具有过滤硫化氢功能的防毒面具）才能抵近观察；若发生严重 SF_6 气体泄漏时，不要靠近，尤其是不要待在下风口附近。隔离故障点后，方能恢复其他设备的运行。

（3）1000kV 母线故障，找不到明显故障点的情况（外观无异常，无异常气味，无气体泄漏的声音，气体压力也正常），通过故障电流分析法、红外测温法、SF_6 气体组分分析法来综合判断故障部位。找到并隔离故障点后，方能恢复其他设备的运行。

四、事故处理的步骤及方法

1. 事故处理的一般步骤

（1）召集事故处置人员，快速检查记录、简明汇报。

实施人员：主控室监盘人员或值班负责人；

召集：因有日常巡视、维护等工作及人员休息（站内），主控室不可能齐装满员，甚至只有一个人在主控室进行监盘，当出现事故音响及开关变位后，应迅速召集其他人员到主控室汇合进行事故处置。

记录：调阅监控系统，进行快速记录：事故发生时间、相关跳闸断路器名称、相关潮流、电压。

汇报：（一般由值班负责人进行）：汇报事故发生时间、跳闸的断路器、相应线路或主变的潮流情况（如越限重点说明）、现场天气情况等。

（2）初步判断事故范围、分配检查任务（值班负责人）。

判断：待向调度第一次简要汇报后，值班负责人根据跳闸开关和监控后台显示光字信息及简报信息，初步判断故障范围。

分工：值班负责人召集人员分配检查任务，根据之前的预判，交代重点检查范围和注意事项。

（3）分头检查（其他人员）、内部通报（值班负责人）。

检查：各检查人按值长分配的任务进行检查及记录工作，值长通过调阅图像监控等设备，观察相关设备或环境。

通报：值班负责人或其他人员将事故概况向本单位生产指挥机构及本部门内部人员（站长、专工等）汇报。汇报应简明扼要，突出重点。

（4）汇总检查信息（值班负责人），技术支持力量跟进（站内技术管理人员、部门专业技术人员）。

汇总：一、二次设备检查人相互间通报情况，便于对方更准确、快速的查找故障点；

各检查人将检查情况向值班负责人汇报，值班负责人进行梳理确认，如有疑问应要求检查人再次检查。

跟进：技术支持力量跟进（站内技术管理人员、部门专业技术人员）收到事故跳闸信息后，在站内人员立即跟进，进行技术指导和把关故障，不在站内人员，可通过电话、微信群等通信方式远程指导。

（5）内部沟通判断、详细汇报。

沟通判断：汇总各检查人的信息后，值内交流并听取技术支持人员意见后，形成基本统一故障原因分析判断，并初步形成隔离故障措施。

汇报：由值班负责人向相关调度汇报：一、二次设备事故后的状态；继电保护和安全自动装置动作情况；事故原因初步判断。

（6）限制发展、隔离故障、恢复无故障设备。

限制：对于发生着火、爆炸、喷油、严重漏气的设备，采取一切可想办法限制其发展或影响相邻设备，做好现场警示及隔离措施及标识，进行人员疏散工作。

隔离：根据调度指令，将故障设备隔离，

恢复：恢复无故障设备至运行状态。

（7）填写相应报告（事故处理告一段落）。

填写故障简报，向相关部分和人员汇报事故发生的现象及截至目前的处置情况。

（8）做好安措、排除故障。

对于站内有设备故障，抢修人员进站进行应急抢修前做好现场安全措施，对于检修工作所需要的安全条件应尽可能满足，需陪停的设备尽早与调度联系。

（9）恢复正常运方。

待故障设备检修工作结束，完成验收后，汇报调度，根据调度指令将停役设备送电。

（10）整理资料、做好总结。

收集：本次事故各项现场记录、照片及视频等。

填写：各类记录簿册、相关系统填写；完成事故处理报告。

总结：对于事故处理中暴露出的问题，值得推广的经验等进行分析总结。

2. 事故处理的经验及技巧

（1）故障处理的一般步骤（程序）为：简明汇报、迅速检查、认真分析、准确判断、限制发展、隔离故障、排除故障、恢复供电、整理资料。

（2）事故处理的主要思路。

1）以时间为主线。贯彻发生故障后 5min 内向管辖调度第一次简要汇报、15（20）min 内向管辖调度第二次详情汇报、30min 向省公司、国家电网公司运检部发事故简讯、4h 向省公司、国网公司运检部发事故快报。

2）以安全为前提。任何事故处理要已保障安全为前提，处理过程中以不出现人身伤害为基本原则。

3）以正确为标准。对于特别复杂及非常规的事故，在处理时应考虑正确性优先于处理速度，以保障思路及步骤正确为标准，以在处理过程中不出现事故范围扩大为原则。

4）以信息畅通为目标。不管事故大小，在处理事故时要保障运维人员之间、运维人员与调度之间、运维人员与本运维单位相关管理人员的信息沟通畅通。避免因信息沟通不畅或不及时影响事故处理。

第二节　特高压变电站常见事故实例分析

》 实例一：1000kV 母线故障分析

一、1000kV 母线设备的特点

（1）基本上为 GIS 设备，设备绝缘性能不受周围大气条件影响。

（2）布置紧凑，有节约用地的优点，但维护及检修空间较局促。

（3）1000kV 母线设备（GIS）较长，分为多个气室，且部分相邻短气室共用一个气体压力检测表计。

二、1000kV 母线故障跳闸原因

（1）母线内部故障，母线各侧电流互感器范围内部分，包括所有母线设备和连接在母线上的断路器、母线侧隔离开关、断路器两侧电流互感器。

（2）变电站线路（主变）故障、断路器拒分或保护拒动引起的母线跳闸。

（3）由于保护整定失误、保护装置误动或人员误碰造成的母线跳闸。

三、1000kV 母线设备故障的特点

（1）1000kV 母线设备基本上为 GIS 设备，故障一般为单相接地短路故障。

（2）1000kV 母线设备故障，部分情况会伴随出现气体大量泄漏。

（3）1000kV 母线边断路器两侧电流互感器范围内故障，因处于保护交叉区，还会同时引起相应线路（主变）故障跳闸。

（4）母线范围内隔离开关、接地闸刀、待用间隔所在气室出现故障的几率相对较高。

（5）GIS 设备内部故障，多数情况下，从外部检查是难以发现故障点的，要靠其他技术手段来检测定位故障点，较 AIS 设备故障查找复杂得多。尤其是特高压 GIS 母线设备发生故障，查找故障点更是费时费力。

四、1000kV 母线故障现象及故障位置判断

1. 1000kV 母线设备故障能发现明显故障点

特高压 GIS 设备故障，可能会出现绝缘盆击穿破裂，气体泄漏等（经电弧分解后，现场会闻到类似臭鸡蛋的气味）故障点很明显的情况，如图 3-3 所示。

图 3-3　母线故障点

此种情况下，故障点很明显，查找容易。但是经电弧分解后产生的气体具有较强的毒性及腐蚀性，尤其是断路器和隔离开关气室。一旦听到气体泄漏声、闻到异常味道，应采取安全措施后（带上正压式空气呼吸器或具有过滤硫化氢功能的防毒面具）才能抵近观察，若发生严重 SF_6 气体泄漏时，不要靠近，尤其是不要待在下风口附近。

2. 1000kV 母线设备故障无明显故障点

1000kV 母线设备故障，大部分情况下是外观无异常，无异常气味，无气体泄漏的声音，气体压力也正常。

查找故障点方法：

（1）故障电流分析法。

通过故录相关数据分析定位出大致故障点，从而缩小 SF_6 气室查找的范围。通过对故障时 1 000kV 各断路器的短路电流分布大小和方向以及故障时线路和主变压器（简称主变）的潮流分布（如图 3-4 所示），判断出大致的范围。

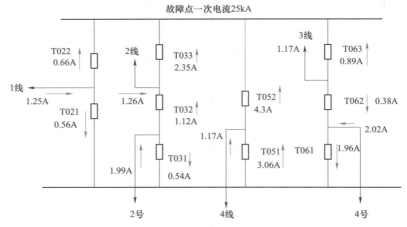

图 3-4　短路电流分布

（2）红外测温法。

对故障元器件（气室）的判断，在一定程度上可以辅助以红外测温。但红外测温可操作性较小，首先是因为故障气室绝缘放电引发的温升较小，通过 GIS 桶壁传导到外部可能只有 1～3 度的温差，且很快随着时间推移，与其他气室温差趋近于 0。通过红外测温定位，仅适用于怀疑故障气室较少，且很快进行测温的情况。其余情况只能作为辅助方法之一。

（3）SF_6 气体组分分析法（名称参考五通规定））

而 SF_6 气体组分分析，可以较客观、准确得确定故障气室。这是因为在以 SF_6 气体作为绝缘绝缘介质的电气设备中发生放电性和过热性故障时，会导致 SF_6 气体分解，并同时和有关杂质气体发生化学反应，产生一系列新的杂质气体，如 SO_2、HF、H_2S、CO 用 SF_6 气体组分分析法分析气体中的分解物，是确定故障气室的最根本，最准确的方法。

（4）若 1000kV 母差保护和 1000kV 线路保护同时动作，故障点一般会发生在两套保护的交叉区，及连接在该母线上的线路边开关两侧的电流互感器之间。

五、故障处置注意事项

（1）1000kV 母线跳闸后，应在监控后台迅速查阅并持续关注各气室压力有无明显下降或上升。

（2）1000kV 母线故障跳闸，一般不会引起少送电，但要注意对于二分之三接线中的中间断路器重合闸停用的方式，应立即将各串中间断路器的重合闸用上，防止此时某条1000kV 线路发生单相故障时不能重合。

（3）经气体组分分析发现母线故障气室，仍需对该母线的其他气室进行排查，确定是否还存在其他气室故障或异常。

（4）出现母线跳闸，故障点发生在各母线闸刀靠母线侧还是靠断路器侧，是母线故障点能否被隔离，恢复母线运行的重要区分。

六、故障处置实例介绍

实例 1（内部故障，外观无异常，发生在新设备启动投产过程中）

（1）故障前运行方式：某特高压变电站在新设备启动投运过程中发生的 GIS 母线故障跳闸事故。

事故跳闸时相关设备的运行方式如图 3－5 所示，1 号主变压器 500kV 侧充电，T011、T031 开关热备用，T021 开关冷备用。

（2）故障现象、信息：17 时 45 分在执行通过 1 号主变压器 T011 开关对 1000kV Ⅰ 母充电时，1000kV Ⅰ 母第一、二套母差 B 相故障、动作出口。T011 开关跳闸。

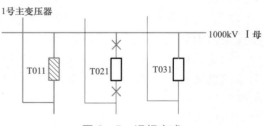

图 3－5 运行方式

（3）事故范围内现场一、二次事故信息详细检查情况如下。

1）故障范围内一次设备：1 号主变压器 T011 开关三相分位，SF_6 压力、油压正常，外观及机构检查无异常，1000kV Ⅰ 母母线外观检查未见异常，气室压力均在正常范围内，红外测温未发现异常。

2）二次保护动作情况：1000kV I 母第一套母差保护（四方：CSC150）显示 B 相故障，11ms 动作出口；第二套母差保护（深瑞：BP-2CS）显示 B 相故障，6ms 动作出口；母线故录显示：B 相故障，故障电流 5.1KA，故障持续 46ms；T011 开关保护及测控装置未见异常。

（4）检查分析、隔离。

根据事故时的运行方式，结合 1000kV I 母两套母差保护动作、1 号主变保护未动作的情况，基本可以判断母线设备绝缘故障。经查看故障录波器波形，确认主变保护无差流（有穿越性故障电流）而母差保护有差流，很快确定了故障范围在母线上。

在事故发生时，施工单位、设备厂家和专业检修力量均未在现场，为加速故障处置，现场应急处置小组确定由现场运维人员承担故障点查找任务，一是继续组织开展第 2 轮的设备红外测温和 GIS 设备外观检查，二是利用 SF_6 组分测试仪开展分解物测试。

1）现场红外测温、GIS 设备外观检查、压力气室比对工作完成，对故障范围内所有设备进行地毯式核查，仍未发现故障点，这亦是 GIS 设备故障处置的典型特征之一，使用传统运维巡检手段难以发现缺陷点所在。

2）现场安排 4 名运维人员进行 SF_6 分解物测试，根据特高压 GIS 设备故障统计经验显示，隔接组合发生故障的概率最大，故现场应急处置小组首先确定对本次故障范围内的 15 个气室中的隔接组合进行分解物测试。

（5）隔离操作。

19 时 33 分网调口令，对故障范围进行隔离操作：

1）1 号主变压器 T011 开关从热备用改为冷备用；

2）××线 T031 开关从热备用改为冷备用

19 时 49 分网调 19 时 33 分口令执行毕。

19 时 55 分 1000kV I 母线冲击范围内全部的隔接组合气室 SF_6 分解物测试工作完成，未发现故障点。

20 时 15 分现场应急处置小组再次组织对故障范围内的故障气室进行全面检测，包含隔接组合和母线气室。由于 DMS 局放在线监测后台显示在 1000kV I 母线冲击时，母线 5～7 号气室之间 OCU 捕捉到一次局放事件，为此现场测试人员对该区域进行反复多次的检测，此轮检测仍未发现故障点。

经现场初步测算，如此庞大的母线气室故障，气体均匀扩散至少需要 6～7h。现场应急小组发现 GIS 各检测口与罐体之间的连接管是限制气体扩散的重要制约条件，现场应急小组与到场的设备厂家商定，为加速事故处置要求检测工作直接采用罐体本体上的连接阀处为检测点，并以独立气室（非表计接口）为检测单元。

22 时 05 分现场检测人员发现 1000kV I 母 1 号气室 B 相跨接桥与 T117 相关气隔存在放电分解物，见表 3-2。

表 3-2   放 电 分 解 物 含 量 表   （μL/L）

标号	位置	SO₂	HF	H₂S	CO
-2	Ⅰ母 3 号气室直连	0.00	0.00	0.00	0.00
-1	Ⅰ母 3 号气室转角	0.00	0.00	0.00	0.00
0	Ⅰ母 1 号气室跨接桥	98.95	15.74	0.00	5.10
1	Ⅰ母 1 号气室 T117	22.61	0.00	0.00	4.20
2	Ⅰ母 1 号气室串内连接	0.00	0.00	0.00	0.00
备注	标号 0、1、2 位置均为 1000kV Ⅰ母 1 号气室， 标号 -2、-1 位置 1000kV Ⅰ母 3 号气室，				

故障点初步确定在 1000kV Ⅰ母 1 号气室 B 相跨接桥与 T117 相关气隔。

22 时 35 分施工单位、设备厂家和检修专业人员到场继续开展其他区域分解物检测，检测结果未见异常。

23 时 46 分网调口令：1000kV Ⅰ母线从冷备用改为检修；

00 时 19 分网调 23 时 46 分口令执行毕，汇报网调；

01 时 00 分根据指挥部要求向调度申请配合故障抢修的所需设备状态。（T032 开关冷备用；1 号主变压器、2 号主变压器冷备用；××线线路检修）

03 时 15 分一次设备状态调整完成，布置故障抢修区安全隔离措施，故障抢修工作票拟备。

（6）故障点照片。

1000kV Ⅰ母 1 号气室 B 相高位母线 GIS 盆式绝缘子绝缘故障照片如图 3-6～图 3-8 所示。

图 3-6　故障点

实例 2（内部故障，气体明显泄漏，发生在运行过程中）

（1）故障简况。

21 时 27 分，特高压××变电站 1000kV Ⅰ母线第一套、第二套母差保护动作，4 号主

图 3-7 故障点（正常情况）

图 3-8 放电烧黑

变压器 T051 开关、DRⅡ线 T022 开关、DRⅠ线 T011 开关三相跳闸（跳闸前 JLⅠ线 T041 开关冷备用），Ⅰ母失电。

现场天气：雨。

（2）故障前运行方式。

3 号主变、4 号主变、DRⅠ线、DRⅡ线、JLⅡ线运行，JLⅠ线线路检修，T011、T012、T022、T023、T043、T051、T052、T053 开关运行，T041、T042 开关冷备用，如图 3-9 所示；DRⅠ线、DRⅡ线负荷分别为 -90MW 和 -91MW，JLⅡ线负荷为 355MW。

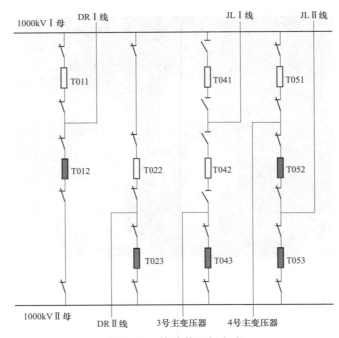

图 3-9 故障前运行方式

（3）故障经过及现场处置情况。

21 时 27 分 1000kV Ⅰ母线跳闸，T011、T022、T051 开关三相分位，如图 3－10 所示。

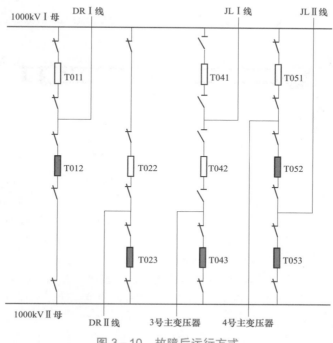

图 3－10　故障后运行方式

21 时 50 分一次检查发现 T011、T022、T051 开关三相分位，开关油压正常，现场各气室 SF₆ 压力在正常范围内。现场检查发现预留 T021 开关间隔 C 相 6 号、8 号气室之间隔盆浇注口处有漏气声，外观异常，通过 SF_6 在线监测曲线图发现预留 T021 开关间隔 C 相 6 号、8 号气室压力不断下降，漏气点如图 3－11 所示。

21 时 51 分二次检查发现 1000kV Ⅰ母第一套、第二套母差保护动作、故障相别为 C 相，T011、T022、T051 开关保护跟跳动作。第一套母差差动电流 5.835kA，第二套母差差动电流 14.04kA，故障录波故障电流 21.6kA，故障距离 0.08km。

22 时 20 分运维人员通过气体组分分析仪进行气体分解物检测，发现预留 T021 开关间隔 C 相 6 号、8 号气室气体检测异常，$SO_2 + H_2S$ 分别为 216μL/L、1188.4μL/L，见表 3－3。故障点初步确认为预留 T021 开关间隔 C 相 6 号、8 号气室之间盆式绝缘子处，如图 3－12 所示。

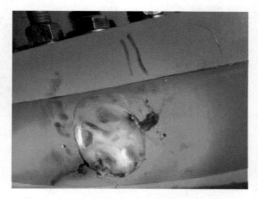

图 3－11　盆式绝缘子浇注口外观示意图

表 3-3   气 体 含 量 分 析

位 置	$SO_2 + H_2S$	HF	CO
预留 T021 开关间隔 C 相 6 号气室	216	0.00	0.00
预留 T021 开关间隔 C 相 8 号气室	1188.4	0.00	0.00

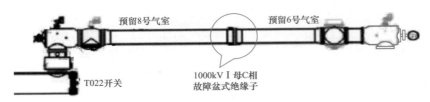

图 3-12　故障点位置示意图

04 时 08 分 1000kV Ⅰ 母 C 相其余气室完成气体分解物检测，未发现异常。

04 时 13 分汇报网调：现场检查 T021 至 T0211 隔离开关之间预留 T021 开关间隔的 8 号、6 号气室隔盆故障，其他设备检查正常，现场故障可隔离，要求 T022 开关改为冷备用，并拉开 T0211 隔离开关，1000kV Ⅰ 母可以复役。

（4）故障原因分析。

根据保护、故障录波器动作情况可以看出在 21 时 27 分 58 秒，1000kV Ⅰ 母发生 C 相接地故障，母差动作，跳开 Ⅰ 母侧 T011、T022、T051 开关三相，故障电流为 21.6kA，各开关保护瞬时三相跟跳。

两套母差保护动作一致，与故录波形对比，动作行为正确，开关保护跟跳出口正确动作，本次故障保护动作正确。

（5）故障点照片如图 3-13 所示。

图 3-13　故障点内部

>> 实例二：1000kV 线路故障分析

一、1000kV 线路设备的特点

（1）1000kV 线路的站内设备中：断路器、电流互感器、隔离开关、接地闸刀一般都为 GIS 设备，线路电压互感器及避雷器一般采用常规敞开式设备，即 GIS 设备与 AIS 设备相组合的方式。

（2）1000kV 线路输电线部分一般都采用同杆并架形式，相互间的感应电影响较大。

（3）1000kV 线路中采用一侧装设高压电抗器的方式较多，高压电抗器一般不单独投退，随线路状态变化而变化。

二、1000kV 线路故障跳闸原因

（1）线路间隔的站内 GIS 设备部分发生单相接地故障。

（2）线路间隔的站内 AIS 设备部分及输电线路部分出现各种短路故障或断线故障。

（3）由于保护整定失误、保护装置误动或人员误碰造成的线路跳闸。

三、1000kV 线路故障的特点

（1）1000kV 线路故障的范围广，既有架空线路上的故障，也有站内设备的故障，部分带高抗运行的线路还会出现因高抗故障而引起的跳闸。

（2）1000kV 线路故障的类型多样，既有瞬时性故障，也有永久性故障；既有单相接地故障也有相间短路故障。

（3）线路边开关两侧电流互感器范围内故障，因处于保护交叉区，还会同时引起母线故障跳闸。

四、1000kV 线路故障现象及故障位置判断

（1）带高抗运行的 1000kV 线路，若线路保护和高抗保护同时动作，故障测距接近于零，基本可判断为高抗保护范围内故障，重点检查高抗设备。若发现某相高抗出现着火现象，优先予以灭火处理。

（2）1000kV 线路故障跳闸，故障测距为线路架空线部分的，经站内设备检查无明显异常的，故障点一般出现在架空线路部分。

（3）1000kV 线路故障跳闸，若故障测距基本为零，应对该线路站内设备进行全面检查，包括 GIS 设备和 AIS 设备及引线。未查明原因不得强送电。若从 AIS 设备及引线部分，未观测出有明显故障点，则重点检查 GIS 设备，GIS 设备外观正常，气室压力正常时，可采取下列办法进行故障点定位。

1）红外测温法。

对故障元器件（气室）的判断，在一定程度上可以辅助以红外测温。但红外测温可操作性较小，首先是因为故障气室绝缘放电引发的温升较小，通过 GIS 桶壁传导到外部可能只有 1～3 度的温差，且很快随着时间推移，与其他气室温差趋近于 0。通过红外测温定位，仅适用于怀疑故障气室较少，且很快进行测温的情况。其余情况只能作为辅助方法之一。

2）SF_6 气体组分分析法。

而 SF_6 气体组分分析，可以较客观、准确得确定故障气室。这是因为在以 SF_6 气体作为绝缘绝缘介质的电气设备中发生放电性和过热性故障时，会导致 SF_6 气体分解，并同时和有关杂质气体发生化学反应，产生一系列新的杂质气体，如 SO_2、HF、H_2S、CO。

（4）若 1000kV 线路保护和 1000kV 母差保护同时动作，故障点一般发生在两套保护的交叉区，即连接在该母线上的线路边开关两侧的电流互感器之间。

五、1000kV 线路故障处置注意事项

（1）1000kV 线路跳闸后，应立即查看相关线路潮流情况，若有越限，马上汇报相应调度。

（2）1000kV 线路跳闸后，应在监控后台迅速查阅并持续关注各相关气室压力有无明显下降或上升。

对于 1000kV 线路单相故障，重合闸不成功的，调度有要求时可进行强送，但强送前应对该故障跳闸线路站内一、二次设备进行外部检查正常后进行，尤其注意线路单相电压情况，若某相对地电压明显低于其他两相，建议不得强送。（参考网调同杆并架线路处理原则）若发现 1000kV 线路高抗发生着火情况，应马上开启高抗灭火装置对着火相进行灭火（投自动状态的检查是否已开启灭火）。

六、1000kV 线路故障处置实例介绍

1000kV 线路单相重复性故障，发生在正常运行过程中。

1. 接线情况，如图 3-14 所示

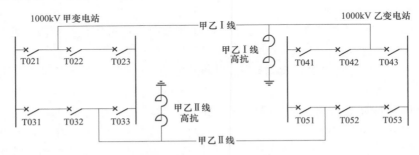

图 3-14　1000kV 线路故障系统简图

1000kV 甲、乙变电站 1000kV 电压等级采用 3/2 接线方式，站内开关及母线设备均采用 GIS 设备，甲乙Ⅰ、Ⅱ线分别在线路一侧配置高压并联电抗器，其中甲乙Ⅰ线高抗配置在乙变电站侧，甲乙Ⅱ线高抗配置在甲变电站侧，甲乙Ⅰ、Ⅱ线全程采用同塔双回线路架设方式，线路全长 153km。

2. 故障前运行方式

（1）一次设备运行方式。

甲乙Ⅰ线、甲乙Ⅱ线正常运行，甲、乙变电站均全接线运行。

（2）二次设备运行方式。

甲乙Ⅰ线、甲乙Ⅱ线线路保护、甲乙变电站断路器保护正常运行。

3. 事故经过及相关故障信息分析（以甲变电站为例）

（1）基本情况。

×时×分 52 秒 233 毫秒，甲、乙变电站甲乙Ⅱ A 相发生故障，甲变电站 T032、T033 开关 A 相单相跳闸，乙变电站 T051 开关、T052 开关 A 相单相跳闸，1.0s 后甲变电站 T033 开关、乙变电站 T051 开关重合成功，1.3s 后甲变电站 T032 开关、乙变电站 T052 开关重合成功，5.4s 后甲乙Ⅱ线路 A 相再次故障，甲变电站 T032 开关、T033 开关、乙变电站 T051 开关、T052 开关三相跳闸；2 时 0 分，接网调命令，用甲变电站 T033 开关对甲乙Ⅱ线进行强送，强送失败。

两次故障，相应线路保护、断路器保护、故障录波器均正确动作。

（2）监控系统光字牌及重要报文分析（以甲变电站侧为例）。

a. 监控系统事故音响、预告音响响。

b. 主接线画面状态变化：

T032 开关绿闪。

T033 开关绿闪。

甲乙 Ⅱ 线 U_a 接近零、$U_b = 94kV$、$U_c = 117kV$。

甲乙 Ⅱ 线三相潮流接近零。

c. 光字牌状态变化：

"甲乙 Ⅱ 线第一套保护动作""甲乙 Ⅱ 线第二套保护动作"光字白框闪动。

"甲乙 Ⅱ 线 T033 开关第一组控制回路断线""甲乙 Ⅱ 线 T033 开关第二组控制回路断线""甲乙 Ⅱ 线 T032 开关第一组控制回路断线""甲乙 Ⅱ 线 T032 开关第二组控制回路断线"光字白框闪动。

"甲乙 Ⅱ 线 T033 开关第一组跳闸出口""甲乙 Ⅱ 线 T032 开关第一组跳闸出口""甲乙 Ⅱ 线 T033 开关第二组跳闸出口""甲乙 Ⅱ 线 T032 开关第二组跳闸出口"光字红底闪亮。

"甲乙 Ⅱ 线 T033 开关间隔事故总信号""甲乙 Ⅱ 线 T032 开关间隔事故总信号"光字红底闪亮。

"甲乙 Ⅱ 线 T033 开关油泵启动""甲乙 Ⅱ 线 T032 开关油泵启动""甲乙 Ⅱ 线 T032 开关油压低闭锁重合闸"光字白框闪动。

"甲乙 Ⅱ 线 T033 开关重合闸动作""甲乙 Ⅱ 线 T032 开关重合闸动作"光字红底闪亮。

"甲乙 Ⅱ 线 T033 开关失灵或跟跳动作""甲乙 Ⅱ 线 T032 开关失灵或跟跳动作"光字白框闪动。

全站故障录波器动作光字白框闪动。

d. 监控后台信息分析：

从以上光字、报文、潮流、开关位置信息，初步判断故障过程应该为，甲乙 Ⅱ 线 A 相发生故障，相应线路保护跳 T032、T033 开关 A 相，相应开关保护瞬时跟跳相应开关，经 1.0s 延时后 T033 开关重合成功，经 1.3s 后 T032 开关重合成功，5.4s 后线路再次发生故障，线路保护直接三跳 T032、T033 开关，相应开关保护沟通三跳相应开关。

4. 线路故障后现场处置情况

（1）故障发生后尽速将故障时间、故障设备、开关位置等信息汇报相关调度及管理部门。

（2）安排人员监视相关设备潮流情况，抄录监控后台光字、信号等重要信息。重点检查监控后台故障线路三相感应电压是否正常。如果故障相电压明显低于非故障相电压水平（三相不平衡达到 30% 以上）或者三相电压均接近于 0，则需结合避雷器泄露电流表读数，综合判断线路是否可能存在永久性接地故障。

（3）根据所跳开关及监控后台信号等，初步判断故障范围。

（4）安排人员检查一次设备情况：重点检查跳闸开关的实际位置及外观、SF_6 气体压力、弹簧机构储能情况等，并检查跳闸线路保护范围内设备（包括线路压变、避雷器、出线套管、高抗等）。检查时携带红外测温仪，对可能故障设备进行红外测温，排查是否 GIS 内部故障。重点检查故障相的 GIS 气室、分支母线、避雷器、电压互感器、高抗等设备外观是否正常。

（5）安排另一组人员检查继保小室内故障线路保护、开关保护和重合闸动作情况，并打印保护动作报告和录波波形。查看故障录波器，打印故障录波图及故障分析报告，综合分析判断故障原因及保护动作行为。

（6）安排人员检查故障线路相关 GIS 气室局放告警情况。安排人员检查在线监测后台故障设备间隔相关 GIS 气室的压力变化情况，判断气室压力是否有明显异常，进一步排除站内故障可能性。

（7）若保护、故障录波器、行波测距等装置的故障测距值接近于 0，应重点检查是否为站内设备故障，建议调度不采取强送措施。

（8）若通过外观检查无法找到明显故障点，应对故障相的各 GIS 气室进行 SF_6 气体分析，并首先判断线路地刀气室是否正常。

（9）如果某气室 SF_6 气体组分异常，则证明该气室存在内部故障，应向调度申请将故障设备改为检修，做好安全措施，待检修人员处理。

（10）将一、二次设备详细检查情况及故障判断结果及时汇报相应调度及管理部门。

（11）尽快隔离故障点，通知检修人员处理。

5. 综合分析情况

（1）各类保护动作总体分析。

通过对甲乙Ⅱ线第一、二套线路保护、T032 断路器保护、T033 断路器保护、故障录波器等装置的指示灯、告警报文、录波波形分析，综合判断出本次甲乙Ⅱ线为单相重复性故障，具体情况如下：

本次故障原因为甲乙Ⅱ线乙变电站侧线路末端 A 相接地故障，保护正确动作；第一次故障跳闸原因为，甲乙Ⅱ线 A 相乙变电站近端瞬时接地，两套线路保护动作选相跳闸、重合闸成功；第二次故障跳闸依然是 A 相单相故障，但两次故障时间间隔 5.4s 左右，线路保护在一个启动周期内（7s）直接三跳；开关保护（许继 WDLK862A）重合闸充电时间为 15s，第二次故障时开关保护未充满电，收到线路保护三条命令后，沟通三跳，开关三相跳闸。

（2）一次设备故障分析。

通过现场检查发现，甲乙Ⅱ线乙变电站侧 A 相线路地刀气室外观存在明显放电痕迹，注胶口处有黑色液体溢出，现场有明显臭鸡蛋气味，将甲乙Ⅱ线改为检修后，对相应气室解体检修，发现具体故障部位如图 3-15 所示。

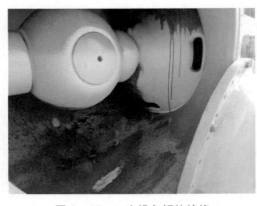

图 3-15 一次设备解体检修

》 实例三：1000kV 变压器故障分析

一、1000kV 变压器设备的特点

（1）1000kV 主变压器分为主体变压器和调补变压器两独立部分，各自分别配置独立的保护。

（2）1000kV 变压器高中压侧设备中：断路器、电流互感器、隔离开关、接地闸刀一般都为 GIS 设备，变压器电压互感器及避雷器一般采用常规敞开式设备，即 GIS 设备与 AIS 设备相组合的方式。

二、1000kV 变压器故障跳闸原因

（1）变压器内部故障，包括变压器绕组相间短路、层间短路、匝间短路、接地短路、铁心烧损及内部放电等。此部分包含主体变压器和调补变压器两部分。

（2）变压器外部故障，包括变压器套管引出线至变压器各侧电流互感器间发现的相间短路和接地短路等。此部分包含敞开式设备和 GIS 设备两部分。

（3）变电站线路故障、断路器拒分或保护拒动以及母线故障引起的主变压器跳闸。

（4）由于保护整定失误、保护装置误动，或人员误碰造成的主变压器跳闸。

三、1000kV 变压器故障的特点

（1）1000kV 变压器故障的范围广，既有变压器内部的故障，也有变压器三侧断路器以内的设备发生故障。

（2）因 1000kV 变压器都为单相式结构，且相间距很大，所以发生的故障基本都是单相接地故障，一般都是永久性故障。

（3）主变压器边开关两侧流变范围内故障，因处于保护交叉区，还会同时引起母线故障跳闸。

（4）变压器因内部故障跳闸，有一定概率会发生严重漏油甚至着火。

四、1000kV 变压器故障现象及故障位置判断

（1）若主变压器电气量保护和非电气量保护同时动作，故障测距接近于零，基本可判断为主变压器本体范围内故障，重点检查主变压器本体设备。若发现某相主变压器出现着火现象，优先予以灭火处理。

（2）主变压器电气量保护动作跳闸，非电气量保护没有动作，故障测距接近于零，故障一般在主变压器保护范围内除主变压器本体以外的部分，包括 GIS 设备和 AIS 设备及引线。

（3）若从 AIS 设备及引线部分，未观测出有明显故障点，则重点检查 GIS 设备，GIS 设备外观正常，气室压力正常时，可采取下列办法进行故障点定位。

1）红外测温法。

对故障元器件（气室）的判断，在一定程度上可以辅助以红外测温。但红外测温可操作性较小，首先是因为故障气室绝缘放电引发的温升较小，通过 GIS 桶壁传导到外部可能只有 1~3 度的温差，且很快随着时间推移，与其他气室温差趋近于 0。通过红外测温定位，仅适用于怀疑故障气室较少，且很快进行测温的情况。其余情况只能作为辅助方法之一。

2）SF_6 气体组分分析法。

而 SF_6 气体组分分析，可以较客观、准确得确定故障气室。这是因为在以 SF_6 气体作为绝缘绝缘介质的电气设备中发生放电性和过热性故障时，会导致 SF_6 气体分解，并同时和有关杂质气体发生化学反应，产生一系列新的杂质气体，如 SO_2、HF、H_2S、CO。

（4）若 1000kV 主变压器电气量保护和 1000kV 母差保护同时动作，故障点一般会发生在两套保护的交叉区，及连接在该母线上的主变压器边开关两侧的电流互感器之间。

五、1000kV 主变压器故障（异常）处置注意事项

（1）1000kV 主变压器跳闸后，应立即查看并列运行其他主变的潮流情况，若有越限，马上汇报相应调度采取相应措施。

（2）1000kV 主变压器跳闸后，若本体保护中瓦斯保护动作，应立即安排进行抽取气体继电器中的气体、取油进行化学试验，判断是否内部故障。

（3）若发现 1000kV 线路主变压器发生着火情况，应马上开启主变压器灭火装置对着火相进行灭火（投自动状态的检查是否已开启灭火）。

（4）1000kV 主变压器故障，无论是何种保护动作，未经查明原因和消除故障之前，不得进行试送。（500kV 及以上电压等级主变压器故障，若瓦斯或差动保护之一动作跳闸，在检查变压器外部无明显故障，检查瓦斯气体和进行油中溶解气体色谱分析，证明变压器内部无故障者，可以试送一次。若变压器压力释放保护动作跳闸，在排除误动的可能性后，检查外部无明显故障，进行油中溶解气体色谱分析，证明变压器内部无故障者，在系统急需时可以试送一次。变压器后备过流保护动作跳闸，在找到故障并有效隔离后，一般可以对变压器试送一次）

（5）主变压器若在运行中，轻瓦斯保护连续动作两次，应考虑拉停该主变压器。

六、1000kV 主变异常处置实例介绍

1. 异常征兆

××时××分××秒某特高压站监控后台光字牌"×号主变本体非电量保护告警""本体×相轻瓦斯告警"。

图 3－16　×号主变 C 相主体变压器
瓦斯继电器观察窗油位

2. 异常检查过程

运维人员在×号主变压器×相主体变压器轻瓦斯告警信号出现后，立即开展现场一、二次设备检查。现场检查×号主变压器×相主体变压器瓦斯继电器观察窗油位（如图 3－16 所示，气体容积超过 300ml，轻瓦斯告警定值为 270±10ml）（A、B相正常相为满油位）；×号主变压器主体变压器非电量保护装置报×相轻瓦斯告警；其他一、二次设备无明显异常。

3. 向调度汇报

汇报网调及省调：×时×分，某特高压变电站监控后台光字牌"×号主变本体非电量保护告警""本体×相轻瓦斯告警"。并将现场检查情况详细汇报网调。

4. 进一步分析判断

同时运维人员检查油色谱在线监测数据×号主变×相在 3 时 00 分的数据为 $C_2H_2$2.8μL/L、总烃 7.2μL/L；到3时59分手动启动油色谱在线监测，发现此时 $C_2H_2$32.7μL/L、总烃 55.9μL/L，存在明显上升趋势，现场初步判断×号主变压器×相主体变压器内部存在异常。

运维人员立即将观察到的情况向运检部门汇报，经运检部门综合分析后要求向网调申请将×号主变转检修。

5. 调度下令及现场操作

04 时 45 分　网调下令：

（1）××线/×号主变 5042 开关从运行改为热备用；

（2）×号主变 5043 开关从运行改为热备用。

04 时 55 分　向网调汇报操作结束。

05 时 00 分　网调下令：

（1）×号主变 1106 开关从运行改为热备用；

（2）×号主变 T042 开关从运行改为热备用；

（3）×号主变 T043 开关从运行改为热备用。

05 时 07 分　向网调汇报操作结束。

05 时 08 分　网调下令：

（1）××线/×号主变 5042 开关从热备用改为冷备用；

（2）×号主变 5043 开关从热备用改为冷备用；

（3）×号主变 1106 开关从热备用改为冷备用；

（4）×号主变 T042 开关从热备用改为冷备用；

（5）×号主变 T043 开关从热备用改为冷备用；

（6）×号主变 61 号电容器从热备用改为冷备用；

（7）×号主变 62 号低抗从热备用改为冷备用。

07 时 18 分　向网调汇报操作结束。

07 时 53 分　网调下令：

×号主变从冷备用改为变压器检修。

09 时 00 分　向网调汇报操作结束。

6. 主变压器停役后查找故障原因

在接到主变故障信息后，省检修公司、省电科院分别开展瓦斯气体及主变压器油色谱试验，结果如表 3-4 所示。

（1）取气过程：现场瓦斯集气盒取气两份，分别由省检修公司和省电科院进行试验。

（2）取油样过程：在线监测上部取油口和集气盒排气口取油各两份，分别由省检修公司和省电科院进行试验。

表 3-4　　　　　　　　　　×号主变压器 C 相故障后油色谱值　　　　　　　　（μL/L）

样品	试验单位	H_2	CO	CO_2	CH_4	C_2H_6	C_2H_4	C_2H_2	总烃
在线监测上部油样	省检修公司	82	139	352	11	1.4	10	39	61
	省电科院	123	138	174	15	1.9	13	43	72
集气盒取气口油样	省检修公司	591	344	274	24	1.2	10	43	78
	省电科院	885	399	179	35	1.9	13	48	98
瓦斯集气盒气体	省检修公司	42 333	119 753	681	5113	0.56	34	699	5847
	省电科院	584 000	246 000	200	5970	0.80	18	484	6472

经对在线监测数据及离线检测数据的组分分析，初步认为×主变压器×相内部可能存在电弧放电。

7. 缺陷原因分析

初步判断为×号主变压器主体变压器×相内部存在电弧放电。

第三节　特高压变电站常见设备异常实例分析

» 实例一：特高压变电站 GIS 隔离开关交流电机烧损异常

一、异常简述

特高压 LJ 变电站 500kV 配套送出工程及站内公用系统于 2014 年 10 月 27 日投入运行，LJ 变电站 500kV 采用西开 GIS 设备，闸刀/地刀采用电动机构，操作电压 380/220V。

11 月 8 日，后台报 LJ 线 5051 开关间隔汇控柜空开跳闸，现场检查发现 505117 接地闸刀机构箱过热，电机外壳烤化，刹车电阻测温值达 100℃。11 月 9 日，后台报 LJ 线 5022 开关间隔闸刀电机过流动作，现场检查发现 50221 闸刀机构箱内电机外壳烤化，刹车电阻温度为 185℃左右。11 月 9 日，后台报 LJ 线 5052 开关间隔汇控柜空开跳闸，505227 接地闸刀机构箱内电机外壳烤化，刹车电阻温度超过 185℃。11 月 11 日，后台报 1 号主变 5012 开关间隔闸刀电机过流动作，50121 闸刀机构箱内电机外壳烤化，刹车电阻温度超过 185℃。如图 3-17～图 3-20 所示。

图 3-17　接地闸刀机构箱布置图

图 3-18　烧熔的电机外罩

图 3-19　发热的电阻及烧化的电线

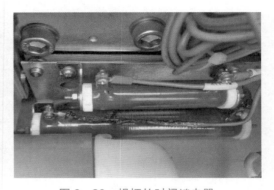

图 3-20　损坏的时间继电器

二、原因分析

现场检查过程中，使用万用表对电机回路中的接点逐个排查，发现时间继电器 KSJ 的常开触点 15～18（见图 3-21）导通，而 KSJ 继电器（见图 3-22）并未动作。

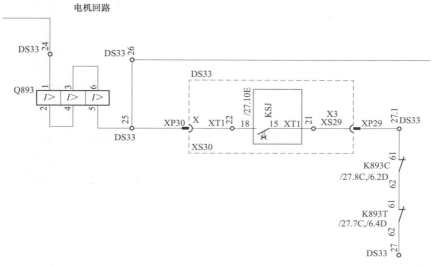

图 3-21　电机回路中 KSJ 继电器的常开接点

由图 3-23 可看出，时间继电器整定值为 0.3s。正常情况下，当隔离开关操作时，KSJ 继电器的 Y1 端收到合闸或分闸脉冲，继电器动作，15～18 触点闭合，脉冲消失后经过 0.3s 接点返回。故障时，该接点一直闭合，使得刹车电阻（见图 3-24 中 R2）长时间带电发热，致使电机烧损。

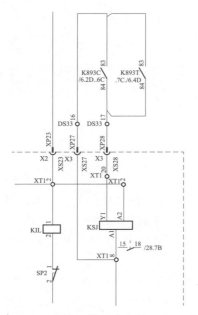

图 3-22　电机控制回路中的 KSJ 继电器

图 3-23　时间继电器 KSJ

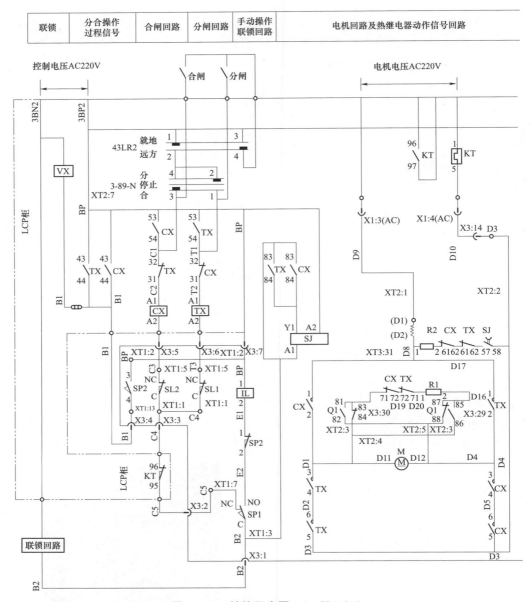

图 3－24　接线示意图（SJ 即 KSJ）

三、处理过程

（1）11 月 9 日 13：30～20：30，对全站所有的接地开关和隔离开关机构继电器（代号 KSJ）进行了排查，所有的机构继电器（除当时已烧毁的 3 相机构外）运行正常。11 月 11 日 2：18，50121 闸刀电机过流动作后，运维人员拉开所有 500kV 闸刀和接地闸刀的交流电机电源，防止相同事故再次发生。

（2）11 月 10 日下午，将当时已故障的 3 个 KSJ 继电器拆下，进行拆解，查找故障点。该继电器是由某电气公司生产的 TCT－E2XD 型时间继电器（见图 3－25），额定交流电压为 85～265V，15～18 为常开触点。测量换下继电器的下部触点（见图 3－26），15～

18 触点一直导通。

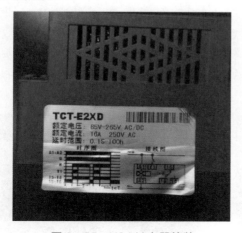

图 3-25 KSJ 继电器铭牌

图 3-26 继电器下部触点

拆除继电器外壳，取出集成电路板，发现继电器失电状态下铜片的动作情况正确（见图 3-27），即 15～16 触点吸合，15～18 触点断开。给继电器励磁后，15～16 触点断开，15～18 触点吸合，动作情况也正确。在电路板背面继电器针脚焊接处进行测量（见图 3-28），测得 15～16 触点导通，15～18 触点也导通。

图 3-27 继电器失电时铜片动作情况

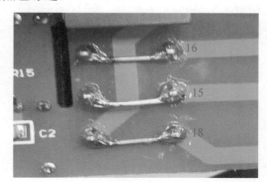

图 3-28 电路板背面布线图

将电路板背面的连接导线拆除后（见图 3-29），在继电器针脚焊接处再次进行测量，测得 15～16 触点导通，15～18 触点断开，触点动作情况恢复正常。

从图 3-29 中可以看到，红圈标记处有明显的露铜现象，是电路板击穿所致，正好位于 16 触点短接线的下方，与 16 触点导通。而红圈处的走线连接到 18 触点，所以 16～18 触点导通。继电器失电时，15～16 触点导通，从而使得 15～18 触点导通，直接导致了故障的发生。

图 3-29 连接导线拆除后有露铜现象

（3）11 月 11～12 日，对 505117、505227 接地闸刀和 50221、50121 闸刀机构箱进行了临时处理，更换了 KSJ 继电器、刹车电阻和电机（见图 3-30、图 3-31）。此次更换的 KSJ 继电器是在原有的基础上做了简单的处理，将电路板背面的三根接点短接线拆除，防止电路板击穿后短接线与电路板走线之间发生短路（见图 3-32）。该短接线连接的两个接点实际上已经由铜片导通，短接线仅仅起到增加连接可靠性的作用，所以拆除后并不影响继电器的功能。

图 3-30　更换过程

图 3-31　红框内为此次更换的元件

四、总结与建议

从 11 月 8～11 日，500kV GIS 设备先后出现 4 次隔离开关电机故障，且都是 KSJ 继电器引起，有理由怀疑是家族性缺陷，需要对全站所有接地开关和隔离开关机构箱中的 KSJ 继电器进行整改。最终责成继电器厂家重新设计继电器并做专业测试，确保继电器的可靠运行。在隔离开关和接地开关不进行操作时，暂时将隔离开关和接地开关的电机电源断开。

图 3-32　经过简单处理的 KSJ 继电器

》 实例二：特高压变电站 GIS 隔离开关三相动作不一致异常

一、异常简述

某日，一特高压变电站 500kV 线路二次设备 C 级检修工作进行到 5042 开关三相不一致回路功能测试时，发现第一组三相不一致回路中 A、C 相功能测试正确动作，而 B 相测试不动作。

进行 5042 开关三相不一致回路功能测试时，将第二组控制电源拉开，仅保留第一组控制电源，单独测试第一组三相不一致回路。发现第一组三相不一致回路中 A、C 相功能测试正确动作，而 B 相测试时，分开开关 B 相后，开关 A、C 相保持合位不跳开（三相不一致时间继电器整定为 2.5S），第一组三相不一致回路不动作，B 相回路异常。

二、原因分析

1. 确定异常回路

现场立即停止 C 检工作，保持 5042 开关 A、C 相合位，B 相分位，进行第一组三相不一致回路检查。

该开关第一组三相不一致回路图如图 3-33 所示，由 5042 开关 A、C 合位，B 相分位可知，B 相开关 SOB 常闭触点应闭合，开关汇控柜内测试 X9-29 至 X9-31 回路应导通。

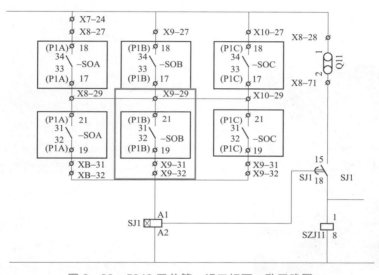

图 3-33　5042 开关第一组三相不一致回路图

现场万用表电阻档测试该回路电阻无穷大，回路不通。表示 X9-29 至 X9-31 回路中，原因主要可能为 SOB 常闭触点未正确动作、回路连接处有松动。

将开关 A、C 相分开，解开 X9-29 至 X8-29 回路、X9-29 至 X10-29 回路，汇控柜内测试 A 相 X8-29 至 X8-31 回路、C 相 X10-29 至 X10-31 回路，两回路电阻在 0.2 欧左右，均导通，此时 X9-29 至 X9-31 回路仍不导通。

2. SOB 常闭触点检查

SOB 常闭触点的实际动作情况容易检查，若该接点未正确动作，需厂家配合处理，需要时间保障，因此首先打开开关机构箱，进行该常闭触点动作情况检查。

如图 3-34 所示，查阅 B 相机构内接线图，确认所查 S0B 常闭触点在机构箱内引线端子编号为 31、32，将 31、32 端子上引线拆除，用万用表测试 31、32 端子间电阻为 0.1Ω，证明该常闭触点是闭合的，触点动作正确。

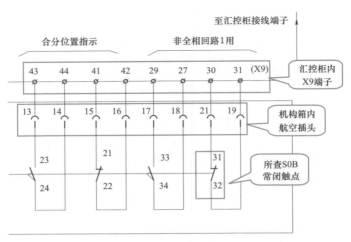

图 3-34　5042 开关 B 相机构内接线图

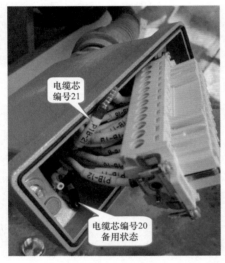

图 3-35　对应航空插头接线情况

3. 确定异常电缆

用万用表对 S0B 常闭触点 31、32 端子至汇控柜的 X9-30、X9-31 两根电缆进行导通测试，发现 S0B 常闭触点 31 端子至汇控柜的 X9-30 的电缆不通，而 32 端子至汇控柜的 X9-31 的电缆电阻 0.2Ω，导通。说明 S0B 常闭触点 31 端子至汇控柜的 X9-30 的电缆存在问题。

4. 确定异常原因

S0B 常闭触点至汇控柜连接电缆在开关机构箱内需经航空插头转接，如图 3-35 所示。

拔下该电缆对应的航空插头（插头编号 P1B），对开关机构内电缆检查，测试发现 S0B 常闭触点 31 端子至航空插头的 P1B-21 端子导通，S0B 常闭触点 32 端子至航空插头的 P1B-19 端子也导通。

对航空插头至汇控柜的电缆进行检查，测试发现汇控柜内 X9-30 端子至航空插头的 P1B-21 端子不导通，X9-31 端子至航空插头的 P1B-19 端子导通。

说明问题在开关机构箱内 X9-30 端子至航空插头的 P1B-21 端子的这根电缆上。

检查该航空接线情况，如图 3-36 所示。P1B-21 端子引线压接规范，拆开端子时也未见虚接、松动迹象，机构箱侧也未见异常。导致回路不通的原因，要么是该回路电缆中间有断开点，或者回路电缆芯用错。

移动电缆号牌，查对该回路两端电缆芯的编号，发现航空插头侧电缆芯编号 21（20号电缆芯备用状态），而汇控柜侧 X9-30 端子电缆芯编号 20（21 号芯备用状态），说明开关汇控柜内 X9-30 端子至航空插头的 P1B-21 端子的这根电缆在两侧用了不同的电缆芯，导致该回路不通。

三、处理过程

在开关汇控柜和航空插头处对 20、21 号电缆芯进行导通测试，均导通。

采用在开关汇控柜内更换电缆芯的方案，将 21 号电缆芯进行压接、接入 X9－30 端子，如图 3－36 所示。

对该开关第一组三相不一致 B 相回路进行功能测试，多次测试均正确动作。

图 3－36　整改后 5042 开关汇控柜内 X9 端子接线图

四、总结与建议

本次开关三相不一致不动作因基建时一根电缆芯用错引起。虽然开关三相不一致在正常运行时很少动作，且有两个回路互为备用，但不能排除需要该功能正确动作的必要性。因此，在检修、验收工作时，重要的回路必查，相关回路也绝不能忽视。检查测试应认真、仔细、全面，避免漏测、漏查。

≫ 实例三：特高压变电站变压器冷却器典型异常实例

一、异常简述

某日，一特高压变电站进行 2 号主变压器停役前的站用变压器倒换操作，将 400V Ⅱ段交流母线由 2 号站用变压器供电切换至 0 号站用变压器供电。在执行到合上 0 号站用变压器低压侧 5QF 开关时（供Ⅱ段交流），1 号主变压器 A、C 相冷却器控制箱电源切换接触器未正确动作，报 A、C 相交流电源Ⅱ段故障，同时出现 1 号主变压器 C 相冷却器全停信号。

根据站用变压器倒换前的运行方式，1 号主变压器冷却器正常时由交流Ⅱ段供电。

（1）正常动作情况应该为：当拉开 2 号站用变压器低压侧开关 2QF 时，由于交流Ⅱ段失电，冷却器电源将自动切换至交流Ⅰ段；当合上 0 号站用变压器低压侧 5QF 开关时，由于交流Ⅱ段恢复供电，冷却器电源将自动切换回交流Ⅱ段。

（2）现场实际情况为：当拉开 2 号站用变压器低压侧开关 2QF 时，冷却器电源正常自动切换至交流Ⅰ段，但是在合上 0 号站用变压器低压侧 5QF 开关时，出现以下两个异常。

1）1 号主变压器 A 相冷却器未正常切回Ⅱ段电源，后台光字显示"A 相冷却器Ⅱ段电源故障"，现场冷却器控制箱内"1 号主变 A 相冷却器交流Ⅱ段电源故障指示灯 HF2"亮，如图 3－37 所示，"1 号主变 A 相冷却器交流Ⅱ段电源接触器投入后监视继电器 QX2"亮告警灯（＞U），如图 3-38 所示。A 相冷却器运行在交流Ⅰ段电源下。

图 3-37　1号主变压器冷却器 A 相Ⅱ段
电源告警灯

图 3-38　1号主变冷却器 A 相Ⅱ段电源
监视继电器告警

2）1号主变压器冷却器 C 相未正常切回Ⅱ段电源，后台光字显示"C 相冷却器Ⅱ段电源故障"。切换过程中后台报"冷却器全停"信号，现场冷却器停止运行，后拉开Ⅰ段总电源重合后"冷却器全停"复归，但仍然报"C 相冷却器Ⅱ段电源故障"，冷却器运行在Ⅰ段电源下。

二、原因分析

1. 主要故障信息

（1）光字信息："冷却器全停"光字经过现场处理后已消失，剩余光字为"A 相冷却器Ⅱ段电源故障""C 相冷却器Ⅱ段电源故障"

（2）主要报文信息：

1）20:07:04:838　2 号站用变低压开关 2QF 分位动作

2）20:07:04:890　1 号主变主体变 A/B/C 相冷却器Ⅱ段电源故障动作

3）20:07:06:293　1 号主变主体变 A/B/C 相冷却器备用电源投入

4）20:08:34:167　0 号站用变低压Ⅱ段开关 5QF 合位动作

5）20:08:34:354　1 号主变主体变 B/C 相冷却器Ⅱ段电源故障复归

（注意 A 相未复归）

6）20:08:34:845　1 号主变主体变 B/C 相冷却器备用电源投入复归

7）20:08:36:744　1 号主变主体变 C 相冷却器Ⅱ段电源故障动作

8）20:08:36:895　1 号主变主体变 C 相冷却器备用电源投入动作

9）20:08:38:294　1 号主变主体变 C 相冷却器Ⅰ段电源故障动作

10）20:08:38:406　1 号主变主体变 C 相冷却器备用电源投入复归

11）20:08:41:460　1 号主变主体变 C 相冷却器全停故障动作

12）20:14:27:671　1 号主变主体变 C 相冷却器全停故障复归

13）20:14:31:265　1 号主变主体变 C 相冷却器全停故障动作

14）20:14:36:238　1 号主变主体变 C 相冷却器全停故障复归

15）20:14:40:202　1 号主变主体变 C 相冷却器全停故障动作

16）20:15:03:740　1 号主变主体变 C 相冷却器全停故障复归

17）20:15:07:508　1 号主变主体变 C 相冷却器全停故障动作

18）20:15:55:539　1 号主变主体变 C 相冷却器全停故障复归

19）20:15:59:787　1 号主变主体变 C 相冷却器全停故障动作

20）20:21:07:526　1 号主变主体变 C 相冷却器 I 段电源故障复归

21）20:21:07:542　1 号主变主体变 C 相冷却器 I 段电源故障动作

22）20:21:14:263　1 号主变主体变 C 相冷却器 I 段电源故障复归

23）20:21:14:263　1 号主变主体变 C 相冷却器备用电源投入动作

24）20:21:14:340　1 号主变主体变 C 相冷却器全停故障复归

2. 故障信息初步分析

（1）1 号主变压器冷却器 A 相异常信息分析及建议。

1）异常分析。

从后台报文的第 5）条可以看出，在 0 号站用变压器给交流 II 段恢复供电时，1 号主变 A 相冷却器 II 段并未恢复供电，因此未进行切回交流 II 段的动作，如图 3-39 所示。

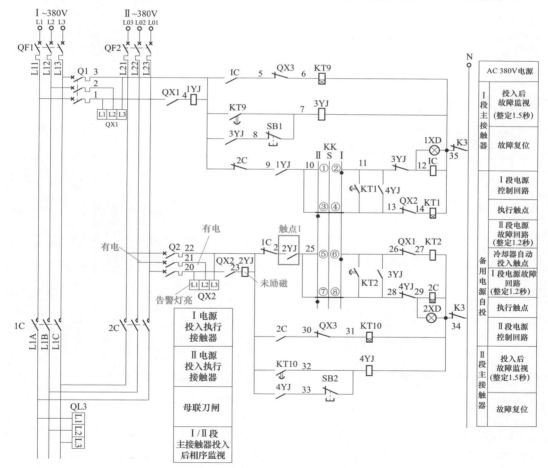

图 3-39　1 号主变压器 A 相分析图纸

现场测量电压结果，空开 Q2 上下端均带电，电压约 415V；"1 号主变 A 相冷却器交流 II 段电源接触器投入后监视继电器 QX2"告警灯亮（>U），中间继电器 2YJ 未励磁，从而

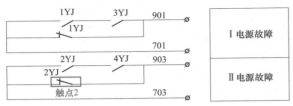

图 3-40 电源故障信号回路

导致触点 1 不导通，后续回路均不通，2C 无法励磁，Ⅱ段交流电源无法带电。同时触点 2 常闭接点导通，报Ⅱ电源故障，如图 3-40 所示。

2）分析建议。

根据分析情况，初步判断电压监视继电器 QX2 故障。根据以往经验，当交流电压超过电压监视继电器整定值时，可能造成继电器判断电压故障而断开其辅接点。但是现场测量交流Ⅱ段电压 415V 左右，QX2 整定值为 430V，未超过整定值，而 QX2 显示＞U 告警，因此还需进一步判断该继电器或者其整定值是否正常。现场可通过拉开空开 Q2 重合一次尝试继电器告警是否消失，若消失则能恢复Ⅱ段供电，若不消失则可考虑改整定值或更换继电器。

（2）1 号主变压器冷却器 C 相异常信息分析及建议。

1）异常分析。

现场检查情况显示，在报冷却器全停时，接触器 1C、2C 均未吸合，现场 4YJ 继电器励磁。根据报文信息，结合图纸（如图 3-41 和图 3-42 所示）及动作逻辑分析如下。

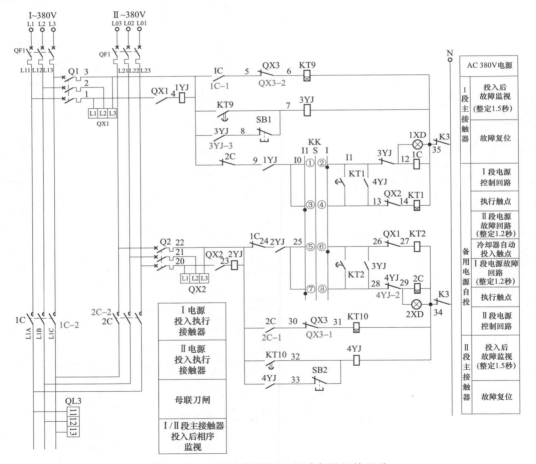

图 3-41　1 号主变压器 A 相冷却器切换回路

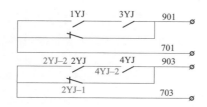

图 3-42　电源故障信号回路

a. 0 号站用变压器 5QF 开关合上时，Ⅱ段电源回路（2C）曾带电，但是切换未成功。

因为现场 4YJ 励磁且自保持，说明投入后故障监视延时继电器 KT10 曾动作，而 KT10 动作的条件是 2C 动作且 QX3 动作（失电或过电压，但因其未见>U 告警，估计失电可能性较大），因此可断定 2C 曾经带电。切换未成功初步判断可能有以下两个原因：一是 2C 励磁时，其辅触点 2C-1 闭合，但其电源接触器辅触点 2C-2 未正常接触，导致 QX3 无电压，QX3-1 闭合，因此导通 KT10；二是其辅触点 2C-1 闭合，电源接触器辅触点 2C-2 接触正常，但是 QX3 由于判断电压过高或其他原因，使得其辅触点 QX3-1 闭合，因此导通 KT10。（因现场 QX3 未见>U 告警，过电压动作可能性较小）

此外，由于 2YJ 已经带电励磁，因此报文信息第 5）条显示 1 号主变压器 C 相冷却器Ⅱ段电源故障复归。但是由于切换不成功，4YJ 励磁导致 4YJ-1 断开回路，2C 失磁，此时 2YJ 正常励磁，其辅触点 2YJ-2 与 4YJ-2 共同作用报出Ⅱ段电源故障动作信号（即报文中的第 7）条）。

b. 在上一步骤的Ⅱ段切换不成功后，切换回路自动切回交流Ⅰ段，在其动作过程中 1C 曾带电，但是同样未切换成功。

根据报文信息第 8）条，如图 3-43 所示，备用电源投入是指默认在Ⅱ段供电情况下，转为Ⅰ段供电（即 1C 励磁）或反之。因此，在切换至Ⅰ段之后，1C 应正常励磁，其切换未成功原因可能由于 1C-2 电源接触器辅触点未正常接触，QX3 无电压，或者 1C-2 闭合而 QX3 判断故障（考虑两段

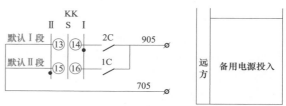

图 3-43　备用电源投入信号回路

都切换不成功，不排除 QX3 有故障），其辅触点 QX3-2 与 1C-2 共同作用导致 KT9 励磁，从而延时 1.5s 励磁 3YJ，断开 1C 继电器电源，同时，由 1YJ-2 与 3YJ-2 作用发出Ⅰ段电源故障信号，如图 3-44 所示（注意报文信息 8）与 9）间隔时间确为 1.5s）。又由于 1C 和 2C 继电器同时失电，报出冷却器全停信号（延时 3s，即报文第 9）步与第 10）步之间的 3s），如图 3-45 所示。

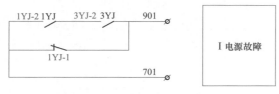

图 3-44　Ⅰ电源故障信号回路

c. 关于冷却器全停信号的复归。

由于在 20 点 21 分 07 秒，现场拉开Ⅰ段电源总开关 QF1，再重新合上。拉开时，1YJ 失磁，1YJ-2 断开，因此出现第 20）条的短时Ⅰ段电源故障复归信号，并且使得 3YJ 失磁，3YJ-3 断开，消除自保持回路作用，但

171

是立刻由于 1YJ 失电，1YJ-1 报出第 21）条 I 段电源故障信号（如图 3-44 所示）。合上后，由于电源重新给上，1YJ 带电，第 22）条冷却器 I 段电源故障复归，且 1C 重新带电，此次电源接触器吸合正常，冷却器全停故障复归。

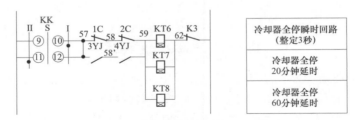

图 3-45　图 3-29 冷却器全停信号回路

2）分析建议。

根据过程分析，无法明确该相存在具体问题。目前可以得到的推论为继电器 1C 与 2C 应能励磁，但是其交流电源回路中的接触器 1C-2，2C-2 有可能存在无法正常接触情况，或者 QX3 故障导致判断失常，建议检查继电器 1C、2C 或 QX3 等元件。对于目前存在的 II 段电源故障信号，可能可通过拉合 II 段电源总开关 QF2 或者 4YJ 相关自保持回路复归按钮 SB2 进行复归（建议按复归按钮尝试）。

对于报文信息中的 12）～19）条，反复出现冷却器全停故障动作复归现象，尚无法推论其原因（按理在 1C 失磁 3YJ 励磁后应自锁，1C 或 3YJ 无法反复动作，因此怀疑 3YJ 是否有所松动等情况），需进一步检查确认。

三、处理过程

1. 消缺过程

（1）1 号主变压器 A 相冷却器 II 段电源故障处理。现场拉开上一级电源空开 Q2 并进行重合，继电器 QX2 告警信息消失，同时 II 段电源故障光字复归。经一段时间后，发现告警信息再次出现，再次拉开空开 Q2 后重合，继电器 QX2 告警信息存在，II 段电源故障保持。现场将继电器电压上限＞U 整定值由 430V 改为 440V 后，故障复归，且未再次发生。

（2）1 号主变压器 C 相冷却器 II 段电源故障处理。现场按 4YJ 相关自保持回路复归按钮 SB2 后，故障复归，冷却器电源自动切换至交流 II 段，切换成功。

2. 分析及后续处理计划

（1）根据 1 号主变压器 A 相冷却器 II 段电源故障的过程和处理情况看，应该是由于继电器 QX2 整定精度与实际不符。现场 II 段交流电源电压约 415V，继电器电压上限整定值虽为 430V，但实际可能小于 415V，因此造成越电压上限动作。在修改提高整定值至 440V 后，现场电压不再越过整定值，因此故障复归。

正常情况下，由 1 号、2 号站用变压器供交流 I、II 段时电压通常在 390V 左右，一般不超过 410V，因此平时该异常未暴露，由 0 号站用变压器供电时，电压均在 415V 以上，甚至达 420V，因此此次切换后出现了此异常情况。后续考虑更换 1 号主变压器 A 相冷却器 QX2 继电器，并核对整定值。

（2）对于 1 号主变压器 C 相冷却器为何当日切换 II 段和 I 段均失败的原因，由于现场已经复归，且该故障为一"软故障"，无法发现明显的缺陷现象，因此只能根据数据记录进行分析排查。

考虑 1C 和 2C 的接触器触头辅触点同时无法吸合的概率不大，因此，考虑电压监视继电器 QX3 有故障的可能性，因为此继电器的辅触点若粘连，可导致延时 1.5s 后 3YJ、4YJ 均励磁，从而形成两段交流电源均投不上的情况。因此考虑后续结合 1 号主变压器停役，更换 QX3 继电器并进行试验。同时也进行 1C 和 2C 继电器及电源接触辅触点的检查。

对于冷却器全停信号出现反复告警和复归的情况，因为无直接原因可解释该现象，因此考虑其信号输出回路是否有松动，从而导致反复告警复归。后续结合 1 号主变压器停役，对相关回路进行检查。

四、总结与建议

（1）关于 1 号主变压器 A 相冷却器 Ⅱ 段电源故障和 C 相冷却器 Ⅱ 段电源故障报出信号的原理完全不同，A 相冷却器 Ⅱ 段电源故障是在 Ⅱ 段恢复送电时因为电压监视继电器 QX2 异常而导致 2YJ 未励磁，从而由其常闭辅触点报出的故障信号，其根本没有成功切换到 Ⅱ 段电源上（即 2C 不曾带电）；C 相冷却器 Ⅱ 段电源故障则是继电器 2C 曾有过励磁，但是可能因为其接触器 2C-2 未正常接触等原因，导致其切换不成功，该信号是由继电器 2C 和电压监视继电器 QX3 的辅触点作用形成且自保持的。这两种电源故障信号均上传至后台光字，但是由于现场的电源故障告警灯仅由 2YJ 的辅触点确定，因此现场冷却器控制箱内 A 相的 Ⅱ 电源故障告警灯亮，C 相电源故障告警灯未亮。现场电源故障指示回路如图 3-46 所示。

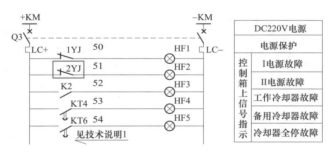

图 3-46　现场电源故障指示回路

（2）从本次故障情况可以看出，冷却器控制系统中各类继电器的可靠性对于冷却器回路是否能正确切换及正常工作有至关重要的作用，若继电器可靠性不足，很可能会造成冷却器全停导致主变压器跳闸等风险。而各站在前期操作中也曾出现过切换冷却器时出现全停信号等现象，因此建议一是加强冷却器系统的元件质量管控，确保元件的可靠性；二是对于冷却器全停跳闸回路可考虑加增加判据回路，防止继电器辅触点粘连等情况下因为时间原因而直接出口。

（3）主变压器冷却器回路主要为各类继电器、辅触点、空气开关等组成的逻辑回路，其原理并不复杂，各站运维人员应加强对该回路的熟悉程度，梳理冷却器全停、交流电源故障等信号出现的可能原因及处理方法，加快在出现相应故障时的判断能力和排查速度，及时消除缺陷，确保冷却器回路正常运行。

（4）在后续的兰江变电站 1 号主变压器停役过程中，交流 Ⅰ 段将切至 0 号站用变压器

供电，考虑其电压较高，现场运维人员应做好相应准备，提前熟悉冷却器回路，做好类似现象出现时的排查处理工作，应联系驻站检修和厂家人员提前在现场配合，尤其注意"冷却器全停"出现后的及时处理。此外，现场人员应做好异常出现时的各类光字、报文、继电器状态等数据的收集，以便更好地进行后续分析。

❯❯ 实例四：特高压变电站高压电抗器绕组温度测量

一、异常简述

某变电站 1000kV 线路高抗油温表和绕组温度表采用 MT－ST160SK、MT－ST160W 型产品。投产至今，三相的油温 1 和绕组温度曲线如图 3－47 所示。

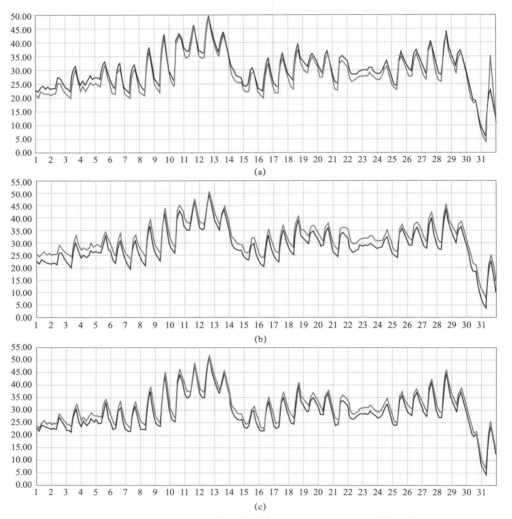

图 3－47　1000kV 某线高抗油面温度与绕组温度曲线

（a）A 相油温 1 与绕组温度；（b）B 相油温 1 与绕组温度；（c）C 相油温 1 与绕组温度

图 3－47 中，黑色曲线代表绕组温度、红色曲线代表油面温度。可以看出，该高抗的绕组温度和油面温度始终是一致的。

对比检查同站另一 1000kV 线路高抗发现油温 1 与绕组温度曲线如图 3-48 所示，绕组温度始终大于油温 25℃左右。

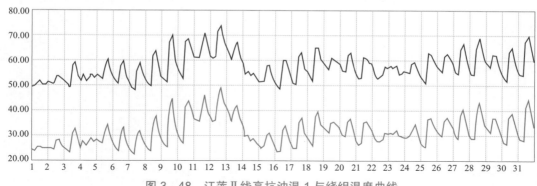

图 3-48　江莲Ⅱ线高抗油温 1 与绕组温度曲线

绕组温度计是一种适用热模拟技术测量电力变压器绕组最热点温度的专用控制仪表。所谓热模拟测量技术是在测量的变压器顶层油温 $T0$ 基础上，再施加一个变压器负荷电流变化的附加温升ΔT，由此两者之和 $T = T0 + \Delta T$ 即可模拟变压器最热点温度。一般绕组温度高于油面温度 10℃及以上。鉴于该线高抗存在油温和绕组温度基本一致的情况，怀疑绕组温度未进行电流补偿。

针对高抗油温和绕组温度基本一致的情况，在该 1000kV 线路停电检修期间，检修人员对此问题进行了深入排查分析。初步判断可能存在两个方面的问题：一是绕组温度计和油面温度计未进行整定，由于误差特别大引起的；二是高抗套管测温绕组二次侧电流回路存在开路或短路情况，电流未流进匹配器进行电流补偿。

1. 整定偏差排查

2016 年 3 月 3 日试验人员对该高抗油温表和绕组温度表进行了校验整定。从监控后台查阅高抗一次电流历史曲线发现，其值基本保持在 350A 左右，绕组测温变比为 500:1，也即二次电流在 0.7A 左右。所以，工作人员从高抗 A 相端子排端处加 0.7A 电流进行温度表校验，示意图如图 3-49 所示。

如图 3-49 所示划开 X2/15、X2/16 端子，并在右侧加入电流源，调整电流源的电流为 0.7A，使得电流经匹配器进入绕组温度表。结果显示，经整定后，加入正常运行时的二次额定电流后，绕组温度比油面温度 1 高了 16℃左右，试验人员认为，在正常的情况下即使油面温度计和绕组温度计未进行温升整定，绕组温度和油面温度也会有一定的温度差异，即绕组温度要比油面温度高一些，未整定情况下只可能导致误差更大一些，由此排除温度计存在缺陷的可能性。

2. 电流回路排查

绕组温度计存在问题的可能性排除后，试验人员建议检修二次作业人员对绕组温度补偿流变的二次绕组到高抗 A 相端子箱的这部分进行排查，检查流变测温绕组二次侧是否存在开路或短路情况，电流是否存在未接入匹配器的可能性。

二次检修工作人员对流变测温绕组二次回路进行了排查（示意图如图 3-50 所示）。

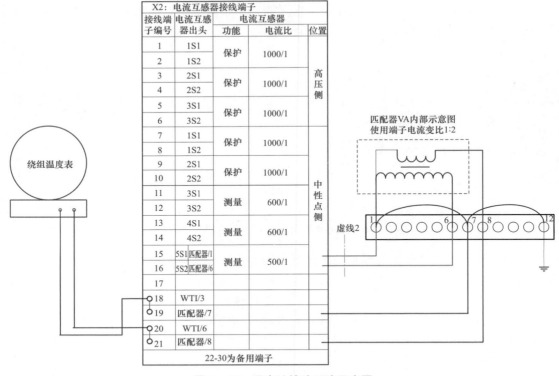

| X2：电流互感器接线端子 | | | | |
| 接线端子编号 | 电流互感器出头 | 电流互感器 | | 位置 |
		功能	电流比	
1	1S1	保护	1000/1	高压侧
2	1S2			
3	2S1	保护	1000/1	
4	2S2			
5	3S1	保护	1000/1	
6	3S2			
7	1S1	保护	1000/1	中性点侧
8	1S2			
9	2S1	保护	1000/1	
10	2S2			
11	3S1	测量	600/1	
12	3S2			
13	4S1	测量	600/1	
14	4S2			
15	5S1 匹配器/1	测量	500/1	
16	5S2 匹配器/6			
17				
18	WTI/3			
19	匹配器/7			
20	WTI/6			
21	匹配器/8			
22-30为备用端子				

绕组温度表

匹配器VA内部示意图 使用端电流变比1:2

虚线2

图 3-49　温度计校验回路示意图

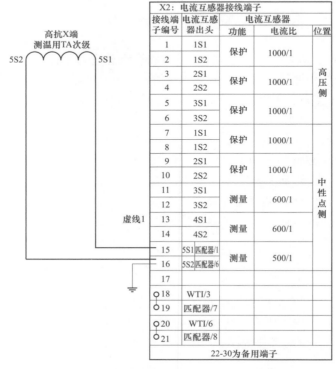

高抗X端 测温用TA次级

5S2　5S1

虚线1

| X2：电流互感器接线端子 | | | | |
| 接线端子编号 | 电流互感器出头 | 电流互感器 | | 位置 |
		功能	电流比	
1	1S1	保护	1000/1	高压侧
2	1S2			
3	2S1	保护	1000/1	
4	2S2			
5	3S1	保护	1000/1	
6	3S2			
7	1S1	保护	1000/1	中性点侧
8	1S2			
9	2S1	保护	1000/1	
10	2S2			
11	3S1	测量	600/1	
12	3S2			
13	4S1	测量	600/1	
14	4S2			
15	5S1 匹配器/1	测量	500/1	
16	5S2 匹配器/6			
17				
18	WTI/3			
19	匹配器/7			
20	WTI/6			
21	匹配器/8			
22-30为备用端子				

图 3-50　绕组测温流变二次部分接线示意图

首先，二次工作人员划开 X2/15、X2/16 连接片，并拆除 X2/16 的接地线，测量绕组测温流变二次侧到高抗 A 相端子箱的电阻值，测得电阻 $R=1.7\Omega$；其次，在高抗套管电流互感器端子盒上拆开 5S2、5S1 端子，分别与 X2/16 和 5S1 做接地导通试验，验明 5S2 和 X2/6 导通良好，5S1 和 X2/15 导通良好，进一步排除了电流互感器测温绕组二次侧存在开路的可能。

随后，二次工作人员对绕组测温电流互感器二次侧进行绝缘试验。拆除 X2/16 的接地线，对 X2/15 和 X2/16 端子进行绝缘试验，发现当摇表选择 1000V 加压时，开始试验后电压显示为 0V，绝缘电阻显示为 0Ω。初步判断电流互感器测温绕组二次侧存在多点接地的情况。

工作人员划开 X2/15、X2/16 连片，并在 X2/15 和 X2/16 端子绕组测温电流互感器二次侧进行绝缘试验，试验表明绝缘电阻良好。在 X2/15 和 X2/16 端子匹配器侧进行绝缘试验，发现电压显示为 0V，绝缘电阻显示为 0Ω。表明另外一个（或多个）接地点在匹配器侧。

工作人员查找"1000kV 电抗器二次线安装接线图"，未发现匹配器的接线图。只是在《1000kV 电抗器本体厂家图册》发现如图 3-51 所示的接线图。

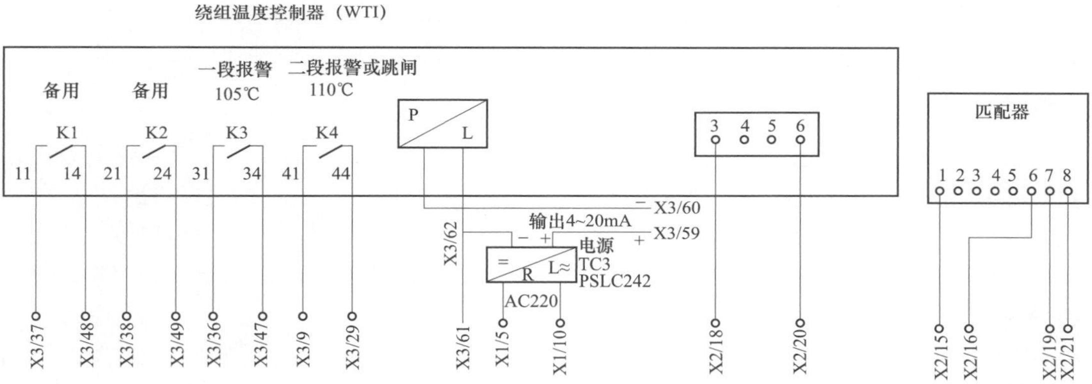

图 3-51　匹配器及绕组温度控制器接线图

现场检查发现，匹配器中有一个公共接地端（如图 3-52 所示）。当将匹配器的端子排 12 端子下方接地线拆除后，在 X2/15 和 X2/16 端子匹配器侧进行绝缘试验，试验表明绝缘电阻良好。可见，图 3-36 中的接地线即为电流回路中多出的一个接地点。

二、原因分析

根据二次回路相关管理规定，电流回路中不允许有两点接地同时存在的情况，本次发现的问题，即为两点接地的具体体现，如图 3-53 所示。

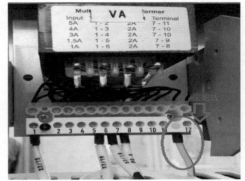

图 3-52　匹配器实际接线图

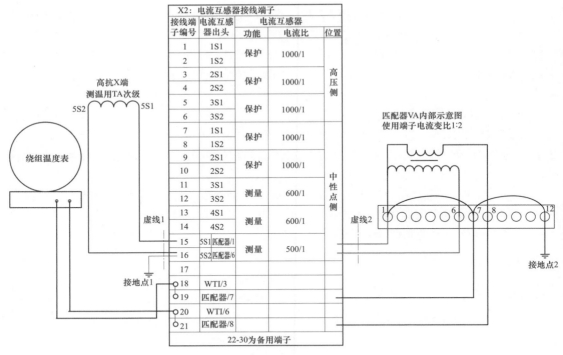

图 3-53　两点接地示意图

从图 3-53 可以看出，接地点 1 与接地点 2 分别接在流变测温绕组二次回路的 5S2 端电缆线路、5S1 端电缆线路中。测温用 CT 二次侧的电流直接经接地点 1 和接地点 2 导通，相当于测温用 CT 二次线圈两端被短接，不会有电流流入匹配器，因此绕组温度实际没有进过电流补偿，使得绕组温度实际与油面温度基本相等，从而出现油面温度和绕组温度的曲线图接近一致的现象。

由于接地点分别在端子排两侧，划开 X2/15、X2/16 连接片后，两部分回路各有一点接地，对两部分回路各自的功能没有影响，分开检查将不能发现问题。考虑到匹配器实际工作的需要，厂家在满足匹配器性能及安全的情况下，要求匹配器的一、二次侧均接地，也就是匹配器端子排 1 和 7 短接后再接到端子 12 然后经接地线入地。但厂家的这种基于产品的考虑，在设计单位及施工单位方面没有注意到，以至于设计图纸中忽略了这一点，致使该高抗绕组温度长期未补偿，不能正常指示绕组温度。

三、处理过程

根据相关规定，电流回路中只能有且只有一点接地，现提供 4 种处理方案：

方案 1：拆除接地点 2 的接地线，保留接地点 1 的接地线，此时匹配器仅一次绕组 6 端接地。

方案 2：拆除接地点 1 的接地线，保留接地点 2 的接地线。

方案 3：拆除接地点 2 的接地线，将接地点 1 的接地线移动到 X2/15 端子处。

方案 4：拆除接地点 2 的接地线，将匹配器 1、6 与端子排接线调换，7、8 与端子排接线调换，即 1 连 X2/16、6 连 X2/16、7 连 X2/21、8 连 X2/19。

上述四种方案，均满足二次电流回路中有且只有一点接地的规范要求。其中方案 1 和方案 3 可能更符合设计院的设计规范；方案 2 可能更适合厂家的设计原则。

经专业确认采用方案 1 处理，现场运检人员对相应图纸进行更改和现场接线变更，仅拆除接地点 2 的接地线并用绝缘胶布包好，保留接地点 1 的接地线，现场运检人员随即进行相关回路导通测试和绝缘试验，异常消缺处理完成。投运后，运行跟踪发现绕组温度正常比油面温度高出 10 度左右，缺陷消除得到了验证。

四、总结与建议

1. 加强专业间的信息沟通和共享

因为工作的细分，每个班组的对本专业相关的问题处理很娴熟，但如果超出本专业范围的问题，就很难产生联系并快速处理，在本专业应该加强知识体系的较宽范围培训提升。

2. 充分利用设备停电机会对运行中的疑惑进行验证

该站在投产后通过数据抄录和比对，即发现了此问题并认真开展了专题的分析，但由于验证条件的限制，在本次停电期间才真正将此问题进行了妥善处置。所以，针对同类问题，现场运检人员应充分利用停电机会对运行中的疑惑进行验证，认真分析问题根源并采取措施消除隐患和缺陷，保障设备安全稳定运行。

》 实例五：特高压变电站 GIS 隔离开关检修后电动操作拒动异常

一、异常简述

某日，特高压变电站进行 4 号主变压器停役操作。在执行到拉开 500kV 50711、50712、50721、50722 隔离开关（每相配置独立直流电机）时均出现了隔离开关三相不同步动作情况，表现为某一相闸刀先分闸，其余两相在间隔 1～5min 后才开始分闸。

此外，在操作合上 507117、507127、507217、507227 接地闸刀（三相配置 1 台直流电机，通过连杆传动）时均出现遥控超时现象，表现为后台遥控命令下发后，现场在延时 3min 后接地闸刀才进行合闸。

该站运维人员会同检修人员、新东北厂家对本次操作异常的隔离开关、接地闸刀进行了详细检查，情况如下。

（1）首先对相关隔离开关、接地闸刀进行了分合闸操作试验，观察分合闸接触器均同时励磁动作，表明隔离开关（接地闸刀）控制回路正常。电机控制及电源回路图如图 3-54 所示。

（2）为检测分合闸接触器串在电机电源回路的接点是否正确接通，电机回路是否正确带电，如图 3-55 所示在 X4-25 与 X4-28 间连接万用表监视直流电压，若两端电压为 0V，表示接点未接通，若两端电压为 220V，则表示接点正确接通。经多次试验表明，在分合闸接触器励磁动作后，接点均能正确导通。

经过上述检测，说明分合闸接触器功能正常，电机能够正确通电，但动作存在延时。

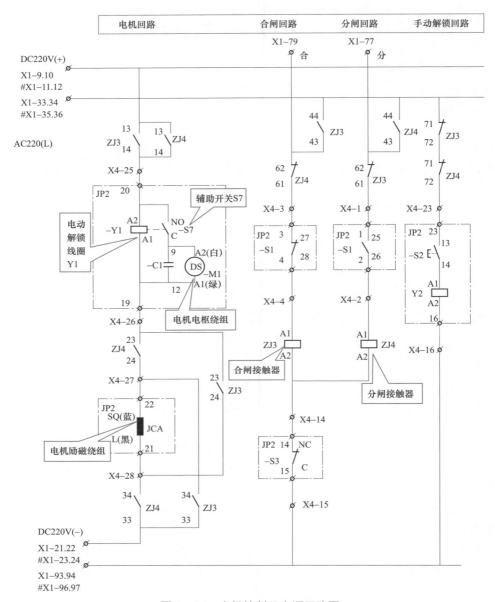

图 3-54 电机控制及电源回路图

（3）在 X4-25 与 X4-26 间、X4-27 与 X4-28 间分别连接万用表 V1、V2 监视直流电压。如图 3-56 和图 3-57 所示。当接触器励磁，电机未转动时，V1 电压为 219.7V，V2 电压为 2.3V；电机转动时，V1 电压为 205.9V，V2 电压为 14.9V。

测试结果表明在机构箱内部回路中可能存在某个元件或某副触点动作迟缓，导致电机延时转动。

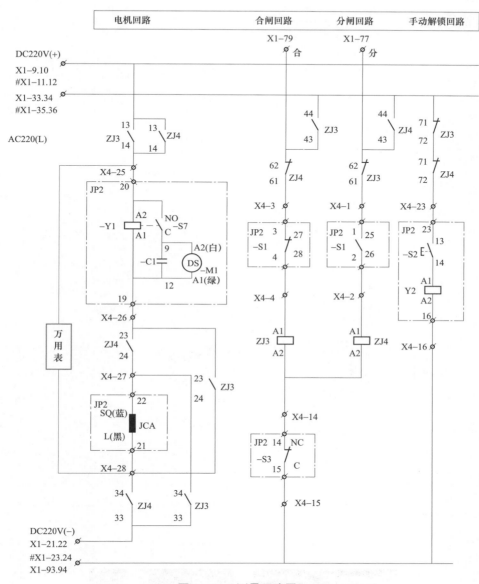

图 3－55　测量回路图 1

（4）正常情况下，分合闸接触器励磁动作后，电动解锁线圈 Y1 带电，带动挡板和梢子向左侧方向移动，当挡板接触辅助开关 S7 蓝色部分后，使 S7 闭合，直流电机电枢绕组带电，电机正常转动。如图 3－58 和图 3－59 所示。

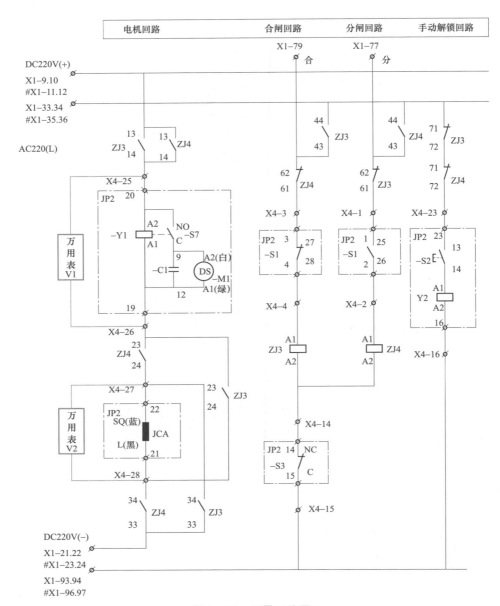

图 3-56　测量回路图 2

图 3-57　电机转动前后电压对比图

图 3-58　隔离开关、接地闸刀机构箱内部结构图

图 3-59　挡板吸合前后对比图

经过试验发现，电机延时动作的原因为：当电动解锁线圈 Y1 带电后，挡板及梢子未立即向左侧移动，而是以十分缓慢的速度运动，导致辅助开关 S7 延时闭合，直流电机电枢绕组延时带电，导致电机延时转动。

（5）11 月 13 日，新东北厂家专业技术人员到达现场，对出现异常的阻尼装置、电动解锁线圈 Y1 拆下作进一步检查，检查情况如下：

1）电动解锁线圈 Y1 内壁、铁心表面有明显油污，油污已基本固化，粘合力较大，如图 3-60 所示。

图 3-60　沾有油污的铁心

图 3-61 电动解锁线圈

2）个别阻尼装置存在卡涩现象。

二、原因分析

经过现场检查及厂家分析认为，造成挡板和梢子延时动作或运动缓慢的原因可能有以下几点。

（1）电动解锁线圈 Y1 内壁、铁心上的油污固化，铁心与线圈内壁之间存在较大阻力，造成铁心移动较迟缓，进而隔离开关（接地闸刀）电机电源延时接通，并且延时时间存在随机性。厂家未明确给出油的准确来源，还需进一步分析查找。电动解锁线圈如图 3-61 所示。

（2）阻尼装置机械卡涩，导致挡板动作阻力明显增大：挡板的末端与阻尼装置相连，正常情况下，挡板吸合时受到的阻力较小，释放时由于阻尼装置的作用，挡板以缓慢的速度释放，其动作速度受到阻尼装置的限制。检查发现个别阻尼装置内部存在卡涩现象，挡板吸合时明显受阻。如图 3-62 所示。

图 3-62 阻尼装置与挡板连接图

分合闸控制命令下发后，接触器励磁，电机电源回路导通，而电机长时间未运转，将导致电机激磁绕组一直通电，可能造成激磁绕组烧毁，损坏电机。

三、处理过程

（1）由于现场缺少专用黏合剂，本次检修范围内的隔离开关、接地闸刀操作机构的电动解锁线圈无法进行更换，故采用了临时处理措施，使用细砂纸、无毛纸将线圈内壁及铁芯上的油污进行了清理，如图 3-63 所示。

（2）对个别存在卡涩的阻尼装置进行了更换，处理完成后，经实际验证操作，确认延时现象均消除。

图 3-63 清理干净的铁心

实例六：特高压变电站站用直流系统接地异常

一、异常简述

某日 07 时 48 分，某变电站监控后台报"第二套直流Ⅱ段母线告警动作"信号，如图 3-64 所示。检查监控后台第二套直流系统遥测画面，Ⅱ段直流母线正对地电阻 5kΩ，负对地电阻 999.99kΩ，如图 3-65 所示。现场检查确认第二套直流系统 2 号直流馈电屏内微机直流绝缘监测装置 WZJ-21 报"本机第 10 号支路接地""二段直流母线绝缘降低告警"。现场天气为小雨。

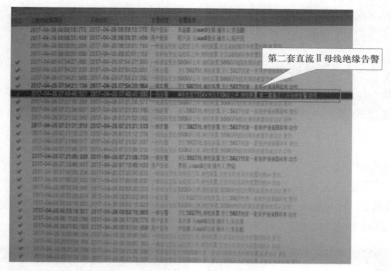

图 3-64　监控后台文字

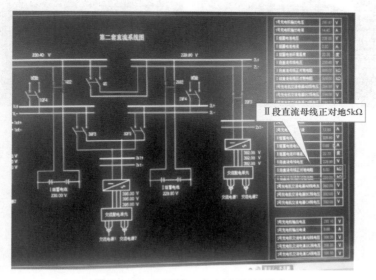

图 3-65　Ⅱ区第二套直流系统遥测

该站 220V 直流系统共 2 套，每套直流系统配有 3 台充电机、2 组蓄电池，第二套直流系统安装于主变及 110kV 2 号继保小室，为本站主变及 110kV 侧电气设备、500kV 开关及线路的继电保护及自动装置、测控装置、控制回路以及 UPS 等设备提供直流电源，于 2013 年 9 月投产。

出现直流正对地绝缘异常后，运维人员立即至现场检查第二套直流系统。在主变及 110kV2 号继保小室，运维人员检查 2 号充电机屏内的微机直流监控装置 WZCK－23，装置 "告警" 灯亮，告警 01："2 段直流母线绝缘降低"，告警界面显示，如图 3－66 所示。

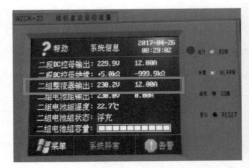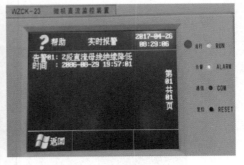

图 3－66　现场第二套直流系统 WZCK－23 检查界面

检查 2 号直流馈电屏内的微机直流绝缘监测装置 WZJ－21，装置 "告警" 灯亮，二段母线对地电压不平衡，正母对地 21.6V，负母对地 207.7V，告警界面显示 "本机第 10 号支路接地" "二段直流母线绝缘降低告警"，第 10 号支路正对地电阻 4.5kΩ，负对地 178.3kΩ；二段直流母线正对地电阻 5kΩ，负对地 999.9kΩ，如图 3－67 所示。

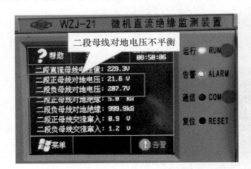

图 3－67　微机直流绝缘监测装置检查界面

本站除了 9 号直流分屏外，其他的直流馈电屏和分电屏都是有 48 路馈线开关，对应屏上的位置是：从左到右，从上到下。也就是最上面一排左边第一个是 "1 号馈线开关"，往右依次是 "2 号"，"3 号" "4 号" 到 "12 号"。当第一排数完后到第二排的左边第一个也就是 "13 号馈线开关"，往右到 "14 号"，"15 号" "16 号" 到 "24 号"，依此顺序到第 48 路。由图 3－67 可知告警支路是 2 号直流馈电屏内的第 10 条支路，按上述原则，查找到第 10 条支路为 "4 号主变 1172、1173 低容及 1174 低抗测控屏 12D 直流 II 段电源空开 Q210"，如图 3－68 所示。

根据图 3－68 可知，出现直流绝缘异常的支路可能是 4 号主变压器 1172 低容、1173 低容或 1174 低抗测控的直流回路，本站以前出现过低容网门的行程开关受潮导致信号回路绝缘降低的情况，故怀疑本次直流绝缘异常很可能也是该原因引起。本站4号主变压器1172、1173低容间隔均不在运行状态，随即运维人员利用"拉路法"查找具体接地支路，当拉开"4号主变1172、1173低容及1174低抗测控屏12D"屏后的"4号主变1172低容信号直流电源空开1-21DK2"时，监控后台Ⅱ段直流对地绝缘异常消失，2号充电机屏内的微机直流监控装置WZCK-23及2号直流馈电屏内的微机直流绝缘监测装置WZJ-21的"告警"灯均灭，告警信号复归，正负母对地电压、对地绝缘均正常。

图3-68　第10条接地支路

二、原因分析

为确认本次第二套直流系统正对地绝缘降低的原因，运维人员立即开展了进一步的排查工作，根据经验对4号主变压器1172低容间隔网门信号回路进行重点排查。

4号主变压器1172低容网门信号回路原理如图3-69所示。31XK、51XK分别是第三组和第五组网门的行程开关，当网门打开时，网门行程触点常开（××XK1-××XK 3）打开，常闭触点（××XK 5-××XK 7）闭合；当网门关闭时，网门行程触点常开（××XK1-××XK 3）闭合，常闭触点（××XK 5-××XK 7）打开。

由图3-69可知，"网门关"信号是由电容器网门的两组常开行程触点串联组成的，当第三组和第五组网门全部关闭时，网门关信号上送至测控；"网门开"信号是由电容器网门的两组常闭行程触点并联组成的，当第三组和第五组网门任一组网门打开时，网门开信号就上送至测控。

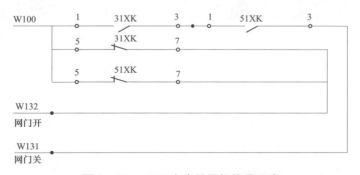

图3-69　1172电容器网门信号回路

正常情况下，网门是关闭的，W131回路是通的，W132回路是不通的，测控上开入也显示网门关为"1"，网门开为"0"，所以首先排查"网门关"回路。在1172电容器本体端子箱处，隔离至测控的W100端子和W131端子，用绝缘电阻表测试31XK-1端子出的绝缘电阻值为0.0MΩ，如图3-70所示。

由图3-71可知，"网门关"回路确实绝缘不好，初步判断是第三组或者第五组网门的行程接点绝缘低导致。为进一步确认，运维人员拆开31XK-1、31XK-3、31XK-5、51XK-3端子，如图3-72所示。对这四副行程接点分别进行绝缘测试，测试结果见表3-5。

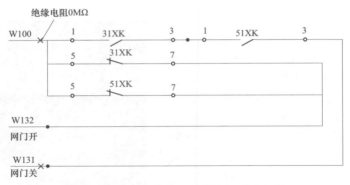

图 3-70　网门关闭回路绝缘测试示意图

图 3-71　网门关闭回路绝缘测试结果　　图 3-72　网门信号回路端子拆开情况示意图

表 3-5　　　　　　　　　　网门信号回路端子绝缘测试结果

端子	31XK-1	31XK-3	51XK-1	51XK-3	31XK-5	51XK-5	W131	W132
绝缘电阻（MΩ）	0.0	0.0	60	60	40	60	50	50

　　根据表 3-5 的绝缘测试结果可知，第三组网门行程开关的一副常开接点 31XK 绝缘为 0.0MΩ，另外三组行程接点绝缘情况良好。故造成本次第二套直流系统Ⅱ段母线正对地绝缘降低的主要原因为 4 号主变压器 1172 低容间隔第三组"网门关"的一副常开辅助触点对地绝缘异常引起。

　　三、处理过程

　　为了不影响本站第二套直流系统直流Ⅱ段的正常运行，考虑到本站 4 号主变压器 1172 低容间隔长期处于热备用状态，而"网门关"信号涉及低容间隔的接地闸刀的闭锁逻辑，故运维人员建议将可能受潮的第三组网门行程接点进行隔离处理。"网门关"和"网门开"信号回路均只采用第五组网门的行程开关，隔离后网门信号回路如图 3-73 所示。

　　隔离后再次对网门信号回路进行绝缘测试，公共端 W100 绝缘电阻值 40.3MΩ，"网门关"回路 W131 绝缘电阻为 40.3MΩ,"网门开"回路 W131 绝缘电阻为 60MΩ,如图 3-74 所示,绝缘测试结果均正常。

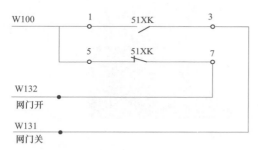

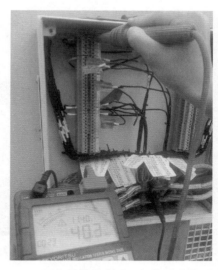

图 3-73 隔离异常接点后网门信号回路示意图   图 3-74 隔离异常接点后网门信号绝缘测试结果

隔离好绝缘异常接点,确定该信号回路对地绝缘正常后,运维人员随即合上"4 号主变 1172 低容信号直流电源空开 1-21DK2",第二套直流系统未再出现正对地绝缘异常信号,微机直流监视装置未见告警情况,第二套直流系统恢复正常运行。

四、总结与建议

(1)本次第二套直流系统 Ⅱ 段母线正对地绝缘降低是由于 4 号主变压器 1172 低容间隔第三组"网门关"的一副常开辅助触点对地绝缘异常引起,经隔离处理后直流系统恢复正常运行。

(2)站内电容器网门行程开关辅助触点绝缘问题,主要是由于网门上的行程开关接线盒设计不合理,容易导致进水受潮;一方面网门信号回路与电容器间隔接地闸刀有闭锁关系,一旦行程开关的辅助触点出现异常,可能会使正常电容器改检修的操作进行不下去;另一方面,受潮导致直流接地时,会威胁整个直流系统的安全运行,存在安全隐患。

(3)建议将电容器网门上的行程开关接线盒进行防水改造,或者取消网门信号与电容器接地闸刀之间的闭锁逻辑,利用五防锁进行防误。

>> 实例七:站用变压器压力释放保护误动作异常

一、异常简述

某日 01 时 05 分,监控后台报"1 号站用变高压非电量保护装置开关压力释放跳闸动作"告警信号,如图 3-75 所示。现场检查确认,1 号高压站用变压器本体压力释放、有载压力释放均无喷油痕迹,站用变油位、油温均正常;保护装置液晶面板及指示灯均显示 1 号高压站用变压器有载调压压力释放动作,手动复归 CSC-336C 保护装置,动作信号不消失。现场天气为雨天。

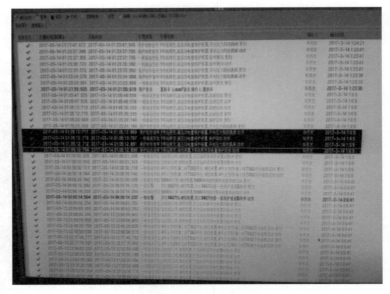

图 3-75　监控后台报文

二、原因分析

1. 外观检查情况

运维人员现场检查 1 号高压站用变压器本体压力释放阀、有载调压开关压力释放阀均无喷油痕迹，压力释放阀动作指示杆未顶起，站用变压器油温、油位正常、声音正常。瓦斯保护无信号，气体继电器内无气体。1 号高压站用变压器压力释放阀检查如图 3-76 所示。1 号高压站用变压器外观检查如图 3-77 所示。

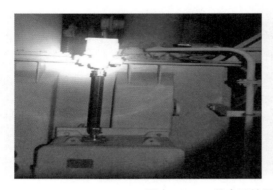

图 3-76　1 号高压站用变压器压力释放阀检查图

2. 带电检测情况

用 T90 带电检测仪进行高频放电电流测试、超声测试，均未发现明显异常信号；红外测温仪进行红外测温未发现明显异常。

3. 保护装置检查情况

现场检查 1 号高压站用变压器非电量保护有载开关压力释放动作，如图 3-78 所示。

图 3-77　1 号高压站用变外观检查图

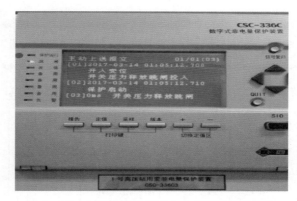

图 3-78　1 号高压站用变非电量保护动作照片

经上述检查、测试工作，初步判断本次 1 号站用变压器有载调压开关压力释放动作为二次回路异常，从而造成保护误发信。

4. 进一步检查

（1）用万用表测量 1 号高压站用变压器非电量保护屏后 5FD12 端子，显示电压为 +110V，证明确实存在有载调压开关压力释放动作开入信号。1 号高压站用变压器非电量保护装置原理接线图如图 3-79 所示。

（2）用万用表测量 1 号高压站用变压器本体端子箱，45、46、47 号端子，电压均为 +110V；正常运行时 45、46 号端子电压应为 +110V，47 号端子电压应为 -110V；站用变有载调压开关压力释放动作后，45、47 号端子电压应为 +110V，46 号端子电压应为悬浮电位；而现场测试 45、46、47 号端子电压均为 +110V。初步判断故障点存在于 1 号高压站用变压器本体端子箱内端子排靠压力释放阀侧，可能存在故障点可分为四段：① 开关接点；② 开关接点至二次出线盒的三根导线；③ 二次出线盒内；④ 二次出线盒到本体端子箱的电缆。1 号高压站用变压器本体端子箱接线图如图 3-80 所示。

（3）解开 1 号高压站用变压器本体端子箱 45、46、47 号端子后，用 500V 绝缘电阻表测量 45、46、47 号端子至有在调压开关压力释放阀的电缆三根电缆间的绝缘均为 0Ω。该结果与前面提到 45、46、47 号端子电压均为+110V 相符。绝缘电阻表测量电缆间绝缘如图 3-81 所示。

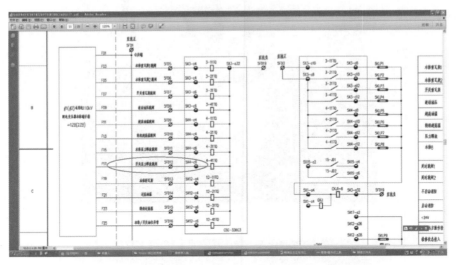

图 3-79　1 号高压站用变非电量保护装置原理接线图

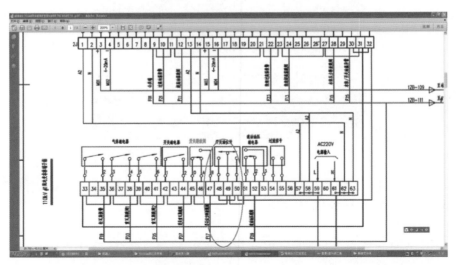

图 3-80　1 号高压站用变压器本体端子箱接线图

图 3-81　绝缘电阻表测量电缆间绝缘

用 500V 绝缘电阻表测量 45、46、47 号端子至有在调压开关压力释放阀的电缆对地绝缘均为 140MΩ左右。绝缘电阻表测量电缆对地绝缘如图 3－82 所示。

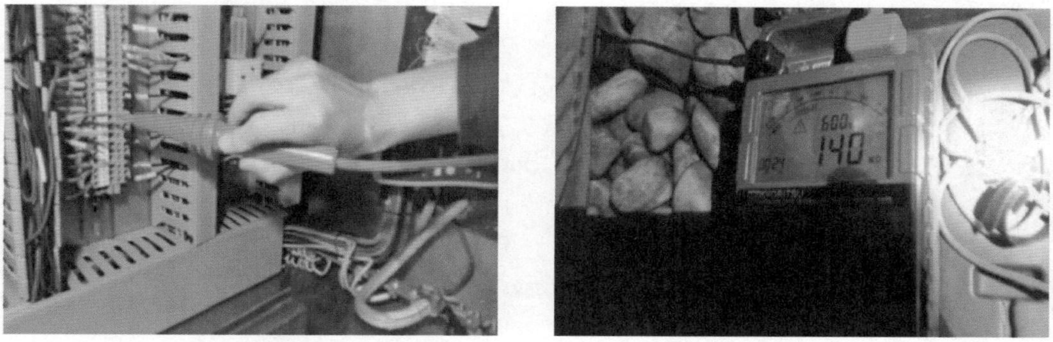

图 3－82　绝缘电阻表测量电缆对地绝缘

用万用表测量 45、46、47 号端子至有在调压开关压力释放阀的电缆三根导线间的绝缘为 55kΩ左右。万用表测量电缆间绝缘如图 3－83 所示。500V 绝缘电阻表摇电压根本上不去，绝缘为 0MΩ，而万用表测量绝缘为 55kΩ左右，说明并非金属短接故障。

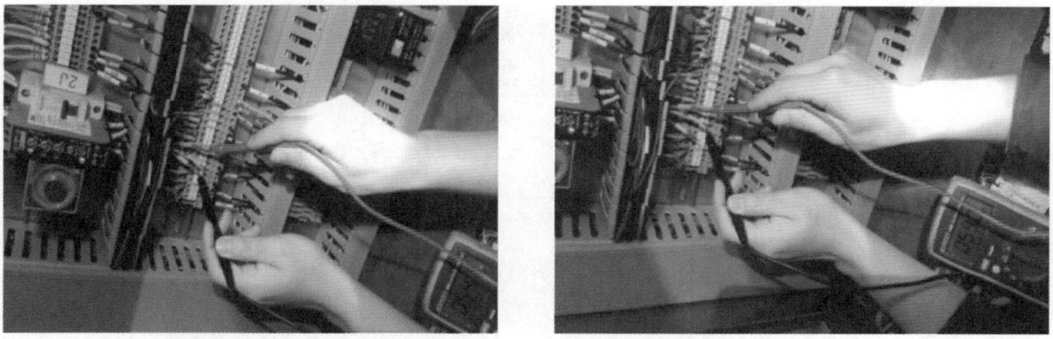

图 3－83　万用表测量电缆间绝缘

（4）由于站用变压器未改检修通过上述初步检查、测试，判断本次 1 号高压站用变压器有载调压本体压力释放动作告警原因为：① 开关接点故障，开关接点间绝缘不良；② 开关接点至二次出线盒的三根导线间绝缘不良；③ 二次出线盒内三根导线或接头间绝缘不良；④ 二次出线盒到本体端子箱的电缆三根导线绝缘不良。

三、处理过程

现拆除本体端子箱的 45、46、47 号端子，隔离有载调压开关压力释放动作开入非电量保护。处理计划时间在 4 月 2 日开始的 2 号主变压器停役一起处理。站用变压器改检修后根据故障段的不同需分别处理。

排查步骤包括以下 3 步。

（1）拆除二次出线盒防雨罩后打开二次出线盒，对二次出线盒进行检查，检查二次出线盒内是否存在接线端子间绝缘不良的可能。二次出线盒内有问题，可处理再摇绝缘。

（2）二次出线盒内没问题，需拆除二次出线盒的连接线。分别摇本体端子箱到二次出线盒电缆及二次出线盒开关接点侧的绝缘。

图 3-84　二次出线盒位置

1）如果是二次出线盒开关触点侧的绝缘良好，二次出线盒到本体端子箱的电缆绝缘不好，需更换该电缆；

2）如果二次出线盒到本体端子箱的电缆绝缘良好，二次出线盒开关接点侧的绝缘良好基本需更换该压力释放阀。二次出线盒位置如图3-84所示。

压力释放阀设计结构图如图3-85所示。

现场压力释放阀内结构如图3-86、图3-87所示。

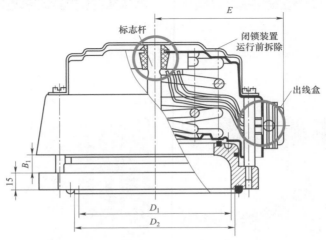

图 3-85　压力释放阀设计结构

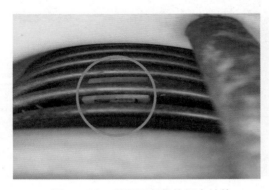

图 3-86　现场压力释放阀内结构

图 3-87　现场压力释放阀内结构

（3）处理前需准备相应的备品：压力释放阀，二次电缆。

≫ **实例八：特高压变电站电压回路端子松动**

一、异常简述

某日 04 时 25 分，某特高压变电站监控后台报"江莲 I 线 AB 相线电压越下下限

659.179", 后台检查 1000kV 第一串间隔分图发现: 江莲 I 线 Ua 127.974kV、Ub 609.252kV、Uc 609.712kV、Uab 659.179kV、Ubc 1056.425kV、Uca 701.015kV (红色为异常数据), 如图 3-88 和图 3-89 所示。

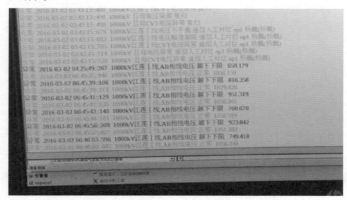

图 3-88　监控系统告警窗

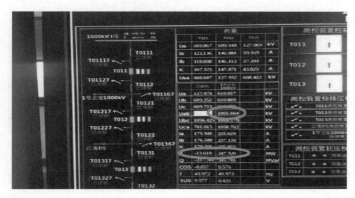

图 3-89　1000kV 第一串间隔分图

1000kV 继保小室检查发现, 1000kV I 线第一、二套线路保护电压数值正常水平, 江莲 I 线 T012、T013 开关保护电压数值正常水平, 故障录波器江莲 I 线电压数值正常水平, 江莲 I 线测控装置电压采集不正常, 数值与后台一致。如图 3-90~图 3-93 所示。

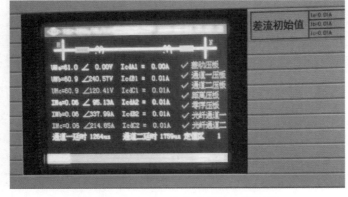

图 3-90　江莲 I 线线路保护电压正常

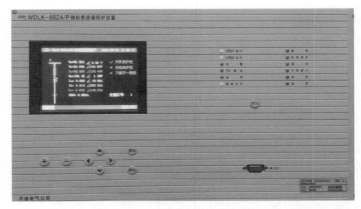

图 3-91 江莲 I 线开关保护电压正常

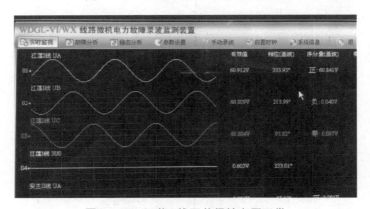

图 3-92 江莲 I 线开关保护电压正常

图 3-93 江莲 I 线测控装置电压异常

运维人员迅速来到江莲 I 线压变端子箱，发现 4 只电压互感器空气开关均在合位，通过万用表测量发现电压互感器空气开关"江莲 I 线测量、PMU 及同期用压变空开 2XDL" A 相上端头为 60.0V，A 相下端头为 12.6V，B 相、C 相上下端头电压均为 60V，怀疑空气开关 A 相内部接触不良。如图 3-94 和图 3-95 所示。

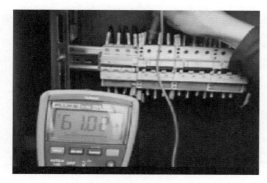 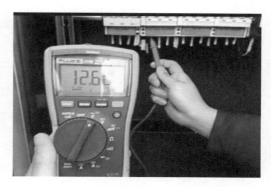

图 3-94　2XDL 空气开关 A 相上端头电压正常　　图 3-95　2XDL 空气开关 A 相下端头电压异常

二、原因分析

该站 1000kV、500kV 电压互感器（包括主变压器 1000kV、500kV 侧电压互感器）都具有 4 个次级：第一个次级用于计量回路，不经电压端子转接屏，由电压互感器端子箱直接接至小室远方电量计量屏内对应的计量表计；第二个次级在电压互感器端子箱内引接两个空气开关，分两路接入电压端子转接柜，第一个回路用于相关间隔的测控装置以及同步向量采集柜，第二个回路用于第一套保护、故障录波；第三个次级用于第二套保护、断路器保护，第 4 个次级按开口三角接线，接入线路（主变压器）测控装置、故障录波。

江莲 I 线压变端子箱共设计有四只空气开关：江莲 I 线计量用电压互感器空气开关 1XDL（取之电压互感器第一次级）、江莲 I 线测量、PMU 及同期用电压互感器空气开关 2XDL（取之电压互感器第二次级的第一个回路）、江莲 I 线第一套线路保护及故录用电压互感器空气开关 3XDL（取之电压互感器第二次级的第二个回路）、江莲 I 线第二套线路保护及 T012、T013 开关保护用电压互感器空气开关 4XDL（取之电压互感器第三次级）。电压互感器第四个次级为开口三角接线，与二次设备连接之间未设计空气开关。如图 3-96 所示。

监控后台发生江莲 I 线电压采集数据异常后，本站运维人员迅速做出响应，通过对比分析监控后台及保护小室线路保护、开关保护、测控装置、故障录波器三相电压，很快找到异常根源：江莲 I 线压变第二个次级的第二个回路 A 相电压数据有问题，对应江莲 I 线电压互感器端子箱中的空开是：江莲 I 线测量、PMU 及同期用电压互感器空气开关 2XDL。而后，运维人员通过万用表测量该空气开关 A、B、C 三相上下端头电压：A 相上端头为 60.0V，A 相下端头为 12.6V，B 相、C 相上下端头电压均为 60V，怀疑空气开关 A 相内部接触不良（若是二次回路某处绝缘下降或接地的话，正常情况下空气开关上端头电压也应下降）。通过紧固 A 相下端头螺丝之后，测得电压恢复 60V。江莲 I 线测控装置及监控后台数据也恢复正常。

三、处理过程

运维人员通过紧固该空气开关 A 相下端头螺丝后，测量 A 相下端头电压显示 60V，测控装置、PMU、后台江莲 I 线电压均恢复正常。

>> 实例九：特高压变电站接地闸刀台监控显示不定态处理

一、异常简述

某日，1000kV 特高压仿真站进行 4 号主变压器年度计划停役检修。在操作到 4 号主变压器 T061 开关由冷备用改检修过程中，合上 4 号主变压器 T06117 接地闸刀时发现接地闸刀后台监控显示不定态（如图 3-97 所示），现场检查 4 号主变压器 T06117 接地闸刀 A、B、C 三相合闸到位、T061 汇控柜 4 号主变压器 T06117 接地闸刀合位指示灯亮。

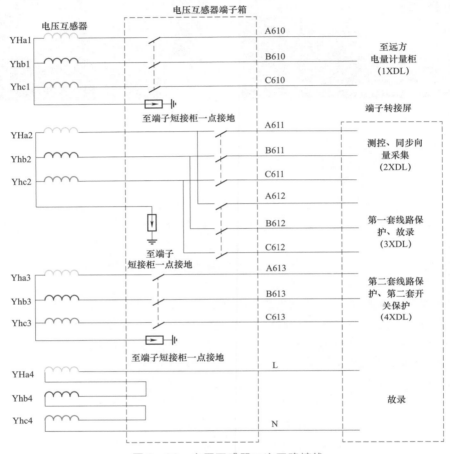

图 3-96　电压互感器二次回路接线

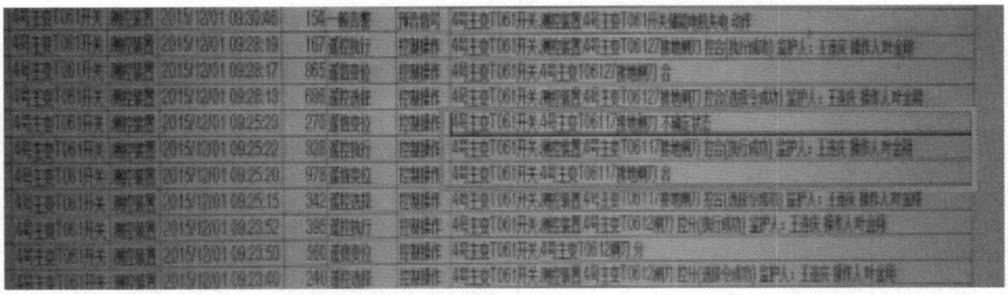

图 3-97　T06117 不定态后台报文

该站 1000kV 第 6 串 T061、T062 间隔 GIS 组合电器型号为 ZF6-1100，由新东北电气集团高压开关有限公司生产，于 2013 年 9 月投产。

该站运维人员对本次操作异常的 4 号主变压器 T06117 接地闸刀进行了现场详细检查。

1. 初步确定检查范围

监控后台的接地闸刀位置信号是采用的双点遥信，其后台定义如表 3-6 所示。

表 3-6 　　　　　　　　　　　后台接地闸刀双点遥信定义

后台定义	接地闸刀合位信号	接地闸刀分位信号
不定态	0	0
分位	0	1
合位	1	0
不定态	1	1

　　监控后台显示 4 号主变压器 T06117 接地闸刀不定态，由表 3-5 可知有两种可能，T06117 地刀合位和分位信号同时为"0"或同时为"1"。4 号主变压器 T06117 接地闸刀信号回路图如图 3-98 所示，后台显示不定态，即有可能 W107 和 W108 同时为"高电位"或同时为"低电位"，用万用表分别测量 X7：102、X7：126 端子对地电位，均为低电位"-110V"，即后台遥信显示不定态是正确的。此时接地闸刀在合位，其常开辅助触点闭合，常闭辅助触点断开，故分位信号 W108（X7：126）低电位是正确的，合位信号 W107（X7：102）应该为高电位"+110V"，实际为低电位，说明 T06117 接地闸刀 A、B、C 三相常开辅助触点没有正确动作（即三相常开辅助触点均闭合）。

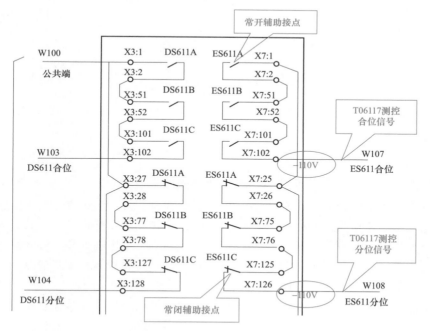

图 3-98　T061 间隔信号回路图

2. 进一步检查确认

　　为进一步确认 4 号主变压器 T06117 接地闸刀三相常开辅助触点动作情况，用万用表分别测量 X7：101、X7：52、X7：51、X7：2、X7：1 五个端子的对地电位，结果如图 3-99 和图 3-100 所示。

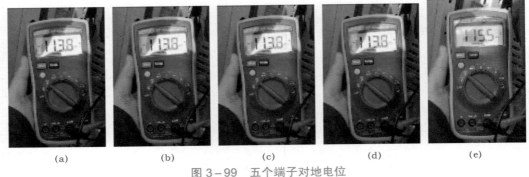

图 3-99 五个端子对地电位

（a）X7：101 读数；（b）X7：52 读数；（c）X7：51 读数；（d）X7：2 读数（e）X7：1 读数

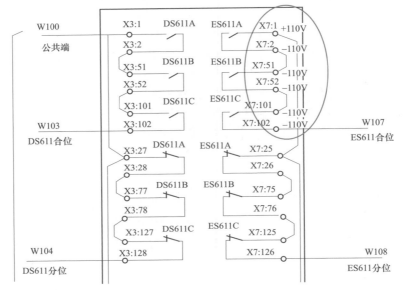

图 3-100 被测端子对地电位

根据测量结果可知，4 号主变压器 T06117 接地闸刀 B 相（ES611B）、C 相（ES611C）常开辅助触点实际是闭合的，正确动作；但 A 相（ES611A）常开辅助触点仍处于断开状态，未正确动作。需检查接地闸刀 A 相机构箱内常开辅助触点行程开关位置情况。

在专业人员的配合下，仿真站运维人员对该接地闸刀 A 相机构箱进行开箱检查。用万用表电阻档测量接地闸刀 A 相常开辅助触点（对应行程开关 F1A）通断情况，分别测量行程开关 F1A 的所有辅助触点，如图 3-101 所示。

根据上图结果可知，行程开关 F1A 所有常开辅助触点均处于未接通状态，说明可能是行程开关未到位或者过行程。因此，此次监控后台显示接地闸刀不定态是由于现场 T06117 接地闸刀 A 相行程开关 F1A 不正常动作，其常开辅助触点未接通导致。

二、原因分析

在专业人员配合下，仿真站运维人员现场检查了接地闸刀机构箱内行程开关异常情况，如图 3-102 所示。检查发现，造成该接地闸刀常开辅助位置触点未接通的原因是其动触头行程杆过长，致使与其相连的横向连杆与行程开关转轴之间顶的过紧，行程开关过行程。

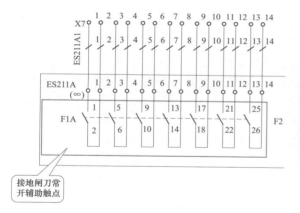

图 3-101　接地闸刀 A 相常开辅助触点通断情况

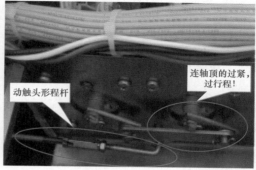

图 3-102　接地闸刀 A 相机构箱行程开关

三、处理过程

4 号主变压器 T061 开关在检修状态，具备处理条件，仿真站运维人员配合专业人员，对异常的 4 号主变压器 T06117 接地闸刀进行了处理，具体如下。

接地闸刀的动触头行程杆由两端连杆经一固定螺栓固定，两端连杆在固定螺栓内有一定空间裕度，便于调节行程杆长度，两端连杆一端与地刀动触头机械转动部分相连，另一端与横向连杆相连，横向连杆经一连接片与行程开关转轴相连，形成联动，如图 3-103 所示。

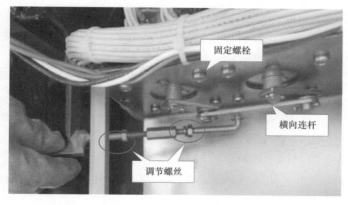

图 3-103　接地闸刀动触头行程杆调节示意图

松开两边固定螺丝，调整行程杆长度，将行程杆缩短至适宜位置，使得原过行程恢复正常，再固定两边螺丝。

上述处理过程完毕后，现场与当值运维人员联系，后台遥控进行了 3 次 4 号主变压器 T06117 接地刀闸的分－合试验，后台不定态消失，现场位置检查正确，汇控柜与后台监控相关指示也均正确，试验结果正常，该设备异常消除。

四、总结建议

（1）站内接地闸刀行程开关过行程问题，在Ⅰ母线检修时安兰Ⅰ线 T01127 接地闸刀也曾出现过，随着站内设备运行时间的增加，动作次数的增多，可能导致此类问题后续还会出现，开关/闸刀/地刀的辅助接点不到位导致的不定态，会使正常操作进行不下去，存在安全隐患，建议后续站内再有检修时，将此项检查作为一重要排查项。

（2）行程杆的调节过于依靠工作人员的手感，没有一定的规范性，效果维持的周期长短不可控，建议咨询厂家，最好出具一份调节作业指导书。

》 实例十：特高压变电站 SF_6 气室压力在线监测数据不刷新处理实例

一、异常简述

某站 GIS 气室 SF_6 压力在线监测系统独立组网，各 GIS 气室的 SF_6 压力通过传感器采集、经 A/D 转换送至本间隔开关汇控柜的 SF_6 密度 IED 装置，IED 装置再将压力数据上送变电站监控系统服务器，每个 GIS 气室对应一个 SF_6 压力传感器和一个 A/D 转换模块，如图 3－104 所示。1000kV 汇控柜与 500kV 汇控柜的 IED 上送监控系统的方式不同，1000kV 汇控柜 IED 通过在线监测就地控制柜的交换机上送，而 500kV 汇控柜 IED 通过 500kV 继保小室 MMS 网交换机上送。

日对比发现某开关间隔 1、2、3 号 A、B、C 相共 9 个气室后台压力不刷新，现场检查发现该开关汇控柜内 SF_6 的 A/D 转换模块第一排的 9 个模块均无显示，怀疑这 9 个模块的电源回路异常，有松动或者断线。

二、原因分析

（1）GIS 气室的 SF_6 压力上送监控系统服务器，经历了 SF_6 传感器、A/D 转换模块、IED 装置等多个装置，每个装置故障、接线松动都可能导致监控后台压力不刷新，具体原因可能有：

1）SF_6 压力传感器故障，或其接线松动、断线。

2）A/D 转换模块失电、A/D 转换模块故障、A/D 转换模块接线松动断线。

3）IED 装置失电、IED 装置故障、IED 装置数据线或光纤松动。

4）各交换机失电、各交换机端口故障、光纤接头松动。

5）监控系统的 SF_6 在线监测程序模块死机。

（2）当发现监控系统有 SF_6 数据不刷新时，应首先查明不刷新的具体气室，分析气室的分布特点，根据分析情况来判断异常的可能原因。

1）若全站的 SF_6 数据均不刷新，首先怀疑监控系统的 SF_6 在线监测程序模块死机、Ⅱ区 A 网交换机故障或失电、Ⅱ区 A 网交换机与Ⅱ区监控系统服务器连接中断；

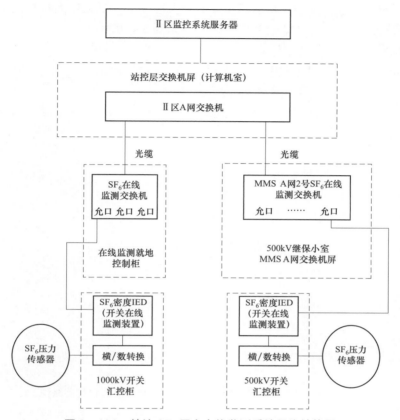

图 3-104 某站 SF_6 压力在线监测系统网络结构图

2）若某个开关汇控柜 IED 上送的所有 SF_6 数据不刷新，则可能是该汇控柜的 IED 装置故障或失电、就地控制柜的在线监测交换机故障或失电、该 IED 与就地控制柜的在线监测交换机连接中断。

3）如果是某个开关汇控柜 IED 上送的个别、部分 SF_6 数据不刷新，则重点怀疑不刷新的 SF_6 传感器故障、A/D 模块故障或失电、SF_6 传感器故障与 A/D 模块连接中断。

三、处理过程

1. 工作准备

查阅图纸（如图 3-105 所示），检查现场接线，确认每排 A/D 模块共用一个电源端子，开关汇控柜内所有 A/D 转换模块的电源上级空气开关为同一空气开关，即"SF_6 在线监测装置电源空开 XDLSF_6"，工作前需拉开 SF_6 在线监测装置电源空气开关 XDLSF_6。

准备万用表一块、小型螺丝刀一套，如图 3-106 所示。

2. 危险点分析及安全措施

（1）松动的电源端子带电，应拉开 SF_6 在线监测装置电源空气开关 XDLSF_6。

（2）屏内设备均运行，处理时与闸刀分合闸接触器距离较近，处理过程中应用红布幔将其隔离，并专人监护，确保工作人员与接触器保持距离。

（3）SF_6 压力 IED 上送的光纤在工作人员身后，稍不注意就会擦碰光纤接头，造成光纤损失折断，处理过程中派专人将柜门拉开至最大程度，并对工作人员与光纤接头的距离进行监视，确保工作人员与光纤接头保持距离。如图 3 – 107 所示。

3. 实施流程

具体检查处理过程如图 3 – 108～图 3 – 111 所示。

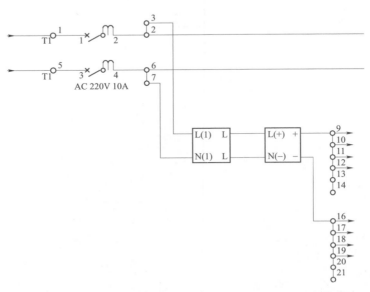

图 3 – 105　开关汇控柜内 SF_6 压力在线检测装置供电回路图

图 3 – 106　工器具准备

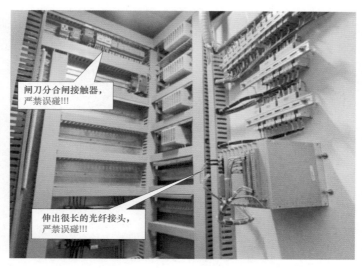

图 3－107　工作前——危险点分析

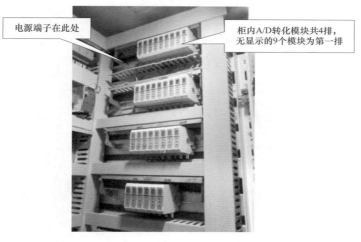

图 3－108　汇控柜内 A/D 模块图

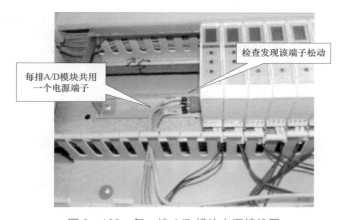

图 3－109　每一排 A/D 模块电源接线图

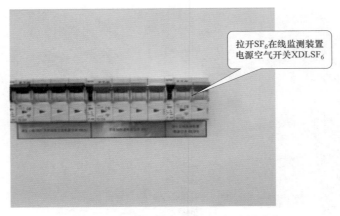

图 3－110　工作前——拉开上级电源空开

图 3－111　工作中——紧固电源端子

四、总结与建议

（1）汇控柜内的工作，必须确保与分合闸接触器、光纤接头、其他带电部位保持足够的距离，必要时简装工作。

（2）工作前查看图纸与现场接线，分析可能产生的影响。

（3）工作前拉开上级电源空气开关。

（4）工作结束前，应检查对于 A/D 模块工作状态，及 SF_6 压力 IED 装置、上级交换机指示灯等工作状态，确保压力值正确上送。

》 实例十一：特高压变电站氧化锌避雷器异常分析

一、异常简述

1. 避雷器绝缘底座积水导致泄漏电流异常

天气阴雨，某 500kV 变电站巡视发现某线路避雷器 A 相泄漏电流表指示泄漏电流为 0.2mA，B、C 相泄漏电流表指示均为 2.2mA，横向对比发现 A 相泄漏电流表指示电流明显偏低。纵向比较，12 月 15～16 日，天气晴朗，该避雷器 A 相泄漏电流表指示为 0.6mA，并呈上升趋势，17 日，上升到 1.7mA，18 日，上升到 2.1mA，与 B 相、C 相泄漏电流基本相同。

对 A 相泄漏电流表进行更换，未消除缺陷。用钳形电流表测试，电流与表计显示一致，为 0.2mA。用短接线将泄漏电流表旁路，在短接线上用钳形电流表测量电流值为 2.2mA。

2. 避雷器阀体内部受潮导致红外测温异常

红外测温发现某 220kV 线路避雷器 B 相上节避雷器上部芯柱异常发热。横向比较，B 相避雷器与 A 相避雷器热点温差分别为 3.8K，温差大于 1K 要求。如图 3-112 所示。

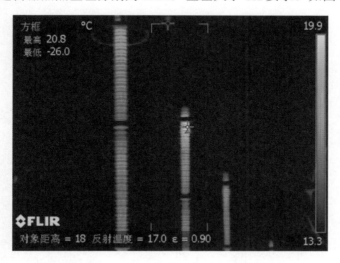

图 3-112　异常避雷器三相红外图谱

纵向分析其近期抄录避雷器泄漏值也有逐步上升趋势，如表 3-7 所示，初步判断此线路 B 相避雷器存在内部缺陷。

表 3-7　　　　　　　　　　　　　避 雷 器 三 相 泄 漏 值

相别	泄漏电流表计值（mA）	正常值（mA）
A	0.46	0.46
B	0.45	0.37
C	0.40	0.40

二、原因分析

1. 氧化锌避雷器原理

氧化锌避雷器内部是具有非线性伏安特性的氧化锌压敏电阻片，其伏安特性如图 3-113 所示，在正常工作电压下呈现高电阻特性，泄漏电流非常小，仅微安级；当承受过电压时，立即呈现低电阻特性，释放能量，并限制过电压幅值，过电压消失后又立即恢复高电阻特性，保证电力系统安全运行。

2. 氧化锌避雷器结构

氧化锌避雷器是将相应数量的氧化锌电阻片密封在瓷套或其他绝缘体内而组成，无任何放电间隙。避雷器设有压力释放装置，当其在超负载动作或发生意外损坏时，内部压力剧增，使其压力释放装置动作，排除气体。500kV 避雷器由 3 个元件（220kV2 个元件）、均压环、底座或绝缘端子组成；220kV 以下避雷器由 1 个元件、底座或绝缘端子组成。氧化锌避雷器的结构如图 3-114 所示。

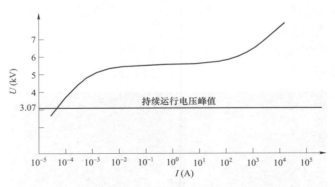

图 3-113　氧化锌避雷器伏安特性

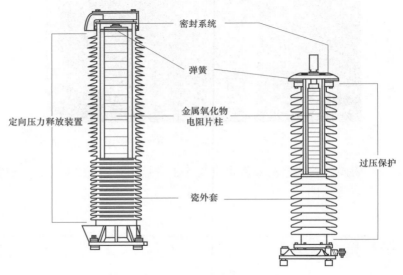

图 3-114　氧化锌避雷器结构示意图

3. 避雷器绝缘底座积水导致泄漏电流异常分析

避雷器泄漏电流分为内部泄漏电流和外部泄漏电流，内部的泄漏电流主要是通过避雷器内部、引线接入泄漏电流表内，外部泄漏电流主要是通过避雷器瓷套外部、绝缘底座、支柱再经接地铜排接入地网。

正常情况下，泄漏电流表监视的是内部泄漏电流，当内部出现受潮导致绝缘下降或击穿时，泄漏电流表会异常增大，甚至满偏，并伴有异常声响。此时应立即停运避雷器，否则可能会爆炸。

然而，此线路避雷器 A 相泄漏电流表指示电流 0.2mA，远低于正常值，和上述情况正好相反。进一步分析发现这和避雷器安装及内部结构有一定的关系。避雷器泄漏电流导通回路如图 3-115 所示。

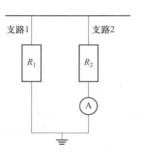

图 3-115　避雷器泄漏电流回路示意图

其中 R_1 表示避雷器绝缘底座的绝缘电阻，R_2 表示金属底座、引接线和泄漏电流表内阻的总和，A 表示理想电流表。正常情况下，R_1 值很大，相当于开路。当避雷器绝缘底座受潮时，其绝缘电阻 R_1 降低，支路 1 中分得的电流增加，支路 2 分得的电流降低，即泄漏电流表的指示电流也同时降低。

该避雷器绝缘底座为中空结构，上部与避雷器防爆装置导向板连接部位和大气直接连通。雨天时，雨水从导向板直接流入底座内部。查看拆下的绝缘底座内部水迹，积水已漫至绝缘底座顶部，与避雷器底部金属部分连通，整个绝缘底座被积水旁路。

支路 2 中，金属底座和引接线的电阻值几乎为零，但是泄漏电流表的阻值有十千欧左右（不同型号阻值不同），因此支路 2 容易被支路 1 分流。而当用短接线将支路 2 旁路后，短接线的阻值几乎为零。支路 1 是积水形成的通路，存在较大的阻值（经过计算为一千欧左右），基本起不到分流作用。因此在短接线上用钳形电流表测量电流值恢复到正常的 2.2mA 左右。

类似于积水情况的还有鸟类从防爆喷口进入，在绝缘底座处筑巢，形成旁路，导致泄漏电流偏低。该异常如不及时发现处理，在避雷器本体阀片真正发生老化受潮等隐患时，泄漏电流并不会明显增大，导致无法监视实际泄漏电流大小，最终可能引发设备事故。

4. 避雷器阀体内部受潮导致红外测温异常

避雷器顶部阀片外部绝缘热缩套劣化，产生缝隙，导致避雷器内部受潮时阀片直接接触潮气，引起氧化锌阀片绝缘性能明显下降，导致运行中避雷器泄漏电流异常增大情况。若避雷器长期带病运行，将引起内部放电，导致系统单相接地，严重时引起氧化锌避雷器本体烧坏。如不及时发现检修，避雷器阀体绝缘逐渐恶化，最终导致整体击穿，引发线路跳闸等电网事故。

红外测温和带电检测是不停电下监视避雷器运行情况的重要手段，能够及时有效地发现避雷器的异常情况。

三、处理过程

1. 避雷器绝缘底座积水导致泄漏电流异常处理

结合线路停电检修，对异常避雷器 A 相进行了现场拆卸。拆卸避雷器前，支柱安装平台有明显水迹，如图 3－116 所示。

避雷器吊起后，底座内有积水流出，如图 3－117 所示。将避雷器连同绝缘底座拆卸后，发现支柱顶部未浇筑水泥的部位填满积水，如图 3－118 所示。对支柱进行打孔排水。

图 3－116　支柱安装平台水迹

2. 避雷器阀体内部受潮导致红外测温异常处理

结合停电，对异常避雷器进行更换并返厂解体检查。B 相上节避雷器阀片组在取出过程中卡塞严重，取出后可明显看到绝缘热缩套存在多处老化开裂，如图 3－119 所示。

图 3－117　避雷器底座积水流出情况　　　　图 3－118　支柱顶部积水情况

图 3－119　异常避雷器阀片绝缘热缩套劣化

四、总结与建议

（1）氧化锌避雷器受潮的主要原因是密封不良致使潮气侵入。主要表现在：

1）密封胶圈永久性压缩变形的指标达不到设计要求；

2）避雷器两端盖板加工粗糙、有毛刺；

3）避雷器组装时阀片绝缘热缩套有开裂；

4）瓷套质量低劣，在制造或运输中受损出现隐性裂纹；

5）绝缘底座受潮等。

（2）氧化锌避雷器受潮后的现象表现为：

1）绝缘电阻下降；

2）泄漏电流增大；

3）带电测试数据中阻性电流增加较多；

4）泄漏电流先减小后增大。

日常运行中，加强巡视，每周抄录避雷器泄漏电流值，并与历史数值进行纵向、横向比较，分析泄漏电流有无增大趋势。定期进行红外测温，关注避雷器发热情况。开展带电检测，及时发现避雷器缺陷，保障避雷器安全稳定运行。

》 实例十二：特高压变电站变压器油位指示异常维护

一、异常简述

某日，某特高压变电站运维人员在抄录主变油位并与前期数据进行对比时，发现#3 主体变压器 C 相油位指示无明显变化，与 A、B 两相的数据差异较大。A、B 相油位随油温变化较为明显且基本符合油温油位曲线，而 C 相油位不符合油温油位曲线。利用红外成像、渗漏油检查等手段，确认 C 相油位与其余两相对比无明显差异。在接下来的半年中，#3 主体变压器 C 相本体油位计存在油位指示由 5 逐渐下降到 0 的情况。根据油枕结构和油位计工作原理可知，油位计指示到零的原因主要有以下几种。

（1）油枕内胶囊破损，变压器油进入胶囊内部，造成胶囊下沉，压迫浮球沉入油枕底部。

（2）浮球破损，变压器油进入浮球内部，浮球重力增加，浮力不够而沉入油枕底部。

（3）浮球连杆断裂，连杆安装过程中位置不正确或对主变抽真空注油后解除真空时速度过快，对浮球及连杆产生作用力而导致连杆断裂，剩余连杆沉入油枕底部。

（4）传感器到浮球的连接部位螺丝松动或脱落，导致浮球的位置无法传递给传感器。

（5）液压系统的毛细管破损，压力外泄，传感器的压力无法传递给指示仪表。

二、原因分析

1. 油位计工作原理

油位计作为变压器正常运行时提供内部油位显示的唯一设备，其结构要求稳定可靠。油位计结构如图 3－120 所示。YZF3－186×296（TH）型变压器油位计是通过液压机械传动测量系统来进行油位测量的，油位首先通过一个浮球的位置检测，再通过浮球连

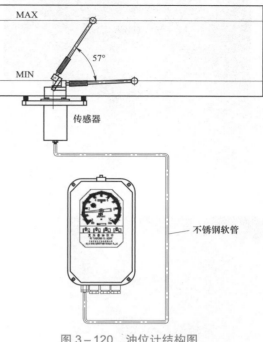

图 3－120　油位计结构图

杆带动一个用螺栓安装在储油柜上的传感器，由传感器将浮球连杆的转动传到指示仪表的液压系统。

液压系统由两对毛细管和连接管组成。第一对毛细管连接到法兰安装件上的连接件上，当浮球位置发生改变时，驱动毛细管产生位移，进而传递给指示仪表。第二对毛细管补偿环境温度的变化，还可以补偿储油柜和指示仪表的高度差。

浮球连杆最大可转动 57°，浮球内部为实心，浮球连杆和法兰安装件采用阳极氧化铝的铝合金。传感器与油位指示仪表用毛细管连接，外面用不锈钢软管保护。

油位计内装有 4 组微动开关，用于变压器储油柜低油位（2 组）和高油位（2 组）的控制。同时，通过变送器可输出与油位指示相对应的 4～20mA 标准电流信号，分别对应于储油柜中的最低值 0 和最高值 10，供计算机监控系统使用。

2. 现场检查及原因分析

结合主变压器停电检修，首先对胶囊内部进行检查，未发现胶囊有渗油情况，且胶囊气密性完好。将该油位计从传感器到指示仪表部分全部拆除，对拆下来的油位计进行手动测试。在传感器上施加压力，油位计指示仪表指针可正常动作，说明传感器至指示仪表部分也不存在问题，确认问题在传感器到浮球之间。

将主体变压器 C 相油枕内的变压器油抽干，拆下连杆及浮球。检查连杆外观完好，靠内侧的实心浮球有轻微裂纹、挤压有油析出，两个浮球中间安装了一个配重件，如图 3－121、图 3－122 所示。

对存在裂纹的实心浮球进行解体，发现球体内部已吸收了部分变压器油，但实心球体内吸收的油量毕竟有限，对整个浮球的影响不大，如图 3－123 所示。

图 3-121 拆下的浮球连杆及浮球

图 3-122 有裂纹的实心浮球

图 3-123 解体后的浮球

依据拆下的浮球和连杆，对其建立模型进行受力分析。浮球连杆和浮球模型如图 3-124 所示。

浮球直径 $L1=8\text{cm}$，$L2=L3=1\text{cm}$；连杆长度 $L4=130\text{cm}$；

重心点与支点间距离 $L5=75\text{cm}$；配重件直径 $D1=5\text{cm}$；

连杆直径 $D2=1\text{cm}$；浮球连杆和浮球的质量 $m=1\text{kg}$；#25 变压器油的密度为 895kg/m^3。

$F1$ 为浮球浮力，$F2$ 为配重件浮力，$F3$ 为连杆浮力，$F4$ 为全部部件的重力。

浮力到支点之间的力矩 $=7.353\ 6\text{N·m}$

重心到支点之间的力矩 $=7.35\text{N·m}$

由此可知，在忽略其他影响因素的情况下，两者力矩基本相等。浮球及连杆的浮力设计裕度过小，在正常运行状态下正好浮起，油位计可反应油面高度。但是实心浮球一旦产生裂纹，球体内部就将吸收部分变压器油，浮球的重量会逐渐增加，浮球及连杆将逐渐下沉直至油枕底部，油位指示也将由 5 逐渐下降到 0。

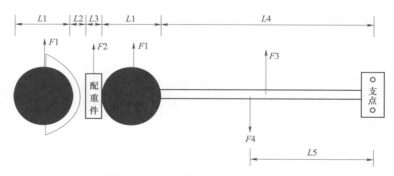

图 3-124 浮球连杆和浮球模型图

三、处理过程

为减小浮球及连杆的重量、增加设计裕度，取消两浮球中间的配重件。为适应浮球工作环境、改善浮球质量，将浮球材质改为机械强度高、耐油性强的尼龙。新型号的浮球及连杆的长度与旧型号一致，如图 3－125 所示。

将新型号的浮球及连杆装入油枕内，重新安装法兰盘。因油枕内油面已为 0，利用调节螺栓将油位计指示调至 0 的位置，接着将化验合格的变压器油重新注回油枕，油位计指示恢复正常。

图 3－125　新型号浮球及连杆

四、总结与建议

特高压变压器因体积大、油量多、呼吸量大，正常运行中要重视油位计的油位指示状态和呼吸器的工作情况，防止因呼吸通道堵塞和油位计故障等造成主变压器异常及其他故障。针对变压器油位日常运维应做好以下措施。

（1）定期抄录变压器油枕油位，核对是否符合油温油位曲线，并与历史数据、相邻相数据进行对比分析。

（2）巡视中加强各油路阀门、密封面的检查，查看有无渗漏油情况，特别是在高温高负荷、低温低负荷期间。

（3）加强呼吸器工作情况的检查，查看呼吸是否顺畅、内外液面有无液面差。若确定呼吸器不呼吸，则应检查呼吸器至油枕之间的所有阀门是否在打开状态，呼吸器各密封面是否存在漏气点，确认呼吸通道有无堵塞。

（4）油位计如果指示异常，那么应判断是否为指示计本身故障，如液压传动机构损坏、指针卡涩等。若不能排除异常，则应利用红外成像等手段确认油枕内油位是否正常。

第四章

特高压变电站运维一体化仿真
事故案例分析

第一节　1000kV 仿真变电站设备及系统介绍

一、1000kV 仿真变电站基本情况

1000kV 仿真变电站原型位于我国东南沿海历史悠久的湖州市安吉县,是华东电网特高压输变电工程的重要节点,1000kV 仿真变电站远景规划 3000MVA 主变压器 4 组,1000kV 出线 8 回,500kV 出线 10 回,图 4-1 是 1000kV 仿真变电站鸟瞰图。

图 4-1　1000kV 仿真变电站鸟瞰图

1. 1000kV 仿真变电站 I 期工程

1000kV 仿真变电站 I 期工程 2013 年 9 月 25 日投运,本期 1000kV、500kV 配电装置采用 3/2 接线,均为 GIS 设备,110kV 采用单母线结构,采用 AIS 设备,共有 1000kV 线路 4 回,500kV 线路 4 回,35kV 线路 1 回供 0 号站用变,直流系统采用单母线单分段接线,共有 3 组充电机,2 组蓄电池,故障录波装置采用 ZH5 中元华电故障录波器。

2. 1000kV 仿真变电站 II 期工程

1000kV 仿真变电站作为特高压浙福工程一部分,对仿真变电站进行了扩建,于 2014 年 12 月 21 日投运。

本期 1000kV 扩建线路 2 回，110kV 母线 2 段，低抗 2 组。

二、电气主接线及调度关系

1. 变电站接线情况

1000kV 仿真变电站主接线如图 4-2 所示。

1000kV 仿真变电站主变压器 2 组，总容量 6000MVA（2×3000MVA），变压器由特变电工沈阳变压器厂生产。

1000kV 系统采用 3/2 接线方式，有 1000kV 线路 6 回，分为 5 串，其中第 2 串、第 3 串、第 6 串为完整串，第 1 串、第 5 串为不完整串，第 2 串为线线串，第 3 串、第 6 串串为线变串。

110kV 系统采用单母线接线，主要提供站用电及用于接入系统调压用的低抗和低容，1 号、2 号站用变压器及由站外 35kV 电源仿真 3562 线供电的 0 号站用变作为站用电源。

2. 调度关系

整个变电站的设备由国调中心、国调分中心、县调分别管辖，站用电系统由站调管辖，具体划分为：

（1）国调中心管辖设备：1000kV 线路及开关、1000kV 母线及母线设备、主变及三侧设备，上述设备委托国调华东分中心调度。

（2）国调华东分中心管辖设备：500kV 线路及开关、500kV 母线及母线设备。

（3）县调管辖设备：仿真 3562 线路、线路压变、线路接地闸刀，其中仿真 3562 开关操作需经县调许可。

（4）站调管辖设备：1 号、2 号、0 号站用变及高压开关、刀闸，380V 站用电系统，由站内当值值长下令操作，其中 11441 闸刀、11711 闸刀操作前需经国调华东分中心许可。

3. 正常运行方式

（1）1000kV 系统运行方式。

本站 1000kV 系统采用 3/2 接线方式共五串，三个完整串和两个不完整串，1000kV 主变压器 2 台，1000kV 出线 6 回，分别为仿真 3 线、仿真 4 线、仿真 5 线、仿真 6 线、仿真 1 线、仿真 2 线。另外 T0132、T0532 隔离开关为基建预留，始终保持在合闸位置并退出操作电源），T01327、T05327 接地闸刀为基建预留，始终保持在分闸位置并退出操作电源，正常运行时不操作。正常运行接线方式见表 4-1。

（2）500kV 系统运行方式

本站 500kV 系统采用 3/2 接线方式共四串，两个完整串和两个不完整串，500kV 出线 4 回，分别为仿真 5825 线、仿真 5826 线、仿真 5827 线、仿真 5828 线运行。另外 50322、50632、50011、50012、50021、50022 隔离开关为基建预留，始终保持在合闸位置并退出操作电源，503327、506327、500117、500127、500217、500227 接地闸刀为基建预留，始终保持在分闸位置并退出操作电源，正常运行时不操作。正常运行接线方式见表 4-2。

特高压变电站运维
一体化培训教材

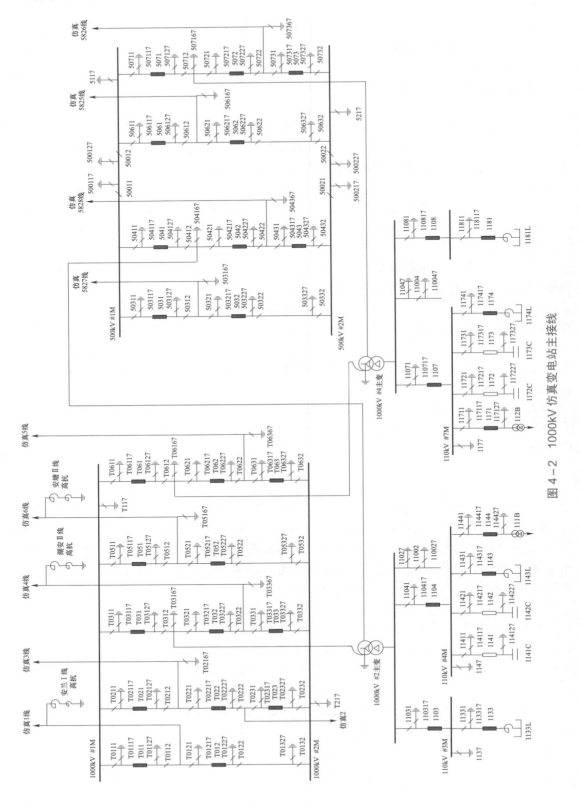

图4-2 1000kV仿真变电站主接线

216

表 4-1 仿真站 1000kV 系统正常运行接线方式

串编号	Ⅰ母侧	Ⅱ母侧
第一串	仿真 1 线	备用
第二串	仿真 3 线	仿真 2 线
第三串	2 号主变压器	仿真 4 线
第五串	仿真 6 线	备用
第六串	4 号主变压器	仿真 5 线

表 4-2 500kV 系统正常运行接线方式

串编号	Ⅰ母侧	Ⅱ母侧
第三串	仿真 5827 线	备用
第四串	2 号主变压器	仿真 5828 线
第六串	仿真 5825 线	备用
第七串	4 号主变压器	仿真 5826 线

（3）110kV 系统运行方式

2 号、4 号主变压器 110kV 母线本期均为两段母线接线。2 号主变压器带 110kV 3 母线及 110kV 4 母线，4 号主变压器带 110kV 7 母线及 110kV 8 母线。正常运行时，2 号主变压器 1103 开关、2 号主变压器 1104 开关、4 号主变压器 1107 开关、4 号主变压器 1108 开关运行、2 号、4 号主变压器低压侧电容器、电抗器按系统运行情况进行投切。

（4）站用电系统运行方式。

站用电系统有三路电源，其中第一路电源引自本站 110kV 4 母线，经 1 号高压站用变压器 111B 和 1 号低压站用变压器对 400V Ⅰ 段母线供电；第二路电源引自本站 110kV 7 母线，经 2 号高压站用变压器 112B 和 2 号低压站用变压器对 400V Ⅱ 段母线供电；第三路电源为备用电源，引自 220kV 昌硕变压器仿真 3562 线，经 0 号站用变压器对 400V Ⅲ 段母线供电。正常运行时 400V Ⅰ、Ⅱ 段母线分裂运行，400V Ⅲ 段母线带电，400V（Ⅰ/Ⅲ）母分段开关 4DL、400V（Ⅱ/Ⅲ）母分段开关 5DL 热备用，1 号、2 号备自投装置投入运行。

（5）低压直流系统运行方式

仿真站共有两套低压直流系统，分别为 220V 第一套直流系统、220V 第二套直流系统，每套直流系统均配置三组充电机、两组蓄电池。两套直流系统的正常运行方式相同，均为直流Ⅰ、Ⅱ 段母线分列运行，1 号充电机带直流Ⅰ段母线运行并给 1 号蓄电池组浮充电；2 号充电机带直流Ⅱ段母线运行并给 2 号蓄电池组浮充电；0 号充电机备用。

三、主要一次设备

1. 主变压器

1000kV 仿真变现有 2 号、4 号两组主变压器，均采用单相变压器组。2 号主变压器 1000kV 侧接于 1000kV 第 3 串，500kV 接于 500kV 第 4 串，4 号主变压器 1000kV 侧接于 1000kV 第 6 串，500kV 接于 500kV 第 7 串，均由特变电工沈阳变压器生产，如图 4-3 所示。

图 4-3　1000kV 仿真变电站主变外观图

主变压器主要参数见表 4-3 和表 4-4。

表 4-3　主 变 压 器 主 要 参 数

序号	项　　目		参　　数
1	型号		ODFPS-1000000/1000（单相）
2	结构		单相、油浸、无励磁调压自耦变压器
3	调压方式		中性点无励磁调压
4	额定容量		1000/1000/334MVA
5	额定频率		50HZ
6	额定电压		（1050/$\sqrt{3}$）/（520/$\sqrt{3}$ ±4×1.25%）/110kV
7	联结组标号		I a0 I 0（单相）；YNa0d11（三相）
8	冷却方式		强迫油循环风冷（OFAF）
9	油面温升（顶层油温）		55K
10	线圈温升		65K
11	短路阻抗（1000MVA）	高压－中压	18%
		高压－低压	62%
		中压－低压	40%

表 4-4　调压补偿变技术参数

序号	项　　目	参　　数
1	型号	ODFPS-1000000/1000
2	相数	单相
3	额定频率	50HZ
4	额定容量	1000/1000/334MVA
5	冷却方式	自然油循环空气冷却（ONAN）
6	油面温升	顶层油温 55K

特高压变电站运维
一体化培训教材

续表

序号	项 目	参 数
7	线圈温升	65K
8	调压变最大容量	56 991kVA
9	补偿变最大容量	16 773kVA

2. 开关

仿真变电站的开关有 AIS 和 GIS 两类。

（1）GIS 开关。

1000kV GIS 开关分为双断口、四断口两类，其中双断口开关采用液压氮气储能结构、四断口开关采用液压碟簧储能结构，均为新东北电气公司生产，其外观图如图 4-4 所示，主要参数见表 4-5 和表 4-6。

图 4-4　1000kV 仿真变电站 1000kV GIS 开关外观图

表 4-5　　　　　　　　　　　　**1000kV GIS 双断口开关主要参数**

序号	项 目	参 数
1	额定电压	1100kV
2	额定电流	8000A
3	额定频率	50Hz
4	额定开断电流	63kA
5	额定线路充电开断电流	1200kA
6	额定关合电流	171kA
7	热稳定电流	63（2s）kA
8	额定分闸时间	0.030s
9	标准操作顺序	O-0.3s-CO-3min-CO
10	额定分合闸控制电压	DC 220V
11	操作机构额定操作压力	32.5MPa

续表

序号	项 目	参 数
12	重合闸闭锁油压	31.5MPa
13	合闸报警压力	29.5MPa
14	合闸闭锁油压	28.5MPa
15	分闸闭锁油压	27MPa
16	SF_6 气体额定压力	0.6MPa
17	SF_6 气体报警压力	0.55MPa
18	SF_6 气体闭锁压力	0.5MPa
19	断口数量	2

表 4−6   **1000kV GIS 四断口开关主要参数**

序号	项 目		参 数
1	额定电压		1100kV
2	额定频率		50Hz
3	额定电流		6300A
4	额定短路开断电流		63kA
5	额定短路关合电流（峰值）		171kA
6	额定操作顺序		O−0.3s−CO−180s−CO
7	额定短时耐受电流		63kA
8	额定短路持续时间		2s
9	额定峰值耐受电流		171kA
10	近区故障开断电流		47.3、56.7kA
11	额定失步开断电流		15.75kA
12	额定六氟化硫气体压力（20℃表压）		0.6±0.02MPa
13	压力降低报警压力		0.52±0.02MPa
14	压力降低报警解除压力		0.52±0.02MPa
15	压力降低闭锁压力		0.50±0.02MPa
16	压力降低闭锁解除压力		0.50±0.02MPa
17	每极断口数		4
18	每极合闸电阻值（20℃）		560±30Ω
19	单极开关 SF_6 气体质量（200C 时的额定压力）		900kg
20	分闸时间		25～58ms
21	合闸时间		60～75ms
22	开断时间		50ms
23	合闸电阻提前接入时间		8～11ms
24	分−合时间	出厂时	0.3
		运行时	0.3

续表

序号	项 目		参 数
25	合–分时间	出厂时	45～50ms
		运行时	50ms
26	分合闸不同期性	分闸 同极断口间	≤2ms
		极间	≤3ms
		合闸 同极断口间	≤3ms
		极间	≤5ms
27	额定压力（油泵停止压力及最高操作压力）		1170+3mm
28	合闸闭锁压力		710+3（A2）mm
29	合闸闭锁报警压力		B2mm
30	重合闸闭锁压力		1130+3（A1）mm
31	重合闸闭锁报警压力		B1mm
32	分闸闭锁压力		55.50+3（A3）mm
33	分闸闭锁报警压力		B3mm
34	安全阀开启压力		1180+3mm
35	安全阀关闭压力		<118mm
36	开关单分一次碟簧释放量		≤45mm
37	开关单合一次碟簧释放量		≤20mm
38	液压操作系统在额定压力下，24h碟簧压缩量变化		≤2mm
39	分闸线圈（DC）	额定电压	220V
		额定电流	1.4A
		电阻（20℃）	154±15.4
		线圈数量	2
40	合闸线圈（DC）	额定电压	220V
		额定电流	1.4A
		电阻（20℃）	154±15.4
		线圈数量	1
41	液压操动机构质量		1300kg
42	液压操动机构驱潮加热器	额定电压	220V
		功率	210W
43	油泵电机	额定电压	220V
		功率	1.9kW
		电机储能时间（碟簧完全松弛状态）	<120s

500kV GIS 开关均为双断口结构，采用液压碟簧结构，为新东北电气公司生产，其外观图如图4-5所示，主要参数见表4-7。

图 4 – 5　1000kV 仿真变电站 500kV GIS 开关外观图

表 4 – 7 　　　　　　　　　　　　　　**500kV GIS 开关主要参数**

序号	项　目		基本参数
1	额定电压		550kV
2	额定电流		4000A
3	额定频率		50Hz
4	额定短路开断电流		63kA
5	额定短路关合电流（峰值）		171kA
6	额定峰值耐受电流		171kA
7	额定短时耐受电流		63kA
8	近区故障开断电流		47.3，56.7kA
9	额定失步开断电流		15.75～25kA
10	额定线路充电开断电流		500A
11	额定短路开断电流下不需检修开断次数		≥20 次
12	1min 工频耐受电压	相对地	800kV
		断口间	1000kV
13	雷电冲击耐受电压	相对地	1675kV
		断口间	1675＋450kV
14	操作冲击耐受电压	相对地	1300kV
		断口间	1300＋450kV
15	SF_6 气体零表压工频耐受电压	5min	350kV
		15min	320kV
16	局部放电量	$1.2 \times 500/\sqrt{3} = 381kV$ 工频电压下	＜3pC
		$1.5 \times 500/\sqrt{3} = 476kV$ 工频电压下	＜3pC
17	额定操作顺序		分 – 0.3s – 合分 – 180s – 合分
18	操作、控制回路电源电压		DC220V

续表

序号	项目		基本参数
19	SF$_6$气体水分含量	出厂时	不大于 150µl/l
		运行时	不大于 300µl/l
20	SF$_6$气体年漏气率		不大于 0.5%/年
21	每极断口数		2
22	每极并联电阻值		425±5%
23	每一断口并联电容量		600（2×300）pF
24	机械寿命		5000 次、10 000 次（不带合闸电阻）
25	主回路电阻值		75µΩ（带合闸电阻，长罐）
			60µΩ（不带合闸电阻，长罐）
			50µΩ（不带合闸电阻，短罐）
26	完整开关质量（三相，含操作机构）		5700kg（带合闸电阻，长罐）
			4500kg（不带合闸电阻，长罐）
			3900kg（不带合闸电阻，短罐）
27	允许温升值	导体及触头连接处温升	≤65K
		壳体可触及部位温升	≤30K
28	额定充气压力（20℃）		0.60MPa
	压力降低报警压力（20℃）		0.52±0.02MPa
	压力降低报警解除压力（20℃）		0.52±0.02MPa
	压力降低闭锁压力（20℃）		0.50±0.02MPa
	压力降低闭锁解除压力（20℃）		0.50±0.02MPa

（2）AIS 开关（支柱式开关）

目前仿真变电站安装了 14 组 110kV 开关，共有 2 种型号，均为弹簧结构，相应开关型号及主要参数见表 4-8 和表 4-9。

表 4-8　　　　　　　　　　　　LW25A-145 型开关主要参数

序号	项目	参数	
1	型号	LW25-145	
2	额定电压	145kV	
3	额定电流	3150A	1600A
4	额定频率	50Hz	
5	额定短路开断电流	40kA	
6	额定峰值耐受电流	100kA	
7	额定短时耐受电流	40kA（4s）	
8	额定短路持续时间	4s	
9	额定线路充电开断电流	31.5/50A	

序号	项 目		参 数
10	首相开断系数		1.5
11	控制回路的额定电压		DC 220V
12	操作机构型号		弹簧机构 CT20
13	额定短路关合电流		100kA（峰值）
14	5min 零表压耐压试验 （有效值）	断口间	109kV
		相对地	95kV
15	开断时间		≤60ms
16	额定操作循环		0−0.3s−C0−180s−C0 或 CO−15S−CO
17	近区故障开断电流		Ｉe×90%，Ｉe×75%
18	额定失步开断电流		Ｉe×25%
19	分闸时间（ms）		≤30（重合闸二分≤35）
20	分闸不同期性（ms）		≤2
21	合闸时间（ms）		≤150
22	合闸不同期性（ms）		≤4
23	SF_6 气体年漏气率（0.50MPa）		≤0.5%
24	SF_6 额定压力（20℃）		0.50MPa
25	SF_6 补气报警压力（20℃）		0.45±0.03MPa
26	SF_6 开关闭锁压力（20℃）		0.40±0.03MPa
27	端子静拉力	水平纵向	1250N
		水平横向	750N
		垂直方向	1000N
28	机械寿命		10 000 次
29	每台充 SF_6 气体		6kg
30	每级主回路电阻		≤45 $\mu\Omega$

表 4−9　　　　　　　　　HPL170B1−1P 型开关主要参数

序号	项 目	参 数
1	型号	HPL170B1−1P
2	额定电压	170kV
3	额定电流	4000A
4	额定频率	50Hz
5	额定短路开断电流	40kA
6	额定峰值耐受电流	125kA
7	额定短时耐受电流	50kA（3s）
8	额定线路充电开断电流	63A
9	额定短路开断电流的直流分量	57%

序号	项　目	参　数
10	操作机构型号	弹簧机构 BLG1002A
11	控制回路的额定电压	DC 220V
12	额定雷电冲击耐受电压	750kV
13	额定工频耐受电压	365kV
14	额定操作循环	$0-0.3s-C0-3min-C0$
15	最高工作气压	0.8MPa
	SF_6额定压力（20℃）	0.70MPa
	报警压力（20℃）	0.62MPa
	SF_6开关闭锁压力（20℃）	0.60MPa
16	每台充 SF_6 气体	$3×9kg$

3. 隔离开关

仿真变电站隔离开关主要有两类，GIS 隔离开关、AIS 隔离开关。

（1）GIS 隔离开关

1000kV、500kV 均为 GIS 隔离开关，采用直流电机，具体型号及参数见表 4－10 和表 4－11。

表 4－10　　　　　　　　　　1000kV GIS 隔离开关参数

序号	项　目	基本参数
1	额定电压	1100kV
2	额定电流	6300A
3	额定短时耐受电流	63kA
4	额定短路持续时间	2s
5	额定峰值耐受电流	171kA
6	工频 1min 耐压	1100kV
7	雷电冲击耐受电压	2400kV
8	额定操作冲击耐受电压（峰值）（250/2500μs）	1800kV

表 4－11　　　　　　　　　　500kV GIS 隔离开关参数

序号	项　目		基本参数
1	型式/型号		ZF15－550（TV3 型转角隔离开关）
2	额定电压		550kV
3	额定电流		4000A
4	额定频率		50Hz
5	1min 工频耐受电压	相对地	800kV
		断口间	1000kV

续表

序号	项 目		基本参数
6	操作冲击耐受电压（峰值）	相对地	1300＋450kV
		断口间	1300kV
7	SF₆气体零表压工频耐受电压（有效值）	5min	350kV
		15min	320kV
8	额定峰值耐受电流		171kV
9	额定短路耐受电流		63kA
10	额定短路持续时间		3s
11	额定母线转换电压		100V（有效值）
12	额定母线转换电流		1600A
13	SF₆气体额定压力值（20℃）		0.5MPa
	SF₆气体压力降低报警压力值（20℃）		0.45MPa
	SF₆气体最低功能压力（20℃）		0.4MPa
14	操作机构型号		电动 DH3 型
15	额定控制回路和电机电压		DC 220V
16	单极气体体积		275dm3
17	隔离开关分、合闸时间		≤1.3/1.5s（单相/三相）
18	回路电阻		12μΩ
19	SF₆气体漏气率		不大于 0.5%/年
20	SF₆气体水分含量	交接验收值	不大于 150ul/l
		运行允许值	不大于 300ul/l
21	允许温升值	导体及触头连接处温升	≤65K
		壳体可触及部位温升	≤30K
22	外壳感应电压		≤36V
23	局部放电量	$1.2 \times 500/\sqrt{3} = 381kV$ 工频电压下	<3pC
		$1.5 \times 500/\sqrt{3} = 476kV$ 工频电压下	<3pC

（2）AIS 隔离开关

110kV 均为支柱式 AIS 隔离开关，型号及主要参数见表 4–12～表 4–14。

表 4–12　GW23A–126D（W）Ⅲ/ GW23A–126DD（W）Ⅲ型隔离开关主要参数

序号	项 目	参 数	
1	型号	GW23A–126D（W）Ⅲ	GW23A–126DD（W）Ⅲ
2	额定电压	126kV	
3	额定电流	3150A	1600A
4	额定短时耐受电流	50kA（3s）	40kA（4S）

续表

序号	项 目		参 数	
5	无线电干扰水平		500μV	
6	额定峰值耐受电流		125kA	100kA
7	额定短时工频耐受电压	对地	230kV	
		断口	230+70kV	
8	断口绝缘距离		1650mm	
9	对地绝缘距离		1000mm	
10	开合小电容电流		2A	
11	开合小电感电流		1A	
12	开合母线感应电流能量（母线转换电压100V）		2500A	
13	额定端子静态机械负荷（水平纵向/水平横向/垂直）		1250/750/1000N	
14	机械操作寿命		3000次	

表4-13　　　　　　SSBⅡ-AM-145（CS）型隔离开关主要参数

序号	项 目		参 数
1	型号		SSBⅡ-AM-145（CS）
2	额定电压		145kV
3	额定电流		3150A
4	额定短时耐受电流		40kA（3s）
5	频率		50/60Hz
6	额定峰值耐受电流		100kA
7	额定短时工频耐受电压	对地	230kV
		断口	230+70kV
8	绝缘子技术数据	弯矩	6kN
9		扭矩	4kN
10		爬距	3150mm
11	额定端子静态机械负荷		1250N
12	重量		786.8kg
13	机械操作寿命		10 000次
14	电机电压		380V
15	控制回路电压		220V

表4-14　　　　　　GW4A-126DW型隔离开关主要参数

序号	项 目	参 数
1	型号	GW4A-126DW
2	额定电压	126kV
3	额定电流	3150A
4	额定短时耐受电流	50kA
5	产品重量	930kg

序号	项 目		参 数
6	主回路电阻		≤900μΩ
7	额定峰值耐受电流		125kA
8	额定短时工频耐受电压		230
9	额定雷电冲击耐受电压		550
10	额定端子静态机械负荷	水平纵向	1000N
11		水平横向	750N
12		垂直力	1000N
13	三相合闸同期性		≤12mm
14	机械寿命		3000 次

3. 高抗

1000kV 线路共配置 9 组并联高压电抗器，由特变电工衡阳变压器厂生产，其外观图如图 4–6 所示，主要参数见表 4–15 和表 4–16 所示。

图 4–6 1000kV 仿真变电站高抗外观图

表 4–15 并联电抗器主要参数

序号	项 目	参 数
1	型号	BKD–240000/1100
2	额定容量	240 000kvar
3	额定频率	50Hz
4	额定电压	1100/√3 kV
5	最高运行电压	1100/√3 kV
6	额定电流	377.8A
7	冷却方式	ONAF（自然油循环风冷）

续表

序号	项 目	参 数
8	使用条件	户外
9	相数	单相
10	联结组标号	I
11	抗地震能力	正弦共振3周波,安全系数1.67以上,地面水平加速度3m/s2
12	重量	器身重量　114 000kg　　油重量　83 700kg 充氮运输重量 162 000kg　总重量 281 000kg
13	绝缘水平	高压侧 S I /L I /AC1800/2250/1100(5min)kV 中性点侧 L I /AC　650/275kV
14	损耗	≤440kW
15	额定阻抗	1680Ω

表 4-16　　　　　　　　　　　中性点电抗器主要参数

序号	项目		安兰 I 线	仿真 4 线	仿真 6 线
1	型号		JKDK-630/170	JKDK-540/170	JKDK-630/170
2	额定容量		630kvar	540kvar	630kvar
3	额定频率			50Hz	
4	额定电压			170kV	
5	最高运行电压			170kV	
6	额定持续电流			30A	
7	额定短时电流			300A(10S)	
8	冷却方式			ONAN(油浸自冷)	
9	电抗	X1	774.1Ω	652Ω	773.2Ω
		X2	711.2Ω	614.9Ω	713.2Ω
		X3	650.3Ω	558.5Ω	652.6Ω
10	使用条件			户外	
11	相数			单相	
12	联结组标号			I	
13	重量		器身　2350kg 绝缘油　4120kg 总重量　9600kg	器身　2060kg 绝缘油　4040kg 总重量　9240kg	器身　2350kg 绝缘油　4120kg 总重量　9600kg
14	绝缘水平			线路端子 L I /AC　750/325kV 中性点 L I /AC　200/85kV	
15	绝缘油			变压器油 25　环烷基　克拉玛依	

四、主要二次设备

1. 计算机监控系统

(1) 微机监控系统,如图4-7所示。

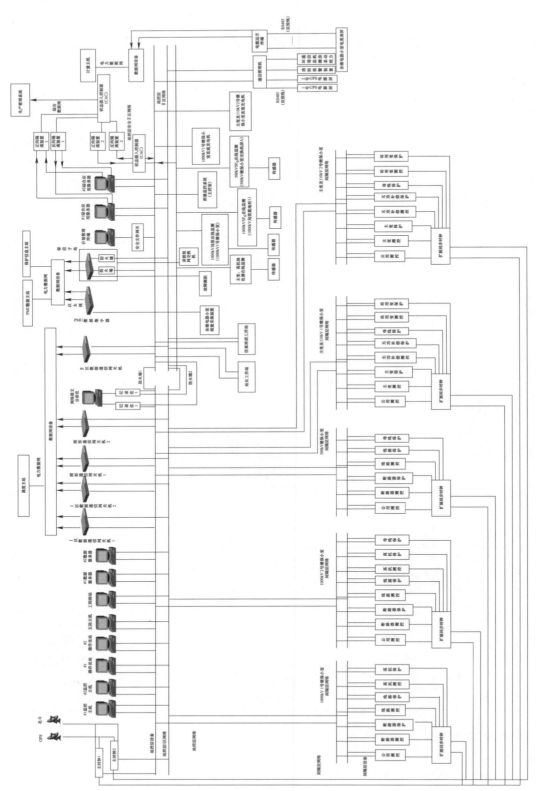

图 4-7 仿真变电站监控系统网络示意图

（2）微机监控系统概述。

1）监控系统主要用于完成全站设备的监视、控制、测量和运行管理。

2）仿真变电站监控系统为许继电气股份有限公司生产的 CJK－8506B 智能一体化监控系统。

3）微机监控系统控制对象：除 400V 馈线开关外全站各电压等级的开关、隔离开关、接地刀闸。

4）微机监控系统采集信号：全站各电压等级的开关、隔离开关、接地开关位置信号、机构信号，各电压等级变压器非电量信号、调压分接开关位置，全站继电保护及安全自动装置故障动作信息，以及其他公共、辅助设备信号。

5）微机监控系统测量信息包括全站电压、电流量，变压器油温、绕组温度等。

6）微机系统从硬件上主要分为站控层和间隔层。采用分层分布式、开放式网络结构。系统网络分为站控层的计算机网络和间隔层的数据通信网络。站控层采用 IEC－61850 通信协议集成一体化平台。间隔层采用以太网。保护装置通过光口接入间隔层交换机，测控装置通过电口接入间隔层交换机。

7）间隔层设备按一次设备间隔配置，布置在相应继保小室内，由测控单元、网络设备和交换机构成。各测控单元相对独立，通过双以太网互联。

8）间隔测控单元装置为许继电气股份有限公司生产的 FCK－851 测控装置。

2. 1000kV 变压器保护概述

（1）仿真变电站共有 1000kV 变压器 2 组，保护配置相同，每组主变压器的主体变压器及调压补偿变分别配置两套电气量保护及一套非电量保护装置，组成 5 面保护屏。

（2）主体变压器第一套电气量保护采用南瑞继保 PPC78GC－950 型变压器保护屏，包含 PCS－978GC－U 变压器电气量保护装置、开关失灵开入重动继电器箱 CJX。第二套电气量保护采用许继电气 GBH801A－552 型变压器保护屏，包含 WBH－801A 变压器电气量保护装置。非电气量保护采用南瑞继保 PPC74FG－950 型变压器保护屏，包含 PCS－974FG 变压器非电量保护装置、主变压器低压侧开关操作箱 CJX。

（3）调压补偿变压器第一套电气量及非电量保护装置共同组屏，采用南瑞继保 PPC78C－950 型变压器保护屏，包含 PCS－978C－UB 变压器电气量保护装置以及 PCS－974FG 变压器非电量保护装置。第二套电气量保护装置单独组屏，采用许继电气 GBH801A－552 型变压器保护屏，包含 WBH－801A 变压器电气量保护装置。

（4）主体变压器电气量保护以差动保护作为主保护，包括纵差差动、差动速断、分相差动、分侧差动、零序差动等，高中压侧后备保护均配置多段式的相间距离和接地距离保护、复合电压闭锁方向过流和零序方向过流保护、过负荷保护、失灵联跳等功能。另外高压侧还配置定时限过励磁告警及反时限过励磁保护。低压侧及低压分支配置复合电压闭锁方向过流及过负荷保护，公共绕组配置零序方向过流及过负荷保护。

（5）调压变压器、补偿变压器电气量保护类型均为纵差差动保护，根据实际运行档位的不同，差动保护分别有 9 个定值区与分接档位一一对应。

（6）主体变压器及调压补偿变压器非电量保护采用冷却器全停、重瓦斯、压力释放、轻瓦斯、油温高、绕温高、油位异常等保护。正常情况下，冷却器全停及重瓦斯保护投跳闸，其余非电量保护投信号状态。

（7）两套电气量保护使用独立直流电源，独立交流电流、电压信号回路，分别作用于开关的两个跳闸线圈。非电气量保护动作出口后同时作用于开关的两个跳闸线圈。

3. 1000kV 高抗保护概述

（1）仿真变电站 1000kV 高抗共 3 组，每组高抗均配置两套电气量保护及一套非电量保护装置，组成两面保护屏。

（2）仿真 4 线、仿真 6 线高抗第一套电气量保护与非电量保护装置共同组屏，采用北京四方 GKH330A－12 高抗保护屏，包含 CSC－330A 高抗电气量保护和 CSC－336C1_B 高抗非电量保护装置。第二套电气量保护采用南瑞继保 PPC17G－91 高抗保护屏，包含 PCS－917G－U 高抗电气量保护装置。

（3）仿真 1 线高抗第一套电气量保护采用许继电气 GKB801A－1001A 保护屏，包含 WKB－801A 高抗电气量保护装置，第二套电气量保护与非电量保护共同组屏，采用国电南自 GSGR751－02 保护屏，包含 SGR751 高抗电气量保护装置及 PST－1210UA 非电量保护装置。

（4）两套电气量保护采用主电抗器差动保护和匝间保护作为主保护，后备保护采用主电抗器及中性点小电抗过流及过负荷保护，非电量保护采用主电抗器及中性点小电抗重瓦斯、压力释放、轻瓦斯、油温高、绕温高、油位异常等保护。正常情况下，重瓦斯保护投跳闸，其余非电量保护投信号状态。

（5）两套电气量使用独立直流电源，独立交流电流、电压信号回路，分别作用于开关的两个跳闸线圈。非电量保护动作出口后同时作用于开关的两个跳闸线圈。

4. 1000kV 线路保护概述

（1）仿真变电站 1000kV 线路有 6 回，均配置两套保护装置，仿真 5 线、仿真 6 线、仿真 3 线、仿真 4 线第一套保护采用南瑞继保 PCS－931GMM－U 线路保护屏，包含 PCS－931GMM－U 线路保护装置、PCS－925G 过电压及远方跳闸就地判别装置；第二套保护采用北京四方 GXH103B－202 线路保护屏，包含 CSC－103B 线路保护装置、CSC－125A 过电压及远方跳闸就地判别装置。仿真 1 线、仿真 2 线第一套保护采用南瑞继保 PCS－931GMM－U 线路保护屏，包含 PCS－931GMM－U 线路保护装置、PCS－925G 过电压及远方跳闸就地判别装置；第二套保护采用许继电气保护屏，包含 WXH－803A/B6/HD 线路保护装置、WGQ－871A/P 过电压及远方跳闸就地判别装置。

（2）分相电流差动为主保护，后备保护均采用多段式的相间距离和接地距离保护，为反应高阻接地故障，每套装置内还配置一套反时限或定时限的零序电流方向保护。每套分相电流差动保护均具有远方跳闸功能，为了保证远方跳闸的可靠性，配置就地故障判别装置，装置分别装于两面保护屏内，按"一取一"加就地判别逻辑配置。根据系统工频过压的要求，每回 1000kV 线路保护还配置双套过电压保护，每回线的两套保护分别独立成柜，所配置的 2 套过电压保护分别与相应的 2 套线路保护合并组屏，过电压保护功能含在相应的线路保护远方跳闸装置内。过电压保护动作启动远方跳闸出口跳对侧开关，不跳本侧开关。

（3）1000kV 线路的两套线路保护，分别由不同的直流电池组供电，双重化配置的线路主保护、后备保护、过电压保护的交流电压回路、电流回路、直流电源、开关量输入、跳闸回路、远方跳闸和远方信号传输通道均彼此完全独立，且相互间无电气联系。双重化配置的线路保护每套保护具有独立的分相跳闸出口，且仅作用于开关的一组跳闸线圈。

5. 500kV 线路保护概述

本站 500kV 线路有 4 回，均配置两套保护装置，分相电流差动为主保护，后备保护均采用多段式的相间距离和接地距离保护，为反应高阻接地故障，每套装置内还配置一套反时限或定时限的零序电流方向保护。每套分相电流差动保护均具有远方跳闸功能，为了保证远方跳闸的可靠性，配置就地故障判别装置，装置分别装于两面保护屏内，按"一取一"加就地判别逻辑配置。

500kV 4 回线路的两套线路保护，分别由不同的直流电池组供电，双重化配置的线路主保护、后备保护、远方跳闸就地判别装置的交流电压回路、电流回路、直流电源、开关量输入、跳闸回路、远方跳闸和远方信号传输通道均彼此完全独立，且相互间无电气联系。双重化配置的线路保护每套保护具有独立的分相跳闸出口，且仅作用于开关的一组跳闸线圈，线路保护跳闸经开关操作箱出口跳相应的开关。

仿真 5825 线、仿真 5826 线配置相同，第一套采用南瑞继保的 PCS－931GMM－HD 线路保护装置，配以 PCS－925G－HD 远方跳闸就地判别装置；第二套采用许继的 WXH－803A/B6/HD 线路保护装置，配以 WGQ－871A/P 远方跳闸就地判别装置。仿真 5827 线、仿真 5828 线配置相同，第一套采用北京四方的 CSC－103A 线路保护装置，配以 CSC－125A 远方跳闸就地判别装置；第二套采用南自的 PSL603UW 线路保护装置，配以 SSR530U 远方跳闸就地判别装置。

6. 母线保护概述

本站 1000kV、500kV 母线均配置双重化保护，第一套保护为许继电气 GMH800A－108S 母线保护屏，包含 WMH－800A/P 母线保护装置、ZFZ－811/F 继电器箱，第二套保护为长园深瑞 BP 系列母线保护屏，包含 BP－2CS－H 母线保护装置、PRS－789 继电器箱。

WMH－800A/P 和 BP－2CS－H 母线保护装置具备母线差动保护功能和失灵经母差跳闸功能，使用独立直流电源，独立交流电流信号回路，并分别作用于开关的两个跳闸线圈。

110kV4、7 母线均配置单套保护，采用许继电气 WMH－800A/P 母线保护装置。

110kV3、8 母线均配置双重化保护，第一套保护采用北京四方的 CSC－150 母线保护装置，第二套保护采用的长园深瑞的 BP－2CS 母线保护装置。

110kV 母线保护装置除具备母线差动保护功能外，还特殊的增加了差动保护动作后主变压器低压侧开关失灵时启动主变压器联跳三侧功能。

7. 1000kV 开关保护概述

本站共有 1000kV 开关 13 组，每组开关各配置一套保护装置，T021、T022、T031、T032、T033、T051、T052、T061、T062、T063 开关采用许继电气 GLK862A－221 型开关保护屏，包含 WDLK－862A/P 开关保护装置、ZFZ－822/B 操作箱。T011、T012、T023 开关保护采用长园深瑞 PRSC21 型开关保护屏，包含 PRS－721S 开关保护装置、WBC－22E 操作箱。开关保护主要功能为失灵保护、充电保护、重合闸等功能。

8. 110kV 电容器保护概述

本站共有四组 110kV 电容器，2 号主变低压侧两组，1141 低容、1142 低容；4 号主变低压侧两组，1172 低容、1173 低容。每组电容器配置一面保护屏，全站共配置四面 110kV 电容器保护屏。1141 低容、1142 低容保护屏安装于主变压器及 110kV 1 号继保小室；1172 低容、1173 低容保护屏安装于主变压器及 110kV 2 号继保小室。

全站所有 110kV 电容器均配置一套保护，保护的配置和型号相同，采用许继电器的 GDR851－11 型保护，内含 WDR－851/P 保护装置、ZFZ－811/B 分相操作箱、F236 选相分合闸装置及打印机。保护装置使用电流Ⅰ段保护、电流Ⅱ段保护、过电压保护、低电压保护和双桥差不平衡电流保护功能。

低容保护屏还配有选相分合闸装置 F236，在手动操作低容开关分合闸时起到选相作用。

9. 110kV 电抗器保护概述

本站共有四组 110kV 电抗器，即 2 号主变压器 1143、1133 低抗，4 号主变压器 1174、1181 低抗。每组电抗器保护配置和型号相同，均采用许继电器的 GKB851－11 型保护，内含 WKB－851/P 保护装置、ZFZ－811/B 分相操作箱、F236 选相分闸装置及打印机。110kV 电抗器保护采用过电流Ⅰ、Ⅱ保护功能。选相分闸装置在手动操作低抗分闸时起到选相作用。

10. 站用电系统保护概述

1 号站用电系统包括 1 号高压站用变压器及 1 号低压站用变压器高、低压侧部分；2 号站用电系统包括 2 号高压站用变压器及 2 号低压站用变压器高、低压侧部分；0 号站用电系统包括 35kV 站内 0 号站用变压器高、低压侧部分。

站用电系统共配置三面站用变保护屏，即 1 号站用变压器保护屏、2 号站用变压器保护屏及 0 号站用变压器保护屏。1 号、0 号站用变压器保护屏安装于主变压器及 110kV 1 号继保小室；2 号站用变压器保护屏安装于主变压器及 110kV 2 号继保小室。1 号、2 号、0 号站用变压器保护均为北京四方生产的 GBH－326FK－1113 型保护，配置了 CSC－326FA 主后一体的保护装置、CSC－211 高后备保护装置、CSC－336C3 数字式非电气量保护装置、CSC－246 备自投装置及 JFZ－13TA 操作箱。1 号、2 号与 0 号站用变压器非电气量保护装置数量不同，1 号、2 号站用变压器保护为两套 CSC－336C3 数字式非电气量保护（110kV 站用变压器、35kV 站用变压器各一套），0 号站用变压器保护为一套 CSC－336C3 数字式非电气量保护（35kV 站用变压器），其余装置数量相同。

CSC－246 备自投装置工作原理：当 400VⅠ段电源为非母线故障时，备自投装置 1 判别备用电源有电后动作，跳开 1 号站用电 400V 侧开关 1DL，自投 0 号站用变压器Ⅰ母分段开关 4DL；当 400VⅡ段电源非母线故障时，备自投装置 2 判别备用电源有电动作，跳开 2 号站用电 400V 侧开关 2DL，自投 0 号站用变压器Ⅱ母分段开关 5DL；此时无论 35kV1 号、2 号站用电恢复与否，均不考虑备自投装置的反投，而应由运行人员通过人机界面来改变运行方式。

五、站用电系统

1. 站用电系统概述

仿真变电站站用电源按两主一备用配置，共三回站用电。站用交流系统接线图如图 4－8 所示。

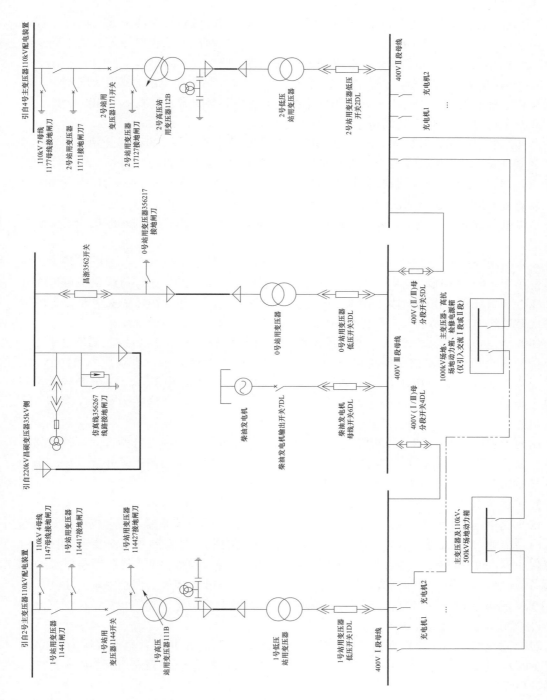

图 4-8 站用交流系统接线图

1 号站用电引自 110kV 4 母线，站用变压器由一台 110/35kV 常规油浸式三相自冷有载调压变压器（1 号高压站用变压器）和一台 35/0.4kV 常规油浸式三相自冷无载调压变压器（1 号低压站用变压器）串接组成，接 400 伏Ⅰ段母线。

2 号站用电引自 110kV 7 母线，站用变压器由一台 110/35kV 常规油浸式三相自冷有载调压变压器（2 号高压站用变压器）和一台 35/0.4kV 常规油浸式三相自冷无载调压变压器（2 号低压站用变压器）串接组成，接 400 伏Ⅱ段母线。

0 号站用电为备用电源，通过仿真 3562 线引自 220kV 昌硕变电所。站用变压器由一台 35/0.4kV 常规油浸式三相自冷无载调压变压器（0 号站用变压器）组成，接 400 伏Ⅲ段母线。昌浙 3562 开关柜位于站用电室。

另外，本站还配置一台 400kW 柴油发电机作为应急电源，接 400V Ⅲ段母线。由于 0 号站用电与柴油发电机并联接于 400V Ⅲ段母线，所以通过开关投切装置使二者不能并列运行。即 0 号低压站用变压器低压开关 3DL 与应急电源 400V 母线侧开关 6DL 不得同时合上。柴油发电机在全站交流失电的情况下手动启动，不考虑连锁。

站用电系统低压母线由 400V Ⅰ段母线、400V Ⅱ段母线、400V Ⅲ段母线组成，位于站用电室。

0 号站用变压器低压侧与Ⅰ、Ⅱ段母线之间分别设置低压Ⅰ段开关、低压Ⅱ开关，当站用工作变压器失电时，实现 0 号站用变压器对站用电供电。380V 工作母线采用单母线分段接线方式。正常工作时两段工作母线分段运行，任何一回工作电源故障失电时，备用电源将代替故障电源自动接入工作母线。任何两回站用电源不会并列运行。

1000kV 动力箱引入交流Ⅰ段或Ⅱ段电源（仅引入其中一路），然后接入 GIS 汇控柜，由汇控柜内自动切换装置实现两路电源互为备用；500kV 动力箱、主变压器 110kV 动力箱引入交流Ⅰ、Ⅱ段电源，需手动选择Ⅰ段或Ⅱ段作为工作电源，一路电源失去后，需要手动切至另一路电源供电；主变压器、高抗动力箱、全站检修动力箱均仅引入一路交流电源。

站内一般不采取 1（2）号站用变压器同时带Ⅰ、Ⅱ段工作母线运行的方式。若紧急情况下，需要采用此方式，必须事先确保 0 号站用变压器低压侧闸刀在"断开"位置，再利用 0 号站用变压器低压Ⅰ段开关、低压Ⅱ开关来实现。

2. 直流系统概述

仿真变电站 220V 直流系共 2 套，即 1 号直流系统、2 号直流系统，每套直流系统分别由 2 组蓄电池、3 套高频开关电源及两路直流主馈电屏组成。1 号直流系统安装于 1000kV 1 号继保小室，为 1000kV 开关及线路的继电保护及自动装置、测控装置、控制回路以及 UPS 等设备提供直流电源。2 号直流系统安装于主变压器及 110kV 2 号继保小室，为主变压器及 110kV 侧电气设备、500kV 开关及线路的继电保护及自动装置、测控装置、控制回路以及 UPS 等设备提供直流电源。

220V 蓄电池组采用阀控式密封铅酸蓄电池，放电时间为 2h，每组蓄电池容量为 500Ah，数量 104 只，不设端电池，额定电压 234V。正常时按浮充电方式运行，浮充电压 2.23～2.25V，均衡充电电压 2.35～2.4V。

每台高频开关电源配置 5 个整流模块，额定输出电流 100A（20A×5），输出电压调节范围 198～260V。

第二节 仿真变电站故障案例分析

》 案例一：2 号主变压器 A 相 1000kV 绕组发生单相接地故障

一、设备配置及主要定值

1. 一次设备配置

（1）2 号主变压器：ODFPS－1000000/1000（单相）；

（2）T031 开关、T032 开关：ZF15－1100；

（3）5041 开关、5042 开关：ZF15－550；

（4）1104 开关：LW25A－145。

2. 二次设备配置表

（1）主体变压器第一套电气量保护：PCS－978GC－U；

（2）主体变压器第二套电气量保护：WBH－801A；

（3）主体变压器非电气量保护：PCS－974FG；

（4）调压补偿变压器第一套电气量保护：PCS－978C－UA；

（5）调压补偿变压器第二套电气量保护：WBH－801A；

（6）调压补偿变压器非电气量保护：PCS－974FG；

（7）1000kV 3 号故障录波器：ZH－5。

3. 主要定值

（1）主体变压器第一、二套差动保护（含第一、二套 1000kV 后备保护、500kV 后备保护、110kV 后备保护）投跳闸的功能有：差动保护、1000kV 相间距离（2s，正方向指向主变压器，反方向指向母线）、1000kV 接地距离（2s，正方向指向主变压器，反方向指向母线）、1000kV 零序过流（7.6s）、过激磁保护、500kV 相间距离（2s，正方向指向主变压器，反方向指向母线）、500kV 接地距离（2s，正方向指向主变压器，反方向指向母线）、500kV 零序过流、110kV 分支 2 过流保护 t1（1.5s）延时跳 110kV 开关/t2（2s）延时跳各侧、110kV 绕组过流保护 t1（1.5s）延时跳 110kV 开关/t2（2s）延时跳各侧、主变压器各侧开关失灵时通过本保护联跳主变压器其余各侧。

（2）主体变压器第一、二套差动保护投信号的保护功能为：第一、二套差动保护 1000kV 侧、500kV 侧、公共绕组过负荷元件，110kV 绕组电流和两分支和电流过负荷元件，由保护装置内部取 1.1 倍各侧额定电流，时间固定为 6s。第一套差动保护装置无 110kV 侧电压偏移告警功能，第二套差动保护装置 110kV 侧电压偏移告警功能采用 110kV TV 开口三角电压、TA 断线不闭锁差动保护。

（3）主体变压器非电量保护投跳闸的保护功能为：重瓦斯保护、冷却器全停跳闸（60min、经 75℃闭锁 20min）。

主体变压器非电量保护投信号的保护功能为：压力释放、油温高、绕组温度高、轻瓦斯保护、油位异常。

（4）开关三相不一致保护采用开关本体保护，母线侧开关本体三相不一致保护时间整定 2s，中间开关本体三相不一致保护时间整定为 3.5s。

　　T031 开关保护仅采用断路器失灵保护（包含跟跳本断路器功能）；开关失灵保护动作，瞬时再跳本开关三相，经 200ms 延时三跳本开关及相邻开关。

　　T032 开关保护仅采用断路器失灵保护（包含跟跳本断路器功能）和重合闸功能；开关失灵保护动作，瞬时再跳本开关故障相，经 200ms 延时三跳本开关及相邻开关；重合闸置单重方式，重合闸时间为 1.3s。

　　5041 开关保护仅采用断路器失灵保护（包含跟跳本断路器功能）；开关失灵保护动作，瞬时再跳本开关三相，经 200ms 延时三跳本开关及相邻开关。

　　5042 开关保护仅采用断路器失灵保护（包含跟跳本断路器功能）和重合闸功能；开关失灵保护动作，瞬时再跳本开关故障相，经 200ms 延时三跳本开关及相邻开关；重合闸置单重方式，重合闸时间为 1s。

　　（5）1000kV 开关压力值：油压低闭锁重合闸：31.5Mpa；闭锁合闸：28.5Mpa；闭锁分闸：27Mpa；SF_6 低告警：0.55Mpa；SF_6 低闭锁分合闸：0.5Mpa。

　　（6）500kV 开关压力值：SF_6 低告警：0.52Mpa；SF_6 低闭锁分合闸：0.5Mpa。

　　（7）110kV 开关压力值：SF_6 低告警：0.45Mpa；SF_6 低闭锁分合闸：0.4Mpa。

二、前置要点分析

1. "××××保护动作"光字上传通道简要分析

以主变压器保护为例（PCS978）。

（1）保护装置硬件工作原理，保护装置硬件结构图如图 4−9 所示。

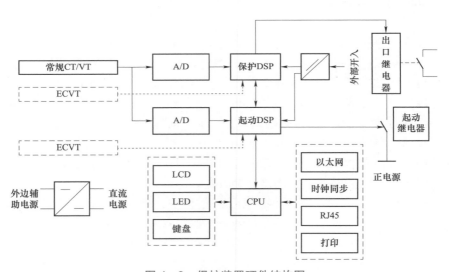

图 4−9　保护装置硬件结构图

　　来自于传统 CT/VT（TV）的电流电压被转换为标准的二次电压信号，滤波后被送到保护计算 DSP 插件，经 AD 采样后分别送到保护 DSP 和起动 DSP 用于保护计算和故障检测。

　　启动 DSP 负责故障检测，当检测到故障时开放出口继电器正电源。保护 DSP 负责保护逻辑计算，当达到动作条件时，驱动出口继电器动作。

　　（2）保护装置软件工作原理，保护程序结构框图如图 4−10 所示。

正常运行时，主程序按固定的周期响应外部中断，在中断服务程序中进行模拟量采集与滤波，开关量采集、装置硬件自检、外部异常情况检查、起动逻辑的计算，根据是否满足起动条件而进入正常运行程序或故障计算程序（主变压器保护的启动条件一般有：稳态差流起动、工频变化量差流起动、分侧差动/零序差动保护启动、相电流起动、零序电流起动、工频变化量相间电流启动等）。

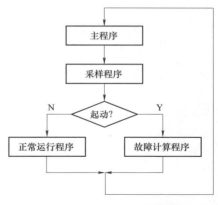

图 4-10　保护程序结构框图

正常运行程序进行装置的自检，装置不正常时发告警信号，信号分两种，一种是运行异常告警，这时不闭锁装置，提醒运行人员进行相应处理；另一种为闭锁告警信号，告警同时将装置闭锁，保护退出。

故障计算程序中进行各种保护的算法计算，跳闸逻辑判断。装置的启动和保护 DSP 独立运行各自的故障计算程序，只有两者同时判断出现故障，装置才会出口动作。

（3）保护装置动作光字上传路径，如图 4-11 所示。

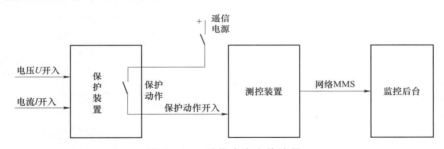

图 4-11　动作光字上传路径

保护装置启动后，进入故障计算程序，经故障计算程序判断故障为区内故障还是区外故障；若为区外故障，则经相应启动延时后，保护装置自动返回；若为区内故障，则保护功能经其整定延时后动作出口跳相应开关。

保护装置动作出口时，一般同时完成以下功能：跳相应开关、启动或闭锁重合闸、启动失灵、发出装置动作告警信号（软报文、硬接点）。

监控后台的所有光字牌一般均由硬接点信号点亮；其具体上传路径为：如上图所示，保护装置动作后，"保护装置动作"告警硬接点闭合，测控装置屏来的"遥信电源"开入到相应测控装置，测控装置监测到该信号后，将电信号转换为网络数字信号，经过 MMS 网络（监控系统网络）上传至监控后台，监控后台收到该信号后，点亮相应"保护装置动作"光字牌。

2. 各类差动保护范围

（1）纵差保护：基于变压器磁平衡原理，电流取自主变压器高压、中压、低压侧开关 TA，可以保护变压器各侧开关之间的相间故障、接地故障及匝间故障。

（2）分侧差动及零序差动保护范围：基于电流基尔霍夫定律的电平衡，电流取自主变高压开关、中压开关、公共绕组套管 TA，可以反映自耦变压器高压侧、中压侧开关到公共

绕组之间的各种相间故障，接地故障，无法反映主变低压侧的任何故障。

（3）分相差动保护范围：基于变压器磁平衡原理，电流取自主变高压开关、中压开关、低压绕组套管 TA，可以反映高压侧、中压侧开关到低压绕组之间的各种相间故障，接地故障及匝间故障。差动保护配置示意图如图 4-12 所示。

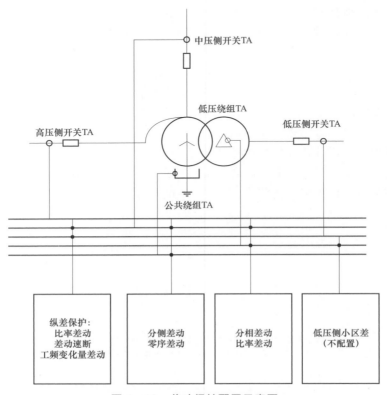

图 4-12 差动保护配置示意图

（4）低压侧小区差动保护范围：基于电流基尔霍夫定律的电平衡，电流取自主变低压开关、低压绕组套管 TA，可以反映低压绕组到低压开关之间的各种相间故障及多相接地故障。

（5）分相差动保护和低压侧小区差动保护共同构成和纵差保护相同的保护范围。纵差保护和分相差动保护在实现过程中除了电流调整方式不同，其他原理基本相同，因此相应保护说明书中如无特殊声明，比率差动保护的说明内容同时适用于纵差差动保护和分相差动保护。

3. 各类保护动作逻辑

（1）"纵差动保护动作"逻辑。

满足图 4-13 "稳态比率差动保护"动作逻辑条件时，主变压器差动保护动作，三跳主变压器各侧开关，同时启动相应开关失灵保护，闭锁相应开关重合闸。

（2）"分侧差动保护动作"逻辑。

满足图 4-14 "分侧比率差动保护"动作逻辑条件时，主变压器分侧差动保护动作，三跳主变压器各侧开关，同时启动相应开关失灵保护，闭锁相应开关重合闸。特别注意主变压器分侧差动保护的保护范围为高压开关、中压开关、公共绕组套管 TA 间的各类故障，因此可以更加明确的分配故障查找范围。

图 4 - 13　稳态比率差动逻辑框图

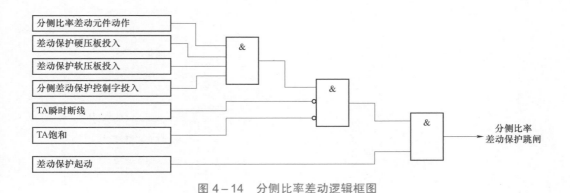

图 4 - 14　分侧比率差动逻辑框图

（3）"重瓦斯保护动作""压力释放保护动作"逻辑。

如图 4 - 15～图 4 - 17 所示，主变压器非电量保护跳闸逻辑为本体非电量保护相应继电器（重瓦斯、压力释放、压力突变、低油位等）动作后，开入到主变压器非电量保护屏，经主变压器非电量保护 PCS974FG 重动继电器 J1A - J20A 重动后，发送到相应测控装置，实现监控后台告警功能。如图 4 - 18 所示。

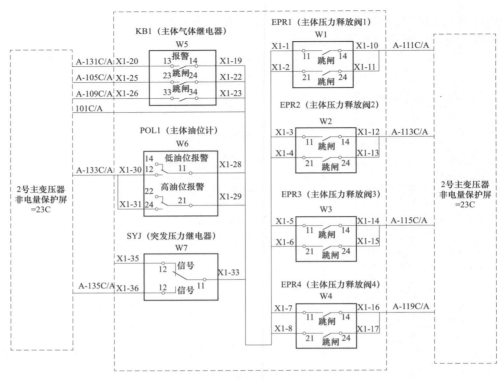

图 4-15　主变压器非电量保护测量接线图

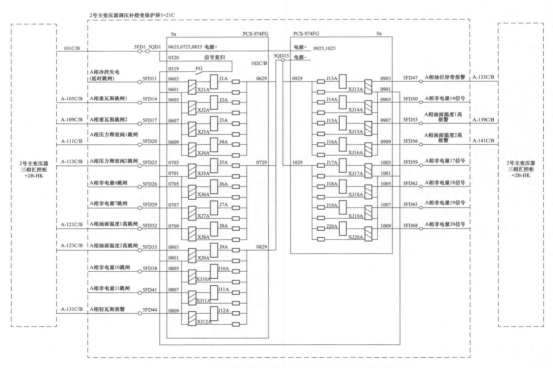

图 4-16　主变压器非电量保护输入回路接点联系图

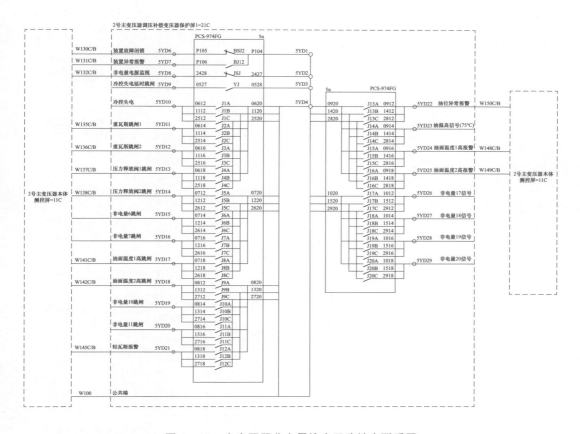

图 4 - 17　主变压器非电量输出回路接点联系图

同时，经主变压器非电量保护 PCS974FG 重动继电器 J1A - J20A 重动后，经出口继电器 TJ，出口跳主变压器三侧开关双跳圈。

注意主变压器非电量保护动作后，闭锁相应开关重合闸，但不启动断路器失灵保护。

（4）"冷却器全停保护动作"逻辑。

如图 4 - 19 和图 4 - 20 所示，当主变压器冷却器双路电源 KMS1、KMS2 全部失去，或主变压器在运行而 8 组冷却器全停时，启动冷却器全停回路；通过 K11 实现冷却器全停告警，通过 KT12、KT13 开始冷却器全停计时。

若主变压器油温达 75℃，最长运行 20min，若油温未达到 75℃，最长允许运行 60min。

（5）"1000kV、500kV 后备保护（距离）动作"逻辑。

满足图 4 - 21"阻抗保护"动作逻辑条件时，主变压器 1000kV 侧或者 500kV 距离保护动作，三跳主变压器各侧开关，同时启动相应开关失灵保护，闭锁相应开关重合闸。注意阻抗保护的保护范围为正方向指向主变压器，反方向指向相应电压等级的母线，可以作为相应母差保护的后备保护。

2号主变压器调压补偿变保护屏1 =21C

5n	PCS-974FG			
TJ	2203	5CD1 1CD1	跳高压侧边 断路器一跳圈	31H-101
TJ	2204	5CLP1 ② ① 5KD1	断路器一跳圈	31H-133F
	2205	5CD2	跳高压侧边	31H-201
TJ	2206	5CLP2 ② ① 5KD2	断路器二跳圈	31H-233F

第三串1母线断路器
保护屏=48A

TJ	2207	5CD3 1CD3	跳高压侧联络 断路器一跳圈	32H-101
TJ	2208	5CLP3 ② ① 5KD3	断路器一跳圈	32H-133F
	2209	5CD4	跳高压侧联络	32H-201
TJ	2210	5CLP4 ② ① 5KD4	断路器二跳圈	32H-233F

第三串联络断路器
保护屏=47A

TJ	2211	5CD5 1CD5	跳中压侧边 断路器一跳圈	41M-101
TJ	2212	5CLP5 ② ① 5KD5	断路器一跳圈	41M-133F
	2213	5CD6	跳中压侧边	41M-201
TJ	2214	5CLP6 ② ① 5KD6	断路器二跳圈	41M-233F

第四串1母线断路器
保护屏=44E

TJ	2215	5CD7 1CD7	跳中压侧联络 断路器一跳圈	42M-101
TJ	2216	5CLP7 ② ① 5KD7	断路器一跳圈	42M-133F
	2217	5CD8	跳中压侧联络	42M-201
TJ	2218	5CLP8 ② ① 5KD8	断路器二跳圈	42M-233F

第四串联络断路器
保护屏=45E

TJ	2219	5CD9 1CD9	跳低压侧分支1 断路器一跳圈（预留）	
TJ	2220	5CLP9 ② ① 5KD9	断路器一跳圈（预留）	
	2221	1KD9 5CD10	跳低压侧分支1	
TJ	2222	5CLP10 ② ① 5KD10	断路器二跳圈（预留）	

TJ	2223	5CD11 1CD11	跳低压侧分支2 断路器一跳圈	22L-101
TJ	2224	5CLP11 ② ① 5KD11	断路器一跳圈	22L-133R
	2225	1KD11 5CD12	跳低压侧分支2	22L-201
TJ	2226	5CLP12 ② ① 5KD12	断路器二跳圈	22L-233R

2号主变压器
非电量保护屏=23C

图4-18 主变压器非电量输出回路接点联系图

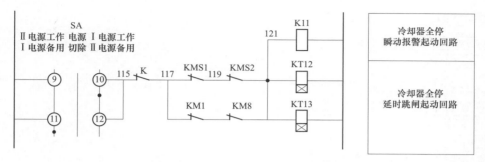

图 4-19 冷却器全停延时跳闸起动回路

图 4-20 冷却器全停延时跳闸回路

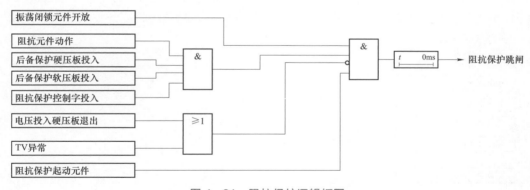

图 4-21 阻抗保护逻辑框图

（6）"1000kV、500kV 后备保护（零序）动作"逻辑。

满足图 4-22 "零序过流保护"动作逻辑条件时，主变压器 1000kV 侧或者 500kV 零序保护动作，三跳主变压器各侧开关，同时启动相应开关失灵保护，闭锁相应开关重合闸。注意目前特高压变电站均投入零序Ⅱ段保护，Ⅱ段定值不经方向闭锁。零序Ⅱ段保护作为系统的总后备，一般动作时间在 7s 以上，站内两台主变压器的动作时间差一般为 0.4s。

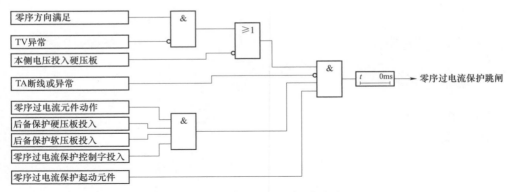

图 4-22 零序过流保护逻辑框图

（7）"过激磁保护动作"逻辑。

过激磁保护主要防止过电压和低频率对变压器造成的损坏，过激磁程度可用下式来衡量：$n=u/f$，通过计算 n 可以得知变压器所处的状态，额定运行时 $n=1$，其中 u、f 分别为电压与频率的标幺值。由于变压器在不同的过励磁情况下允许运行相应的时间，因此装置还设有反时限过激磁元件。反时限动作特性曲线由输入的七组定值确定，因此能够适应不同的变压器过励磁要求。过激磁对变压器造成的危害主要表现为变压器局部过热，定时限过激磁完成报警功能，反时限过激磁可通过控制字选择出口方式为跳闸或报警。

（8）"失灵联跳保护"动作逻辑。

满足图 4-23 "失灵联跳保护"动作逻辑条件时，主变压器 1000kV 侧、500kV 侧或 110kV 侧失灵联跳保护动作，三跳主变压器各侧开关，同时启动相应开关失灵保护，闭锁相应开关重合闸。

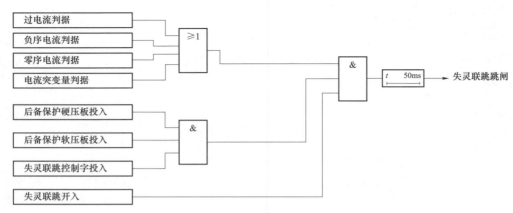

图 4-23 失灵联跳逻辑框图

注意：失灵联跳开入超过 3s 或双开入不一致超过 3s 后，装置报"失灵联跳开入报警"，并闭锁失灵联跳功能，失灵联跳电流判据满足超过 3s 后，装置报"失灵联跳电流判据报警"，不闭锁失灵联跳功能。

三、事故前运行工况

天气雷雨，气温 22℃，设备健康状况良好，正常运行方式。

四、主要事故现象

1. 监控后台现象

（1）监控系统事故音响、预告音响。

（2）在主接线及间隔监控分画面上，事故涉及开关状态发生变化。

1）在主接线图上，T031、T032、5041、5042、1104 开关三相跳闸，绿灯闪光。

2）在站用电分画面上，1 号站用变压器低压开关 1DL 跳闸，绿灯闪光，0 号站用变压器低压开关 3DL 备自投动作合闸成功，红色闪光。

（3）潮流发生变化。

1）2 号主变压器 1000kV、500kV、110kV 三侧电压、频率、潮流为零。

2）4 号主变压器三侧潮流增大。

（4）在相关间隔的光字中，有光字牌被点亮：

1）2 号主变压器间隔光字窗点亮的主要光字牌：

a. 第一套差动保护动作；

b. 第二套差动保护动动作；

c. 重瓦斯保护动作；

d. 1000kV 3 号故障录波器动作。

2）T031 开关间隔光字窗点亮的主要光字牌：

a. 间隔事故总信号；

b. T031 开关失灵保护（跟跳）动作。

3）T032 开关间隔光字窗点亮的主要光字牌：

a. 间隔事故总信号；

b. T032 开关失灵保护（跟跳）动作；

c. T032 开关闭锁重合闸。

4）5041 开关间隔光字窗点亮的主要光字牌：

a. 间隔事故总信号；

b. 5041 开关失灵保护（跟跳）动作。

5）5042 开关间隔光字窗点亮的主要光字牌：

a. 间隔事故总信号；

b. 5042 开关失灵保护（跟跳）动作；

c. 5042 开关闭锁重合闸。

6）1104 开关间隔光字窗点亮的主要光字牌：

a. 间隔事故总信号；

b. 1104 开关失灵保护（跟跳）动作。

7）站用电间隔光字窗点亮的主要光字牌：

a. 0 号站用变 1 号备用分支开关备自投动作。

（5）重要报文信息

1）2 号主变压器 A 相第一套差动保护动作；

2）2 号主变压器 A 相第二套差动保护动作；

3）2 号主变压器 A 相重瓦斯保护动作；

4）全站几乎所有保护启动。

2. 一次设备现场设备动作情况

（1）T031 开关、T032 开关、5041 开关、5042 开关、1104 开关处于分闸位置，相关压力正常。

（2）1 号站用变压器低压开关 1DL 处于分闸位置；0 号站用变低压开关 3DL 处于合闸位置，站用电运行情况正常。

（3）2 号主变压器 A 相油温明显比 B、C 相高，现场外观检查情况正常，瓦斯继电器内有明显气体，其他无异常。

（4）2 号主变压器差动保护范围内所有一次设备外观检查情况正常，无明显放电痕迹。

3. 保护动作情况

（1）2 号主变压器主体变压器第一套差动保护屏：

1）PCS978 保护装置面板上跳闸红灯亮，自保持；

2）装置液晶面板上主要保护动作信息有：

a. A 相比率差动保护动作；

b. A 相差动速断保护动作；

c. A 相分侧差动保护动作；

d. A 相、B 相、C 相跳闸。

（2）2 号主变压器主体变压器第二套差动保护屏：

1）WBH－801A 保护装置面板上跳闸红灯亮，自保持；

2）装置液晶面板上主要保护动作信息有：

a. A 相纵差动保护动作；

b. A 相差动速断保护动作；

c. A 相分侧差动保护动作；

d. A 相、B 相、C 相跳闸。

（3）2 号主变压器主体变压器非电量保护屏：

1）PCS974 保护装置面板上跳闸红灯亮，自保持；

2）装置液晶面板上主要保护动作信息有：

a. A 相重瓦斯保护动作；

b. A 相轻瓦斯保护动作；

c. A 相油温高告警。

（4）1 号站用变压器保护屏：

1）CSC－246 保护装置面板上出口 5（跳 1 号站用变低压开关 1DL 出口）、出口 2（合 400V Ⅰ/Ⅲ母线分段开关 3DL 出口）红灯亮，自保持；

2）装置液晶面板上主要保护动作信息有：

0 号站用变分支 1 备自投动作；

（5）T031 开关保护屏、T032 开关保护屏、5041 开关保护屏、5042 开关保护屏、1104
开关保护屏：

1）WDLK－862A 保护装置面板上跳闸红灯亮，自保持；ZFZ822 操作箱 A 相、B 相、
C 相跳闸Ⅰ红灯亮，A 相、B 相、C 相跳闸Ⅱ红灯亮，A 相跳闸位置、B 相跳闸位置、C
相跳闸位置红灯亮，自保持。

2）装置液晶面板上主要保护动作信息有：

a. 瞬时跟跳 A 相；

b. 瞬时跟跳 B 相；

c. 瞬时跟跳 C 相；

d. 沟三跳闸。

（6）1000kV 3 号故障录波器屏（2 号主变压器）。

故障录波装置动作，故障分析报告为主变压器 A 相故障；故障波形显示 A 相电流
突增，故障电流明显大于 B、C 相负荷电流；A 相电压突减，故障电压明显低于 B、C
相电压；2 号主变压器第一套电气量保护 A 相动作，2 号主变压器第二套电气量保护 A
相动作、2 号主变压器 A 相重瓦斯保护动作；T031、T032、5041、5042、1104 开关分
闸位置。

五、主要处理步骤

（1）记录故障时间，清除音响。

（2）详细记录跳闸断路器编号及位置（可以拍照或记录），记录相关运行设备潮流，现
场天气情况。

（3）在故障后 5min 内，当值值长将收集到的故障发生的时间、发生故障的具体设备
及其故障后的状态、故障跳闸开关及位置，相关设备潮流情况、现场天气等信息简要汇报
调度；并安排人员将上述情况汇报设备管理单位、站部管理人员。

（4）当值值长组织运维人员，根据监控后台重要光字、重要报文、开关跳位信息，初
步判断故障性质及范围，并进行清闪、清光字。

（5）当值值长为事故处理的最高指挥，负责和当值调度、联系；同时合理分配当值人
员，安排 1～2 名正值现场检查保护、故录动作情况，并打印相关报告，重点检查主变保护、
主变压器故录动作情况；安排 1～2 名副值现场检查一次设备情况，重点检查主变差动保护
范围内的一次设备外观情况、相应开关实际位置、外观情况；所有现场检查人员需带对讲
机以方便信息及时沟通。

（6）当值值长继续分析监控后台光字、报文（重要光字、报文需要全面，无遗漏），并
和现场检查人员及时进行信息沟通，确保双方最新信息能够及时地传递到位，并负责和相
关部门联系。

（7）运维人员到一次现场实地重点检查：主变压器三侧相应开关位置、压力情况，主
变压器差动保护范围内的设备外观情况，站用电切换情况，并将检查情况及时通过对讲机
汇报当值值长。

（8）运维人员到二次现场检查保护动作情况，记录保护动作报文，现场灯光指示，
并核对正确后复归各保护及跳闸出口单元信号，打印保护动作及故障录波器录波波形
并分析；现场检查时，注意合理利用时间，同时将现场检查情况，特别是故障相别及

时通过对讲机汇报当值值长，以方便现场一次设备检查人员更精确地进行故障设备排查和定位。

（9）当值值长汇总现场运维人员一、二次设备检查情况，根据保护动作信号及现场一次设备外观检查情况，判断故障原因为 2 号主变压器主体变压器 A 相内部故障，相应保护、故障录波器正确动作，三跳 2 号主变压器三侧开关；站用电 I 段失电，0 号站用变备自投正确动作，站用电 I 段电源恢复。

（10）在故障后 15min 内，值长将上述一、二次设备检查、复归情况，站用电恢复情况及故障原因判断情况障详情汇报调度、设备管理单位及站部管理人员。

（11）根据调度指令隔离故障点及处理：

1）2 号主变压器 T031 开关从热备用改为冷备用；

2）2 号主变压器/湖安线 T032 开关从热备用改为冷备用；

3）2 号主变压器 5041 开关从热备用改为冷备用；

4）2 号主变压器/安和线 5042 开关从热备用改为冷备用；

5）2 号主变压器 1104 开关从热备用改为冷备用；

6）2 号主变压器从冷备用改为主变压器检修。

（12）分析主变压器在线监测色谱分析数据，同时取油样进行色谱分析，判断确为主变压器内部故障。

（13）做好记录，填报故障快报及汇报缺陷等。

（14）检修人员到达现场，做好相应安措，并许可相应故障抢修工作票。

>> **案例二：2 号主变压器 A 相调压补偿变压器调压绕组发生匝间接地故障**

一、设备配置及主要定值

（1）一、二次设备配置同案例一。

（2）主要定值。

1）调补变压器第一、二套差动保护投跳闸的保护功能为：

本保护共有 9 组定值区，调压变压器差动保护每个运行档位均有对应的一组定值区，现场根据调压变压器的实际运行档位置相应的定值区；补偿变压器差动保护 9 组定值区完全相同；差动保护动作跳主变压器三侧开关，TA 断线闭锁差动保护。

2）调补变压器非电量保护投跳闸的保护功能为：重瓦斯保护、冷却器全停跳闸（60min、经 75℃闭锁 20min）。

主体变压器、调补变压器非电量保护投信号的保护功能为：压力释放、油温高、绕组温度高、轻瓦斯保护、油位异常。

3）其他设备定值同案例一。

二、前置要点分析

（1）调补变压器"纵差动保护动作"逻辑，如图 4 - 24 所示。

（2）调补变压器"重瓦斯保护动作""压力释放保护动作"逻辑，如图 4 - 25～图 4 - 27 所示。

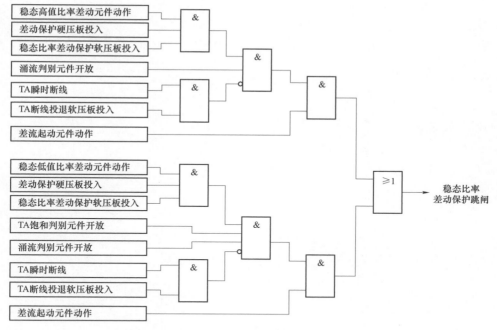

图 4-24　稳态比率差动逻辑框图

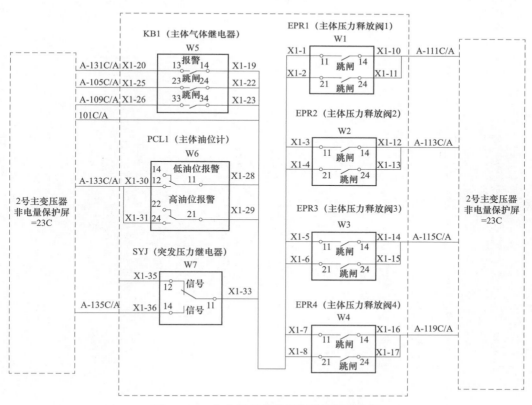

图 4-25　主变压器非电量保护测量接线图

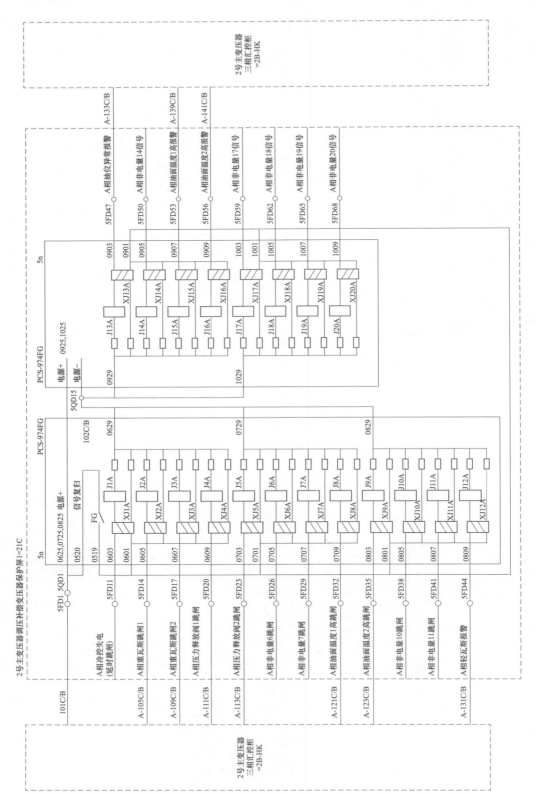

图 4-26　主变压器非电量保护输入回路接点联系图

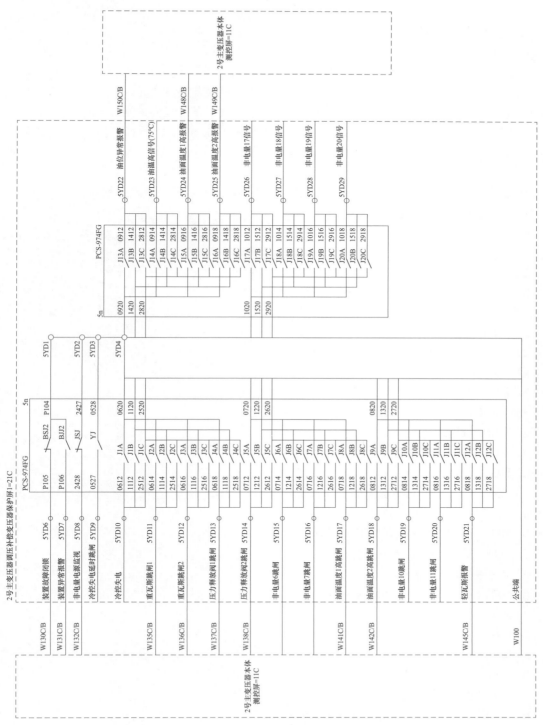

图 4-27　主变压器非电量输出回路接点联系图

三、事故前运行工况

天气雷雨，气温 22℃，设备健康状况良好，正常运行方式。

四、主要事故现象

1. 后台监控现象

（1）监控系统事故音响、预告音响。

（2）在主接线及间隔监控分画面上，事故涉及开关状态发生变化。

1）在主接线图上，T031、T032、5041、5042、1104 开关三相跳闸，绿灯闪光。

2）在站用电分画面上，1 号站用变压器低压开关 1DL 跳闸，绿灯闪光，0 号站用变低压开关 3DL 备自投动作合闸成功，红色闪光。

（3）潮流变化：

1）2 号主变压器 1000kV、500kV、110kV 三侧电压、频率、潮流为零。

2）4 号主变压器三侧潮流增大。

（4）光字牌状态变化：

1）2 号主变压器间隔光字窗点亮的主要光字牌：

a. 2 号主变压器调补变压器第一套差动保护动作；

b. 2 号主变压器调补变压器第二套差动保护动作；

c. 2 号主变压器调补变压器重瓦斯保护动作；

d. 1000kV 3 号故障录波器动作。

2）T031 开关间隔光字窗点亮的主要光字牌：

a. 间隔事故总信号；

b. T031 开关失灵保护（跟跳）动作。

3）T032 开关间隔光字窗点亮的主要光字牌：

a. 间隔事故总信号；

b. T032 开关失灵保护（跟跳）动作；

c. T032 开关闭锁重合闸。

4）5041 开关间隔光字窗点亮的主要光字牌：

a. 间隔事故总信号；

b. 5041 开关失灵保护（跟跳）动作。

5）5042 开关间隔光字窗点亮的主要光字牌：

a. 间隔事故总信号；

b. 5042 开关失灵保护（跟跳）动作；

c. 5042 开关闭锁重合闸。

6）1104 开关间隔光字窗点亮的主要光字牌：

a. 间隔事故总信号；

b. 1104 开关失灵保护（跟跳）动作。

7）站用电间隔光字窗点亮的主要光字牌：

0 号站用变压器 1 号备用分支开关备自投动作。

（5）重要报文信息。

a. 2 号主变压器调补变压器 A 相第一套差动保护动作；

b. 2 号主变压器调补变压器 A 相第二套差动保护动作；

c. 2 号主变压器调补变压器 A 相重瓦斯保护动作；

d. 全站部分保护同时启动。

2. 一次现场设备动作情况

（1）T031 开关、T032 开关、5041 开关、5042 开关、1104 开关处于分闸位置，相关压力正常。

（2）1 号站用变压器低压开关 1DL 处于分闸位置；0 号站用变低压开关 3DL 处于合闸位置，站用电运行情况正常。

（3）2 号主变压器 A 相调补变压器油温明显比 B、C 相高，现场外观检查情况正常，气体继电器内有明显气体，其他无异常。

（4）2 号主变压器差动保护范围内所有一次设备外观检查情况正常，无明显放电痕迹。

3. 保护动作情况

（1）2 号主变压器主体变压器第一套差动保护屏：

保护启动。

（2）2 号主变压器主体变压器第二套差动保护屏：

保护启动。

（3）2 号主变压器主体变压器非电量保护屏：

无信号。

（4）2 号主变压器调补变压器第一套保护屏：

1）PCS978 保护装置面板上跳闸红灯亮，自保持；

2）装置液晶面板上主要保护动作信息有：

a. A 相纵连差动保护动作；

b. A 相、B 相、C 相跳闸。

（5）2 号主变压器调补变压器第二套保护屏：

1）WBH－801A 保护装置面板上跳闸红灯亮，自保持；

2）装置液晶面板上主要保护动作信息有：

a. A 相纵差动保护动作；

b. A 相差动速断保护动作；

c. A 相分侧差动保护动作

d. A 相、B 相、C 相跳闸。

（6）1 号站用变压器保护屏：

1）CSC－246 保护装置面板上出口 5（跳 1 号站用变低压开关 1DL 出口）、出口 2（合400V Ⅰ/Ⅲ 母线分段开关 3DL 出口）红灯亮，自保持。

2）装置液晶面板上主要保护动作信息有：

0 号站用变压器分支 1 备自投动作；

（7）T031 开关保护屏、T032 开关保护屏、5041 开关保护屏、5042 开关保护屏、1104开关保护屏。

1）WDLK－862A 保护装置面板上跳闸红灯亮，自保持；ZFZ822 操作箱 A 相、B 相、C 相跳闸Ⅰ红灯亮，A 相、B 相、C 相跳闸Ⅱ红灯亮，A 相跳闸位置、B 相跳闸位置、C

相跳闸位置红灯亮，自保持。

2）装置液晶面板上主要保护动作信息有：

a. 瞬时跟跳 A 相；

b. 瞬时跟跳 B 相；

c. 瞬时跟跳 C 相；

d. 沟三跳闸。

（8）1000kV 3 号故障录波器屏（2 号主变压器）。

故障录波装置动作，故障分析报告为主变压器 A 相故障；故障波形显示 A 相电流增大，故障电流明显大于 B、C 相负荷电流；A、B、C 相电压变化较小；2 号主变压器调补变压器第一套电气量保护 A 相动作，2 号主变压器调补变压器第二套电气量保护 A 相动作、2 号主变压器调补变压器 A 相重瓦斯保护动作；T031、T032、5041、5042、1104 开关分闸位置。

五、主要处理步骤

（1）记录故障时间，清除音响。

（2）详细记录跳闸断路器编号及位置（可以拍照或记录），记录相关运行设备潮流，现场天气情况。

（3）在故障后 5min 内当值值长将收集到的故障发生的时间、发生故障的具体设备及其故障后的状态、故障跳闸开关及位置，相关设备潮流情况、现场天气等信息简要汇报调度；并安排人员将上述情况汇报设备管理单位、站部管理人员。

（4）当值值长组织运维人员，分析监控后台重要光字、重要报文，初步判断故障性质及范围，并进行清闪、清光字。

（5）当值值长为事故处理的最高指挥，负责和当值调度、联系；同时合理分配当值人员，安排 1～2 名正值现场检查保护、故录动作情况，并打印相关报告，重点检查主变保护、主变压器故录动作情况；安排 1～2 名副值现场检查一次设备情况，重点检查主变压器差动保护范围内的一次设备外观情况、相应开关实际位置、外观情况；所有现场检查人员需带对讲机以方便信息及时沟通。

（6）当值值长继续分析监控后台光字、报文（重要光字、报文需要全面，无遗漏），并和现场检查人员及时进行信息沟通，确保双方最新信息能够及时地传递到位，并负责和相关部门联系。

（7）运维人员到一次现场实地重点检查：主变压器三侧相应开关位置、压力情况，主变压器差动保护范围内的设备外观情况，站用电切换情况，并将检查情况及时通过对讲机汇报当值值长。

（8）运维人员到二次现场检查保护动作情况，记录保护动作报文，现场灯光指示，并核对正确后复归各保护及跳闸出口单元信号，打印保护动作及故障录波器录波波形并分析；现场检查时，注意合理利用时间，同时将现场检查情况，特别是故障相别及时通过对讲机汇报当值值长，以方便现场一次设备检查人员更精确地进行故障设备排查和定位。

（9）当值值长汇总现场运维人员一、二次设备检查情况，根据保护动作信号及现场一次设备外观检查情况，判断故障原因为 2 号主变压器主体变压器 A 相内部故障，相应保护、故障录波器正确动作，三跳 2 号主变压器三侧开关；站用电 I 段失电，0 号站用变备自投正确动作，站用电 I 段电源恢复。

（10）在故障后 15min 内，值长将上述一、二次设备检查、复归情况，站用电恢复情况及故障原因判断情况障详情汇报调度及站部管理人员。

（11）隔离故障点及处理：

1）2 号主变压器 T031 开关从热备用改为冷备用；

2）2 号主变压器/湖安线 T032 开关从热备用改为冷备用；

3）2 号主变压器 5041 开关从热备用改为冷备用；

4）2 号主变压器/安和线 5042 开关从热备用改为冷备用；

5）2 号主变压器 1104 开关从热备用改为冷备用；

6）2 号主变压器从冷备用改为主变压器检修。

（12）2 号主变压器调补变压器 A 相取油样进行色谱分析，判断确为主变压器内部故障。

（13）做好记录，填报故障快报及汇报缺陷等。

（14）检修人员到达现场，做好相应安措，并许可相应故障抢修工作票。

案例三：2 号主变压器低压侧 A 相 TV 接地，2 分钟后 1143 低抗 B 相开关与 TA 间再接地故障

一、设备配置及主要定值

一、二次设备配置及定值情况同案例一。

二、前置要点分析

1. 各类差动保护范围

（1）纵差保护：基于变压器磁平衡原理，电流取自主变压器高压、中压、低压侧开关 TA，可以保护变压器各侧开关之间的相间故障、接地故障及匝间故障。

（2）分侧差动及零序差动保护范围：基于电流基尔霍夫定律的电平衡，电流取自主变压器高压开关、中压开关、公共绕组套管 TA，可以反映自耦变压器高压侧、中压侧开关到公共绕组之间的各种相间故障，接地故障，无法反映主变压器低压侧的任何故障。

（3）分相差动保护范围：基于变压器磁平衡原理，电流取自主变压器高压开关、中压开关、低压绕组套管 TA，可以反映高压侧、中压侧开关到低压绕组之间的各种相间故障，接地故障及匝间故障。

（4）低压侧小区差动保护范围：基于电流基尔霍夫定律的电平衡，电流取自主变压器低压开关、低压绕组套管 TA，可以反映低压绕组到低压开关之间的各种相间故障及多相接地故障。

（5）分相差动保护和低压侧小区差动保护共同构成和纵差保护相同的保护范围。纵差保护和分相差动保护在实现过程中除了电流调整方式不同，其他原理基本相同，因此相应保护说明书中如无特殊声明，比率差动保护的说明内容同时适用于纵差差动保护和分相差动保护。

2. "纵差动保护动作" 逻辑

满足图 4-28 "稳态比率差动保护" 动作逻辑条件时，主变压器差动保护动作，三跳主变压器各侧开关，同时启动相应开关失灵保护，闭锁相应开关重合闸。

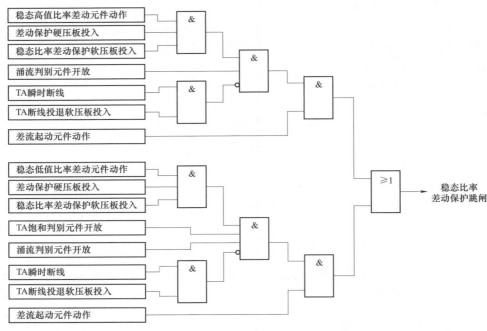

图 4-28 稳态比率差动逻辑框图

三、事故前运行工况

天气雷雨，气温 22℃，设备健康状况良好，正常运行方式。

四、主要事故现象

第一阶段：2 号主变压器 110kV TV A 相金属性接地（持续 2min）

1. 后台监控现象

（1）监控系统预告音响响。

（2）主接线画面状态变化：

2 号主变压器 A 相电压为 0，B、C 相电压为 110kV；

（3）监控系统报文：

2 号主变压器第二套电气量保护中性点电压偏移保护动作。

第二阶段：在第一阶段基础上，发生 1143B 相开关与 TA 之间金属性接地故障

2. 后台监控现象

（1）监控系统事故音响、预告音响响。

（2）主接线画面状态变化：

1）T031、T032、5041、5042、1104 开关三相绿色闪光。

2）1 号站用变压器低压开关 1DL 绿闪，0 号站用变压器低压开关 3DL 红闪。

（3）潮流变化：

2 号主变压器 1000kV、500kV、110kV 三侧电压、频率、电流、有功、无功为零，1号站用变压器低压开关电流、有功、无功变为零，0 号站用变压器低压开关电流变从零变为原 1 号站用变压器低压开关的电流、有功、无功。

（4）光字牌状态变化：

1）2 号主变压器间隔光字牌点亮：

第一套差动保护动作、第二套差动保护动作、1000kV 3 号故障录波器动作。

2）T031 开关间隔光字牌点亮：

T031 开关间隔事故总信号、T031 开关失灵保护（跟跳）动作、2 号主变压器 T031 开关第一组跳闸出口、2 号主变压器 T031 开关第二组跳闸出口。

3）T032 开关间隔光字牌点亮：

T032 开关间隔事故总信号、T032 开关失灵保护（跟跳）动作、2 号主变压器 T032 开关第一组跳闸出口、2 号主变压器 T032 开关第二组跳闸出口。

4）5041 开关间隔光字牌点亮：

5041 开关间隔事故总信号、5041 开关失灵保护（跟跳）动作、2 号主变压器 5041 开关第一组跳闸出口、2 号主变压器 5041 开关第二组跳闸出口。

5）5042 开关间隔光字牌点亮：

5042 开关间隔事故总信号、5042 开关失灵保护（跟跳）动作、2 号主变压器 5042 开关第一组跳闸出口、2 号主变压器 5042 开关第二组跳闸出口。

6）1104 开关间隔光字牌点亮：

1104 开关间隔事故总信号。

7）2 号主变压器 110kV 侧 110kV 公用间隔光字牌点亮：

11kV 4 母线母差保护动作

（5）重要报文信息：

2 号主变第二套电气量保护启动

2 号主变第二套电气量保护零序电压告警

2 号主变第二套电气量保护 A 相比例差动动作

2 号主变第二套电气量保护 A 相工频变化量差动动作

2 号主变第一套电气量保护启动

2 号主变第一套电气量保护 A 相比例差动动作

2 号主变第一套电气量保护 A 相工频变化量差动动作

T031 开关保护瞬时跟跳三相

T032 开关保护瞬时跟跳三相

5041 开关保护瞬时跟跳三相

5042 开关保护瞬时跟跳三相

1104 开关保护瞬时跟跳三相

110kV 4 母差保护差动保护动作

1 号备自投动作

T031 开关分

T031 开关 A 相分

T031 开关 B 相分

T031 开关 C 相分

T031 开关分

T032 开关 A 相分

T032 开关 B 相分

T032 开关 C 相分

5041 开关分

5041 开关 A 相分

5041 开关 B 相分

5041 开关 C 相分

5042 开关分

5042 开关 A 相分

5042 开关 B 相分

5042 开关 C 相分

1104 开关分

1DL 开关分

3DL 开关合

3. 一次现场设备动作情况

（1）T031 开关、T032 开关、5041 开关、5042 开关、1104 开关分闸位置，相关压力正常。

（2）1 号站用变压器低压开关 1DL 分闸位置；0 号站用变压器低压开关 3DL 合闸位置，站用电运行情况正常。

（3）2 号主变压器 110kV A 相 TV 绝缘子闪络、1143 开关靠流变侧瓷瓶闪络，2 号主变压器 110kV 侧其他所有一次设备外观检查情况正常，无明显放电痕迹。

4. 保护动作情况

（1）2 号主变压器主体变压器第一套差动保护屏：

PCS978 保护装置面板上跳闸红灯亮，自保持；

液晶面板显示：

A 比例差动

A 工频变化量差动

最大纵差电流　　2.44Ie

最大分相差电流　　3.65Ie

（2）2 号主变压器主体变压器第二套差动保护屏：

WBH－801A 保护装置面板上跳闸红灯亮，自保持；

液晶面板显示：

零序电压告警

A 比例差动

A 工频变化量差动

最大纵差电流　　2.44Ie

最大分相差电流　　3.65Ie

（3）2 号主变压器主体变压器非电量保护屏：

无信号

（4）2号主变压器调补变压器第一套保护屏：

保护启动。

（5）2号主变压器调补变压器第二套保护屏：

保护启动。

（6）1号站用变压器保护屏：

液晶面板显示：

出口跳进线 1DL

出口合母联 3DL

（7）T031 开关保护屏

WDLK－862A 保护装置面板上跳闸红灯亮，自保持；

液晶面板显示：

瞬时跟跳三相

操作箱以下指示灯亮红灯：

A 相跳闸Ⅰ、B 相跳闸Ⅰ、C 相跳闸Ⅰ、A 相跳闸Ⅱ、B 相跳闸Ⅱ、C 相跳闸Ⅱ

（8）T032 开关保护屏

WDLK－862A 保护装置面板上跳闸红灯亮，自保持；

液晶面板显示：

瞬时跟跳三相

操作箱以下指示灯亮红灯：

A 相跳闸Ⅰ、B 相跳闸Ⅰ、C 相跳闸Ⅰ、A 相跳闸Ⅱ、B 相跳闸Ⅱ、C 相跳闸Ⅱ

（9）5041 开关保护屏

WDLK－862A 保护装置面板上跳闸红灯亮，自保持；

液晶面板显示：

瞬时跟跳三相

操作箱以下指示灯亮红灯：

A 相跳闸Ⅰ、B 相跳闸Ⅰ、C 相跳闸Ⅰ、A 相跳闸Ⅱ、B 相跳闸Ⅱ、C 相跳闸Ⅱ。

（10）5042 开关保护屏

WDLK－862A 保护装置面板上跳闸红灯亮，自保持；

液晶面板显示：

瞬时跟跳三相

操作箱以下指示灯亮红灯：

A 相跳闸Ⅰ、B 相跳闸Ⅰ、C 相跳闸Ⅰ、A 相跳闸Ⅱ、B 相跳闸Ⅱ、C 相跳闸Ⅱ。

（11）1104 开关保护屏

WDLK－862A 保护装置面板上跳闸红灯亮，自保持；

液晶面板显示：

瞬时跟跳三相

操作箱以下指示灯亮红灯：

A 相跳闸Ⅰ、B 相跳闸Ⅰ、C 相跳闸Ⅰ、A 相跳闸Ⅱ、B 相跳闸Ⅱ、C 相跳闸Ⅱ。

（12）110kV 4 母线母差保护屏

WMH-800A 保护装置面板上"差动保护"红灯亮，自保持；

液晶面板显示：

差动保护动作

（13）1000kV 3 号故障录波器屏（2 号主变压器）

故障录波装置动作，故障分析报告为主变压器 A 相故障；故障波形显示 A 相电流突增，故障电流明显大于 B、C 相负荷电流；2min 前，110kV 侧 A 相电压突减，B、C 相电压突增，线电压无变化；2 号主变压器第一套电气量保护 A 相动作，2 号主变压器第二套电气量保护 A 相动作；T031、T032、5041、5042、1104 开关分闸位置。

五、主要处理步骤

（1）记录故障时间，清除音响。

（2）详细记录跳闸断路器编号及位置（可以拍照或记录），记录相关运行设备潮流，现场天气情况。

（3）在故障后 5min 内当值值长将收集到的故障发生的时间、发生故障的具体设备及其故障后的状态、故障跳闸开关及位置，相关设备潮流情况、现场天气等信息简要汇报调度；并安排人员将上述情况汇报、站部管理人员。

（4）当值值长组织运维人员，分析监控后台重要光字、重要报文，初步判断故障性质及范围，并进行清闪、清光字。

（5）当值值长为事故处理的最高指挥，负责和当值调度、联系；同时合理分配当值人员，安排 1～2 名正值现场检查保护、故录动作情况，并打印相关报告，重点检查主变保护、主变压器故录动作情况；安排 1～2 名副值现场检查一次设备情况，重点检查主变压器差动保护范围内的一次设备外观情况、相应开关实际位置、外观情况；所有现场检查人员需带对讲机以方便信息及时沟通。

（6）当值值长继续分析监控后台光字、报文（重要光字、报文需要全面，无遗漏），并和现场检查人员及时进行信息沟通，确保双方最新信息能够及时地传递到位，并负责和相关部门联系。

（7）运维人员到一次现场实地重点检查：主变压器三侧相应开关位置、压力情况，主变压器差动保护范围内的设备外观情况，站用电切换情况，并将检查情况及时通过对讲机汇报当值值长。

（8）运维人员到二次现场检查保护动作情况，记录保护动作报文，现场灯光指示，并核对正确后复归各保护及跳闸出口单元信号，打印保护动作及故障录波器录波波形并分析；现场检查时，注意合理利用时间，同时将现场检查情况，特别是故障相别及时通过对讲机汇报当值值长，以方便现场一次设备检查人员更精确地进行故障设备排查和定位。

（9）当值值长汇总现场运维人员一、二次设备检查情况，根据保护动作信号及现场一次设备外观检查情况，判断故障原因为 2 号主变压器低压侧 A 相 TV 接地，2min 后 1143 低抗 B 相开关与 TA 间再接地故障。

（10）在故障后 15min 内，值长将上述一、二次设备检查、复归情况，站用电恢复情况及故障原因判断情况障详情汇报调度、及站部管理人员。

（11）隔离故障点及处理：

1）2 号主变压器 T031 开关从热备用改为冷备用；

2）2 号主变压器/湖安线 T032 开关从热备用改为冷备用；

3）2 号主变压器 5041 开关从热备用改为冷备用；

4）2 号主变压器/安和线 5042 开关从热备用改为冷备用；

5）2 号主变压器 1104 开关从热备用改为冷备用；

6）2 号主变压器从冷备用改为主变压器检修。

（12）2 号主变压器取油样进行色谱分析，判断非主变压器内部故障。

（13）做好记录，填报故障快报及汇报缺陷等。

（14）检修人员到达现场，许可相应故障抢修工作票，并做好相应安措。

》 案例四：1000kV Ⅱ 母线跳闸

一、设备配置及主要定值

1. 设备配置

仿真变电站 1000kV 母线一、二次设备配置参见第二章。

2. 主要定值

（1）1000kV Ⅱ 母线第一套母差保护 WMH－800A/P 中的差动保护、失灵保护正常投跳。失灵开入重动继电器箱 ZFZ－811/F 正常运行方式。

（2）1000kV Ⅱ 母线第二套母差保护 BP－2CS－H 中的差动保护、失灵保护正常投跳。失灵开入重动继电器箱 PRS－789 正常运行方式。

（3）1000kV Ⅱ 母线连接的开关 T022、T033、T052、T063 开关保护都为 GLK862A－221，失灵投入，跟跳投入，各个软压板、硬压板正常投入。

二、前置要点分析

1. 母线气室分隔多，故障点定位难

仿真变电站 1000kV Ⅱ 母线每相都有 14 个气室，加上与之相连的（未经过开关的连接部分）隔离开关等气室，数量较多。当母差保护动作时，母差保护范围之内设备众多，有别于 AIS（空气绝缘设备，即敞开式设备）母线，GIS 的故障点巡查难度大。

2. 理论分析定位

根据保护和故障录波，绘制出故障电流分布图，如图 4－29 所示。根据各开关故障电流分析，初步判断最可能故障点位于 T0522 开关至 Ⅱ 母线之间，或第 3 串至第 5 串之间的母线上。

3. 检测措施

由于故障时电弧对 SF_6 气体的放电作用，会产生相应的氟化物等其他杂质气体，因此分解物检测是目前 GIS 故障定位行之有效的方法。针对本次故障，对 1000kV Ⅱ 母线各相关气室开展 SF_6 分解物测试工作，在 T0522 闸刀 C 相与预留 T0532 闸刀 C 相间的气室内检测出异常分解物。基本确定故障点位于 T0522 闸刀 C 相与预留 T0532 闸刀 C 相间的气室。

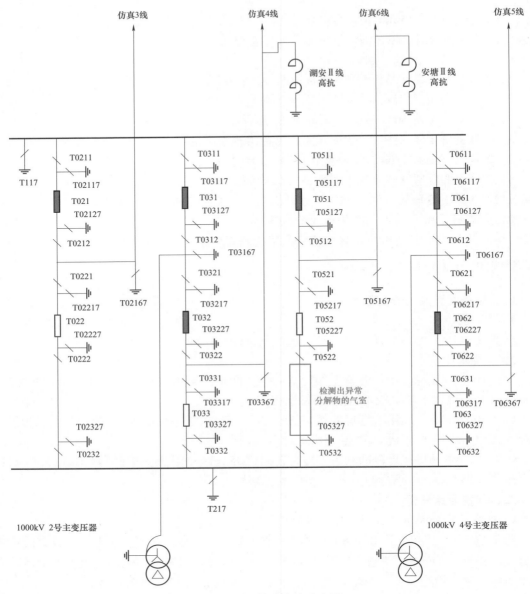

图 4－29　故障电流分布图

　　分解物检测结果见表 4－17，由此初步判断，T0522 闸刀 C 相与预留 T0532 闸刀 C 相间气室内存在故障点。

表 4－17　　　　T0522 闸刀 C 相与预留 T0532 闸刀 C 相间气室 SF₆ 分解物检测结果　　　　（μL/L）

分解物检测仪器厂家	分解物成分及含量		
	SO_2	H_2S	CO
泰普联合	10.3	3.5	1.3
厦门加华	11.72	0	4.0

续表

分解物检测仪器厂家	分解物成分及含量		
	SO_2	H_2S	CO
兴泰	11.24	0	1.5
忆榕	13.1	0	0

4. 其他检测方法

红外测温检测。由于故障时大电流产生的高温，GIS 筒体短时间内温度都会较高。如果及时用红外测温仪进行测量，条件情况较好时能够发现故障点。但是本次故障由于各种原因，红外测温未见异常。

局放信号推测。局部放电在线监测能够对放电产生的高频信号进行监测，离故障点越近，局放信号越强。利用局放信号也能大概推导出故障点。本次故障中，局放信号也未见明显异常。

三、事故前运行工况

（1）天气情况：阴天，气温 20℃，设备健康状况良好，正常运行方式。

（2）故障前运行方式：

仿真变电站 1000kV 湖安 I 线、仿真 4 线、仿真 5 线、仿真 6 线运行，T021、T022、T031、T032、T033、T051、T052、T061、T062、T063 开关运行；湖安 I 线、仿真 4 线负荷分别为 1085MW 和 1090MW，仿真 5 线、仿真 6 线负荷分别为 256MW 和 230MW。

四、主要事故现象

1. 后台监控现象

（1）监控系统事故音响、预告音响。

（2）主接线画面状态变化：

T022、T033、T052、T063 开关三相绿色闪光。

（3）潮流变化：

1）1000kV Ⅱ 母电压、频率为零。

2）1000kV 线路、主变 1000kV 侧潮流未发生明显变化。

（4）光字牌状态变化：

1）1000kV Ⅱ 母线光字牌点亮：1000kV Ⅱ 母线第一套母差保护动作、1000kV Ⅱ 母线第二套母差保护动作

2）湖安 I 线 T022 开关光字牌点亮：开关油泵启动（非保持信号，不一定报出）

3）湖安 I 线 T022 开关保护光字牌点亮：第一组控制回路断线（非保持信号）、第二组控制回路断线（非保持信号）、第一组跳闸出口（保持信号）、第二组跳闸出口（保持信号）。

4）仿真 4 线 T033 开关保护光字牌点亮：第一组控制回路断线（非保持信号）、第二组控制回路断线（非保持信号）、第一组跳闸出口（保持信号）、第二组跳闸出口（保持信号）。

5）仿真 6 线 T052 开关保护光字牌点亮：第一组控制回路断线（非保持信号）、第二组控制回路断线（非保持信号）、第一组跳闸出口（保持信号）、第二组跳闸出口（保持信号）。

6）仿真 5 线 T063 开关保护光字牌点亮：第一组控制回路断线（非保持信号）、第二组控制回路断线（非保持信号）、第一组跳闸出口（保持信号）、第二组跳闸出口（保持信号）。

7）其他光字牌点亮：1000kV 1 号故障录波器启动、1000kV 2 号故障录波器启动。

2. 一次现场设备动作情况

T022、T033、T052、T063 开关三相在断开位置，开关 SF_6 压力、油压均正常。一次设备外观检查、红外测温正常。

3. 保护动作情况

1000kVⅡ母第一、二套母差保护跳闸灯亮，T022、T033、T052、T063 开关保护跳闸灯亮。

1000kVⅡ母第一套母差保护 WMH－800A：

6 时 48 分 14 秒 69ms 第一套母差保护启动

19ms 后差动保护动作

A 相差动电流为 0.003A

B 相差动电流为 0.003A

C 相差动电流为 6.88A。

1000kVⅡ母第二套母差保护 BP－2CS：

6 时 48 分 14 秒 67ms 保护启动

5ms 后差动保护动作

相别 C 相，差动电流 2.33A。

湖安Ⅰ线 T022 开关保护 WDLK－862A 动作情况：

6 时 48 分 14 秒 60ms 保护启动

59ms 后瞬时跟跳三相

A 相电流为 0.029A

B 相电流为 0.042A

C 相电流为 1.365A。

仿真 4 线 T033 开关保护 WDLK－862A：

6 时 48 分 14 秒 61ms 保护启动

54ms 后瞬时跟跳三相

A 相电流为 0.077A

B 相电流为 0.091A

C 相电流为 1.705A。

仿真 6 线 T052 开关保护 WDLK－862A：

6 时 48 分 14 秒 60ms 保护启动

57ms 后瞬时跟跳三相

A 相电流为 0.063A

B 相电流为 0.066A

C 相电流为 2.944A。

仿真 5 线 T063 开关保护 WDLK－862A：

6 时 48 分 14 秒 60ms 保护启动

60ms 后瞬时跟跳三相

A 相电流为 0.030

B 相电流为 0.054A

C 相电流为 1.675A。

4. 故障录波器及局放在线监测动作情况

故障录波器录波功能正常，波形文件上送正常，保信子站可以查看到故障波形。后台监控光字牌动作正常，无异常报文出现。

1000kV GIS 局放在线监测装置检查无异常告警。

五、主要处理步骤

（1）记录时间，清除音响。

（2）在故障后 5min 内值长将收集的各开关跳闸等情况简要汇报调度、领导。

（3）记录光字牌并核对正确后复归。

（4）根据所跳开关及监控后台信号等，初步判断故障范围。

（5）派一组运维人员到一次现场实地检查：1000kV Ⅱ 母相关设备、湖安 Ⅰ 线 T022 开关、仿真 4 线 T033 开关、仿真 6 线 T052 开关、仿真 5 线 T063 开关的实际位置及外观检查、SF_6 气体压力、机构储能情况等，检查汇控柜内电气指示等信号。对 1000kV Ⅱ 母线红外测温，同时检查 1000kV Ⅱ 母线局放有无告警。

（6）派另一组运维人员到二次现场检查保护动作情况，记录保护动作信号并核对正确后复归各保护及跳闸出口单元及其信号，打印故障录波并分析。

（7）根据保护动作信号及现场一次设备检查情况，判断为 1000kV Ⅱ 母 C 相发生接地故障，相关保护正确动作，开关跳开，切除故障。

（8）在故障后 15min 内，值长将故障详情汇报调度及站部管理人员。

（9）隔离故障点及处理：

1）将湖安 Ⅰ 线 T022 开关、仿真 4 线 T033 开关、仿真 6 线 T052 开关、仿真 5 线 T063 开关从热备用改为冷备用。

2）1000kV Ⅱ 母线从冷备用改为检修。

3）对 1000kV Ⅱ 母线进行红外测温及局放信息查询，对母线相关气室取 SF_6 气体进行组分分析。

4）最终确定出故障点存在于 T0522 闸刀 C 相与预留 T0532 闸刀 C 相间气室内。拉开预留 T0532 闸刀，将故障气室隔离。

5）1000kV Ⅱ 母线从检修改为冷备用。

6）将湖安 Ⅰ 线 T022 开关、仿真 4 线 T033 开关、仿真 5 线 T063 开关从冷备用改为运行，恢复 1000kV Ⅱ 母线运行。

（10）做好记录及汇报缺陷等。

（11）对故障气室进行分解检查。

》案例五：1000kV 仿真 5 线 A 相线路单相故障

一、设备配置及主要定值

1. 仿真 5 线间隔一次设备配置

T062 开关：GIS 组合电器，型号 ZF15－1100，带合闸电阻，两断口，额定电压 1100/$\sqrt{3}$ kV，额定开断电流 63kA。

T063 开关：GIS 组合电器，型号 ZF15-1100，带合闸电阻，四断口，额定电压 1100/$\sqrt{3}$ kV，额定开断电流 63kA。

2. 仿真 5 线间隔二次设备配置

仿真 5 线第一套线路保护屏：南瑞继保 PCS-931GM 线路保护装置 + PCS-925G 过电压及远跳就地判别装置。

仿真 5 线第二套线路保护屏：北京四方 CSC-103B 线路保护装置 + CSC-125A 过电压及远跳就地判别装置。

T062、T063 开关保护屏：许继电气 WDLK-862A/P 保护装置 + ZFZ-822/B 操作箱。

3. 主要定值

（1）开关保护 WDLK-862A 中的充电保护、三相不一致保护均停用，失灵投跳，重合闸置单重方式，中开关时间为 1.3s，边开关时间为 1.0s。

（2）第一套线路保护 PCS-931GM 差动动作电流定值为 0.28A，反时限零流为 0.13A，距离一、二段经振荡闭锁，TA 变比为 3000A/1A。线路全长 162.6kM。

（3）第二套线路保护 CSC-103B 差动动作电流定值为 0.4A，零序差动定值为 0.28A，反时限零流为 0.13A，距离一、二段经振荡闭锁，TA 变比为 3000A/1A。

二、前置要点分析

1. 真实案例回顾

本案例为仿真变电站原型变电站 2014 年 7 月 15 日发生的实际故障案例，具体情况回顾如下：

（1）保护动作情况。

04:02:10::110　仿真 5 线第二套线路保护启动。

04:02:10::112　仿真 5 线第一套线路保护启动。

04:02:10::123　仿真 5 线第一套差动保护 A 相动作出口。

04:02:10::125　仿真 5 线第二套差动保护 A 相动作出口。

04:02:10:::129　仿真 5 线第二套线路保护接地距离 Ⅰ 段动作出口。

04:02:10::135　仿真 5 线第一套线路保护接地距离 Ⅰ 段动作出口。

04:02:10::158　T063 开关保护瞬时跟跳 A 相。

04:02:10::162　T062 开关保护瞬时跟跳 A 相。

04:02:11::226　T063 开关保护重合闸出口。

04:02:11::268　T063 开关 A 相合闸。

04:02:11::524　T062 开关保护重合闸出口。

04:02:11::623　T062 开关 A 相合闸。

（2）故障电流及测距。

故障电流 7.635kA，故障距离 70.9km（线路全长 162.6km）。

（3）原因分析：

结合当时天气情况，初步判断为仿真 5 线（全长 162.6km）距仿真站 70.9km 处 A 相发生瞬时接地故障，线路保护动作跳故障相，跳开后故障消失，随后 T062、T063 开关保护重合闸相继动作，重合成功。

（4）巡线结果：

7月15日下午15时30分，输电部门组织登杆人员对136～163号线路开展登杆检查。最终在149号耐张塔上相（A相）跳线上发现故障点，跳线及复合绝缘子跳串导线侧均压环上有两处明显的放电融斑，塔身及地面上检查无任何残留物，对线路长期运行无影响。故判断149号为故障杆塔。如图4-30～图4-32所示。

图4-30　149号塔上相（A相）跳线复合绝缘子均压环放电痕迹（远照）

图4-31　149号塔上相（A相）跳线复合绝缘子均压环放电痕迹（近照）

图 4-32　149 号塔上相（A 相）跳线上子导线上放电痕迹

2. 油压低闭锁重合闸

仿真变电站 1000kV GIS 曾经多次发生在开关油泵打压的同时报出油压低闭锁重合闸的异常现象，后经对现场试验发现油泵启泵值与闭锁重合闸的设定值在一定范围内存在重叠，这个异常导致油泵启动时发生线路单相故障时，将不能正常重合。

实例：从 2014 年 9 月 25 日～10 月 19 日，仿真变电站相继出现 5 次"1000kV 开关油压低闭锁重合闸与油泵启动同时出现，闭重信号几秒后复归"的异常现象。如果在油压低闭锁重合闸的短短几秒内，线路发生单相故障进行重合，那么重合闸将会不成功，这将极大影响系统供电的可靠性。针对此现象，跟踪统计表见表 4-18。

表 4-18　统　计　表

开关名称	次数	出现日期	动作时间	复归时间	持续时间
T032	2	2013.09.25	03:27:19	03:27:29	10s
		2013.10.16	02:11:02	02:11:12	10s
T021	2	2013.10.15	15:22:46	15:22:52	6s
		2013.10.16	03:57:49	03:57:54	5s
T022	1	2013.10.03	05:50:25	05:50:31	6s

2013 年 9 月 25 日 03 时 27 分，监控后台收到"2 号主变/仿真 4 线 T032 开关油泵启动动作"和"2 号主变/仿真 4 线 T032 开关油压低闭锁重合闸动作"信号，经过 10s 341ms 后油压低闭锁重合闸信号复归，经过 28s 377ms 后油泵启动复归。小室检查发现 T032 开关测控及开关保护该时刻确有收到油压低闭锁重合闸开入；现场检查开关机构内三相油压正常，均在 33MPa 左右，判断开关可以继续运行。

9 月 26 日，结合仿真 4 线高抗 A 相高压侧套管压力表更换，将 T032 开关改检修进行了此类缺陷的处理。经分析，后台出现报文的主要原因为：T032 开关 B 相第二路油泵的启动闭锁压力值与重合闸闭锁压力值非常接近；由于回路闭锁接点采用机械式，当温度变化时机械温度可能存在不一致，从而造成重合闸闭锁接点先闭锁，油泵启动闭锁接点后闭锁的情况，调整相应定值整定螺丝后恢复正常。

三、事故前运行工况

仿真变电站正常运行方式。1000kV 仿真 5 线、仿真 6 线、湖安 I 线、仿真 4 线运行，T021、T022、T031、T032、T033、T051、T052、T061、T062、T063 开关运行；仿真 5 线、仿真 6 线负荷分别为 577MW 和 575MW。设备健康状况良好，故障前未有检修工作。

四、主要事故现象

1. 后台监控现象

（1）监控系统事故音响、预告音响。

（2）主接线画面状态变化：

1）T062 开关实心闪光。

2）T063 开关实心闪光。

（3）潮流变化。

1）仿真 5 线 U_a、U_b、U_c 正常。

2）仿真 5 线三相潮流正常。

（4）光字牌状态变化：

1）"仿真 5 线第一套保护动作""仿真 5 线第二套保护动作"光字亮。

2）"仿真 5 线 T063 开关第一组跳闸出口""4 号主变/安塘线 T062 开关第一组跳闸出口""仿真 5 线 T063 开关第二组跳闸出口""4 号主变/安塘线 T062 开关第二组跳闸出口"光字亮。

3）"仿真 5 线 T063 开关间隔事故总信号""4 号主变/安塘线 T062 开关间隔事故总信号"光字亮。

4）"仿真 5 线 T063 开关重合闸动作""4 号主变/安塘线 T062 开关重合闸动作"光字亮。

5）"仿真 5 线 T063 开关失灵或跟跳动作""4 号主变/安塘线 T062 开关失灵或跟跳动作"光字亮。

6）全站故障录波器动作光字亮。

2. 一次现场设备动作情况

（1）4 号主变压器/安塘线 T062 开关三相在分闸位置。

（2）仿真 5 线 T063 开关三相在分闸位置。

（3）仿真 5 线线路避雷器 A 相指针读数正常，避雷器动作 1 次，BC 相读数正常，未动作。

（4）仿真 5 线站内其余设备检查无异常。

3. 保护动作情况

（1）在仿真 5 线第一套保护屏，PCS－931GM 保护装置面板上跳 A、跳 B、跳 C 红灯亮，自保持。

装置液晶上故障报文信息：

0000ms 保护启动动作

0011ms　纵联差动保护动作　A　　动作

0023ms　距离Ⅰ段动作　A　　动作

0060ms　纵联差动保护动作复归

0060ms　距离Ⅰ段动作复归

7072ms　保护启动复归

故障相电压 22.21V

故障相电流 2.67A

故障测距 73.00kM

故障相别 A

（2）在仿真 5 线第二套保护屏，CSC－103B 保护装置面板上跳 A、跳 B、跳 C 红灯亮，自保持。

装置液晶上故障报文信息：

3ms　保护启动

15ms　纵联差动保护动作

15ms　分相差动动作

ICDa ＝　2.000A

ICDb ＝　0.005 3A

ICDc ＝　0.005 3A

跳 A 相

19ms　接地距离Ⅰ段动作　动作

X ＝　4.125Ω

R ＝　0.304 7Ω

跳 A 相

IA ＝　4.688A

IB ＝　0.016 0A

IC ＝　0.005 3A

35ms　故障测距

L ＝　71.50kM

A 相

6286ms　故障测距

L ＝　71.50kM

A 相

6286ms　测距阻抗

X ＝ 4.063Ω

R ＝ 0.114 7Ω

A 相

6286ms　故障相电流

IA ＝ 2.734A

IB ＝ 0.186 5A

IC = 0.101 1A

6286ms 故障相电压

UA = 22.50V

UB = 61.50V

UC = 61.00V

72ms 接地距离Ⅰ段动作 复归

X = 4.125Ω

R = 3047Ω

A 相

跳 A 相

72ms 分相差动动作

ICDa = 2.000A

ICDb = 0.005 3A

ICDc = 0.005 3A

跳 A 相

72ms 纵联差动保护动作

故障持续时间：6286ms

（3）T062 开关保护屏，WDLK - 862A 面板上灯的情况，WDLK - 862A 装置液晶上故障报文信息：

1）面板灯状态见表 4 - 19。

表 4 - 19   面板灯状态

CPU1 运行	点亮	跳闸	点亮
CPU2 运行	点亮	失灵动作	熄灭
告警	熄灭	重合	熄灭
TV 断线	熄灭	充电投入	熄灭
重合允许	点亮		

2）保护报文：

0ms 保护启动动作

1416ms 保护启动复归

故障持续时间：1416ms

160ms 启动动作

188ms A 相跳闸开入动作

195ms A 相跳位动作

212ms A 相跳闸开出动作

217ms A 相跳闸开出复归

263ms A 相跳闸开入复归

（4）T063 开关保护屏，WDLK - 862A 面板上灯的情况，WDLK - 862A 装置液晶上故

障报文信息：

1）面板灯状态见表 4-20。

表 4-20　　　　　　　　　　　　面 板 灯 状 态

CPU1 运行	点亮	跳闸	点亮
CPU2 运行	点亮	失灵动作	熄灭
告警	熄灭	重合	熄灭
TV 断线	熄灭	充电投入	熄灭
重合允许	点亮		

2）保护报文：

0ms　保护启动动作

1118ms　保护启动复归

故障持续时间：1118ms

160ms　启动动作

187ms　A 相跳闸开入动作

207ms　A 相跳闸开出动作

208ms　A 相跳位动作

225ms　A 相跳闸开出复归

265ms　A 相跳闸开入复归

（5）T062 开关 ZFZ-822 操作箱，第一组跳闸回路 A 相跳闸 I、B 相跳闸 I、C 相跳闸 I 灯和第二组跳闸回路 A 相跳闸 II、B 相跳闸 II、C 相跳闸 II 灯亮。

（6）T063 开关 ZFZ-822 操作箱，第一组跳闸回路 A 相跳闸 I、B 相跳闸 I、C 相跳闸 I 灯和第二组跳闸回路 A 相跳闸 II、B 相跳闸 II、C 相跳闸 II 灯亮。

（7）故障录波器动作情况，全站故障录波器启动，有录波文件。

五、主要处理步骤

（1）记录时间，清除音响。

（2）故障发生后 5min 内，将故障时间、故障设备、开关位置等信息汇报网调，站长（副站长）、运维管理单位。

（3）安排人员监视相关设备潮流情况，抄录监控后台光字、信号等重要信息。重点检查监控后台故障线路三相电压是否正常。如电压正常、潮流也正常，进一步观察光字信号，判断是否为重合成功。（如果故障相电压明显低于非故障相电压水平（三相不平衡达到 30% 以上）或者三相电压均接近于 0，则需结合避雷器泄露电流表读数，综合判断线路是否可能存在永久性接地故障。）

（4）根据所跳开关及监控后台信号等，初步判断故障范围。

（5）安排人员检查一次设备情况：T062、T063 开关的实际位置及外观检查、SF₆ 气体压力、弹簧机构储能情况等，并检查站内仿真 5 线线路保护范围内设备（包括线路压变、避雷器）及仿真 5 线高抗。检查时携带红外测温仪，对可能故障设备进行红外测温，排查是否 GIS 内部故障。重点检查故障相的 GIS 气室、分支母线、避雷器、电压互感器、高抗等设备外观是否正常。

（6）安排另一组人员检查继保小室内故障线路保护、开关保护和重合闸动作情况，并打印保护动作报告和录波波形。查看故障录波器，打印故障录波图及故障分析报告，查看行波测距装置测距报告，综合分析判断故障原因及保护动作行为。

（7）根据保护动作信号及现场一次设备检查情况，判断为仿真 5 线 A 相故障 T062、T063 开关 A 相跳闸，重合成功。

（8）故障发生后 15min 内，将现场一次设备外观检查情况、二次设备动作详细情况汇报网调，公司管理部门。

（9）安排人员检查故障线路相关 GIS 气室局放告警情况。安排人员检查在线监测后台故障设备间隔相关 GIS 气室的压力变化情况，判断气室压力是否有明显异常，进一步排除站内故障可能性。

（10）若保护、故障录波器、行波测距等装置的故障测距值接近于 0，应重点检查是否为站内设备故障。

（11）做好相关记录。

》 案例六：500kV 仿真 5827 线 B 相永久接地故障

一、设备配置及主要定值

1. 一次设备配置

仿真 5827 线 500kV GIS 组合电器型号为 ZF15-550，由新东北电气集团高压开关有限公司生产，主要元件包括开关、电流互感器、隔离开关、接地开关、母线、波纹管、进出线套管、汇控柜等基本设备单元。

500kV GIS 开关为双断口结构，采用液压碟簧操动机构，开关气室 SF$_6$ 额定压力为0.6Mpa，报警压力为 0.55Mpa，闭锁压力为 0.5Mpa，电流互感器、隔离开关、接地开关、进出线套管、母线及分支母线等其他气室 SF$_6$ 额定压力为 0.5Mpa，报警压力为0.45Mpa。

500kV GIS 套管采用意大利 P&V 公司产品，500kV 线路接地闸刀采用电动弹簧操动机构的快速接地闸刀，开关两侧接地闸刀采用电动操作机构的检修接地闸刀。

500kV 避雷器由抚顺电瓷制造有限公司生产，电压互感器由桂林电力电容器有限公司生产。

2. 二次设备配置

仿真 5827 线线路保护采用双重化配置，第一套保护采用北京四方的 CSC-103A 线路保护装置、CSC-125A 远方跳闸就地判别装置，配以 JFZ-511J Lockout 继电器；第二套保护采用国电南自的 PSL603UW 线路保护装置、SSR530U 远方跳闸就地判别装置，配以 PCX Lockout 继电器。

仿真线 5031 开关和仿真线 5032 开关保护采用单套相同配置，采用许继电气的 WDLK-862A/P 保护装置，配以 ZFZ-822/B 操作继电器箱、ZFZ-811/D Lockout 继电器箱，用于开关失灵保护延时段出口保持。

二次设备配置表及保护屏技术参数见表 4-21～表 4-25。

表 4-21　　　　　　　　　仿真 5826 线间隔二次设备配置表

序号	屏柜名称	保护装置命名	装置型号
1	仿真 5827 线第一套线路保护屏	仿真 5827 线第一套线路保护装置	CSC-103A
2		仿真 5827 线第一套远方跳闸就地判别装置	CSC-125A
3		Lockout 继电器箱	JFZ-511J
4	仿真 5827 线第二套线路保护屏	仿真 5827 线第二套线路保护装置	PSL603UW
5		仿真 5827 线第二套远方跳闸就地判别装置	SSR530U
6		Lockout 继电器箱	PCX
7	仿真线 5031 开关保护屏	仿真线 5031 开关保护装置	WDLK-862A/P
8		仿真线 5031 开关操作箱	ZFZ-822/B
9		仿真线 5031 开关保护 Lockout 继电器	ZFZ-811/D
10	仿真线 5032 开关保护屏	仿真线 5032 开关保护装置	WDLK-862A/P
11		仿真线 5032 开关操作箱	ZFZ-822/B
12		仿真线 5032 开关保护 Lockout 继电器	ZFZ-811/D

表 4-22　　　　　　　　仿真 5827 线第一套线路保护屏技术参数

装置型号	保护名称		动作后果
CSC-103A	主保护	分相电流差动保护	跳开本侧线路开关，启动中央报警、故障录波
		零序电流差动保护	
	后备保护	三段式距离保护	
		零序保护	
CSC-125A	远方跳闸就地判别装置		
JFZ-522J	Lockout 继电器箱		远方跳闸就地判别装置跳闸出口自保持

表 4-23　　　　　　　　仿真 5827 线第二套线路保护屏技术参数

装置型号	保护名称		动作后果
PSL603UW	主保护	分相电流差动保护	跳开本侧线路开关，启动中央报警、故障录波
		零序电流差动保护	
	后备保护	三段式距离保护	
		零序保护	
SSR530U	远方跳闸就地判别装置		
PCX	Lockout 继电器箱		远方跳闸就地判别装置跳闸出口自保持

表 4-24　　　　　　　　仿真线 5031 开关保护屏技术参数

装置型号	保护名称	动作后果
WDLK-862A/P	失灵保护	瞬时跟跳本开关，延时三跳本开关及相邻开关三相，启动线路远方跳闸、母差保护出口或主变联跳三侧出口，闭锁开关重合闸，启动中央报警、故障录波
	重合闸	单跳单重
	充电保护	停用
ZFZ-822/B	开关操作箱	本开关分合闸控制回路
ZFZ-811/D	Lockout 继电器箱	失灵保护延时段出口自保持

表 4-25   仿真线 5032 开关保护屏技术参数

装置型号	保护名称	动作后果
WDLK-862A/P	失灵保护	瞬时跟跳本开关，延时三跳本开关及相邻开关三相，启动线路远方跳闸、母差保护出口或主变联跳三侧出口，闭锁开关重合闸，启动中央报警、故障录波
	重合闸	单跳单重
	充电保护	停用
ZFZ-822/B	开关操作箱	本开关分合闸控制回路
ZFZ-811/D	Lockout 继电器箱	失灵保护延时段出口自保持

3. 主要定值

500kV 线路保护以分相电流差动作为主保护，后备保护均采用多段式的相间距离和接地距离保护，为反应高阻接地故障，每套装置内还配置一套反时限或定时限的零序电流方向保护。两套线路保护，分别由不同的直流电池组供电，双重化配置的线路主保护、后备保护、远方跳闸就地判别装置的交流电压回路、电流回路、直流电源、开关量输入、跳闸回路、远方跳闸和远方信号传输通道均彼此完全独立，且相互间无电气联系。双重化配置的线路保护每套保护具有独立的分相跳闸出口，且仅作用于开关的一组跳闸线圈，线路保护跳闸经开关操作箱出口跳相应的开关。

仿真 5827 线第一、二套线路保护均采用双通道方案，通道 A 和通道 B 均为复用 2M。距离一、二段经振荡闭锁。保护装置主要定值见表 4-26 和表 4-27。

表 4-26   仿真 5827 线第一套线路保护装置主要定值

内 容	定值	内 容	定值
线路长度	57.2kM	TA 断线差流定值	0.63a
TV 变比	500/0.1kV	接地距离 I 段定值	8.46ohm
TA 变比	4000A/1a	相间距离 I 段定值	8.46ohm
突变量电流定值	0.1a	接地距离 II 段定值	18.12ohm
零序差动电流定值	0.31a	相间距离 II 段定值	18.12ohm
差动电流高定值	0.45a	接地距离 II 段时间	1.2s
差动电流低定值	0.31a	相间距离 II 段时间	1.2s

表 4-27   仿真 5827 线第二套线路保护装置主要定值

内 容	定值	内 容	定值
线路长度	57.2kM	接地距离 II 段时间	1.2s
TV 变比	500/0.1kV	相间距离 II 段时间	1.2s
TA 变比	4000A/1a	零序反时限电流定值	0.1a
变化量启动电流定值	0.1a	零序反时限时间	0.4s
零序启动电流定值	0.1a	零序反时限最小时间	1s

内　容	定值	内　容	定值
差动动作电流定值	0.18a	零序过流加速段定值	0.2a
TA 断线差流定值	0.63a	TA 断线闭锁差动	0
快速距离阻抗定值	7.57ohm	Ⅱ段保护闭锁重合闸	1
接地距离Ⅰ段定值	8.41ohm	多相故障闭锁重合闸	1
相间距离Ⅰ段定值	8.41ohm	禁止重合闸	1
接地距离Ⅱ段定值	19.23ohm	零序反时限	1
相间距离Ⅱ段定值	19.23ohm		

　　每套分相电流差动保护均具有远方跳闸功能，为了保证远方跳闸的可靠性，配置就地故障判别装置，装置分别装于两面保护屏内。仿真 5827 线第一套远方跳闸就地判别采用低功率判据，通道一投入，通道二退出，收信逻辑采用"二取一"方式。第二套远方跳闸就地判别装置采用低有功加过电流判据，收信采用单通道收信方式。装置主要定值见表 4-28 和表 4-29。

表 4-28　　　　　　　　仿真 5827 线第一套远方跳闸就地判别装置主要定值

内容	定值	内容	定值
TV 变比	500/0.1kV	低功率元件	1
TA 变比	4000A/1a	二取一收信方式	1
低有功功率	1.5W	远方跳闸保护	1
远跳经故障判据时间	0.04s		

表 4-29　　　　　　　　仿真 5827 线第二套远方跳闸就地判别装置主要定值

内容	定值	内容	定值
TV 变比	500/0.1kV	低有功功率	1.5W
TA 变比	4000A/1a	远跳经故障判据时间	0.02s
电流变化量定值	0.1a	低电流过电流启动	1
过电流定值	0.1a	远方跳闸不经故障判据	0

　　仿真线 5031 开关和仿真线 5032 开关保护仅采用断路器失灵保护（包含跟跳本断路器功能）和重合闸功能，不一致保护、死区保护、充电过流保护均不用。开关失灵保护动作，瞬时再跳本开关故障相，经 200ms 延时三跳本开关及相邻开关。重合闸置单重方式，5031 开关重合闸时间为 0.7s，5032 开关重合闸时间为 1s。开关三相不一致保护采用开关本体保护，5031 开关本体三相不一致保护时间整定 2s，5032 开关本体三相不一致保护时间整定为 3.5s。主要定值见表 4-30 和表 4-31。

表 4-30　　　　　　　仿真线 5031 开关保护装置主要定值

内容	定值	内容	定值
TV 变比	500/0.1kV	TA 变比	4000A/1a
变化量启动电流定值	0.1a	失灵三跳本断路器时间	0.2s
零序启动电流定值	0.1a	失灵跳相邻断路器时间	0.2s
失灵保护相电流定值	0.15a	单相重合闸时间	0.7s
失灵保护零序电流定值	0.15a	三跳失灵高定值	0.4a
失灵保护负序电流定值	0.1a	跟跳本断路器	1

表 4-31　　　　　　　仿真线 5032 开关保护装置主要定值

内容	定值	内容	定值
TV 变比	500/0.1kV	TA 变比	4000A/1a
变化量启动电流定值	0.1a	失灵三跳本断路器时间	0.2s
零序启动电流定值	0.1a	失灵跳相邻断路器时间	0.2s
失灵保护相电流定值	0.15a	单相重合闸时间	1.0s
失灵保护零序电流定值	0.15a	三跳失灵高定值	0.4a
失灵保护负序电流定值	0.1a	跟跳本断路器	1

二、前置要点分析

1. 差动保护

（1）分相电流差动。

光纤分相电流差动保护的基本原理是借助光纤通道，实时地向对侧传递每相电流的采样信息，同时接收对侧的电流采样数据，根据基尔霍夫电流定律，以两端电流的相量和作为继电器的动作电流，相量差作为制动电流，根据一定公式计算来判断线路是否存在故障。

差动保护可以保护线路的全长，但不能作为相邻线路的后备保护，具有天然的选相能力，同时不受系统振荡、非全相运行的影响，可以反映各种类型的故障。

（2）工频变化量差动。

利用线路两端工频变化量的相电流构成差动继电器，不反应负荷电流，只反应故障分量。

（3）零序差动。

利用线路两端的零序电流构成差动继电器，由于反应的是两端零序电流的关系，没有选相功能。零序电流受过渡电阻的影响较小，对于经高过渡电阻接地故障，采用零序差动继电器具有较高的灵敏度。

（4）保护通信（CSC-103A 为例），如图 4-33 所示。

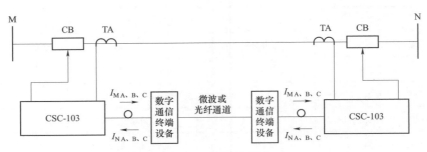

图 4－33　保护通信

上图中 M、N 为两端均装设 CSC－103A 线路保护装置，保护与通信终端设备间采用光缆连接。保护侧光端机装在保护装置的背板上。

CSC－103A 线路保护采用先算后送的方式，两侧电流差动保护对输入的各相电流模拟量，经过同步采样和变换后进行双向传输。

1）差动保护投入指屏上"主保护压板"、压板定值"投主保护压板"和定值控制字"投纵联差动保护"同时投入。

2）"A 相差动元件""B 相差动元件""C 相差动元件"包括变化量差动、稳态量差动Ⅰ段或Ⅱ段、零序差动，只是各自的定值有差异。

3）三相开关在跳开位置或经保护启动控制的差动继电器动作，则向对侧发差动动作允许信号。

4）TA 断线瞬间，断线侧的启动元件和差动继电器可能动作，但对侧的启动元件不动作，不会向本侧发差动保护动作信号，从而保证纵联差动不会误动。TA 断线时发生故障或系统扰动导致启动元件动作，若"TA 断线闭锁差动"整定为"1"，则闭锁电流差动保护；若"TA 断线闭锁差动"整定为"0"，且该相差流大于"TA 断线差流定值"，仍开放电流差动保护。

5）本侧跳闸分相联跳对侧功能：本侧任何保护动作元件动作后立即发对应相远跳信号给对侧，对侧收到联跳信号后，启动保护装置，结合差动允许信号联跳对应相。

2. 距离保护

距离保护是反应线路单端电气量变化的保护，是反应故障点至保护安装地点之间的距离，并根据距离的远近确定动作时间的一种保护装置。主要元件为距离（阻抗）继电器，它可根据其端子上所加的电压和电流的比值，确定故障位置。

由于阻抗继电器的测量阻抗可以反映短路点的远近，所以可以做成阶梯形的时限特性。短路点越近，保护动作的越快；短路点越远，保护动作越慢。距离Ⅰ段保护按躲过本线路末端短路整定，它只能保护本线路的一部分，其动作时间是保护的固有时间，不带延时。第Ⅱ段保护应该可靠保护线路的全长，它的保护范围将延伸到相邻线路上，其定值一般与相邻元件的Ⅰ段进行配合。Ⅲ段保护作为本线路Ⅰ、Ⅱ段的后备，在本线路末端短路要有足够的灵敏度。

3. 重合闸

重合闸为一次重合闸方式，采用单相重合闸。

4. 失灵保护

开关失灵保护可以实现两级跳闸或三级跳闸，当失灵保护收到跳闸信号时，先跟跳本断路器对应相（"跟跳本断路器"功能投入），再判断本断路器是否失灵。若本断路器失灵，则先经延时联跳本断路器三相，如果仍未跳开本断路器则跳开周围相关的所有断路器。

5. 重合闸充、放电逻辑

3/2 接线方式下一条线路相邻两个断路器，通常设定边断路器为先合断路器，中断路器为后合断路器，在边断路器重合到故障线路时保证后中断路器不再重合。断路器先、后合的次序由现场通过重合闸时间定值整定来决定；当先合断路器合于故障线路时，线路保护加速跳闸，后合断路器在延时未到前收到三相跳闸开入时重合闸立即放电。如图 4-34 所示。

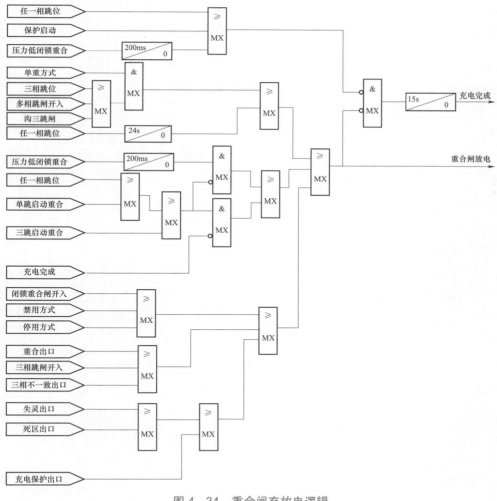

图 4-34　重合闸充放电逻辑

6. 重合闸出口逻辑（如图4-35所示）

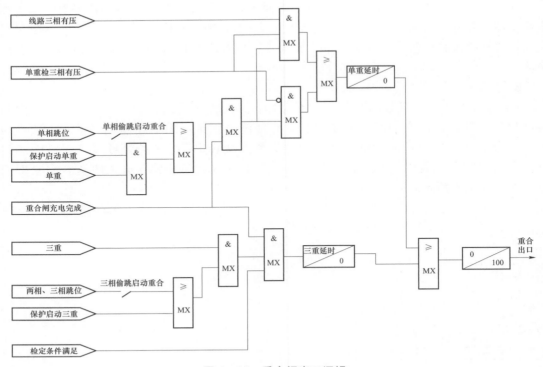

图4-35　重合闸出口逻辑

7. 沟通三跳逻辑（如图4-36所示）

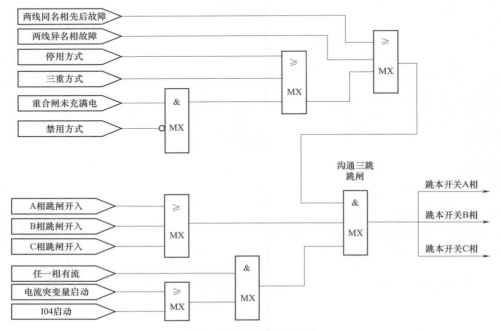

图4-36　沟通三跳逻辑

三、事故前运行工况

仿真变电站 1000kV、500kV、110kV 系统均为正常运行方式，未有检修施工作业。仿真 5827 线、仿真 5828 线事故前负荷分别为 320MW 和 330MW。

现场天气大风，气温 22℃。

四、主要事故现象

1. 后台监控现象

（1）监控系统事故音响、预告音响。

（2）主接线画面状态变化：仿真线 5032、仿真线 5031 开关白色闪光，三相分位。

（3）潮流变化：仿真 5827 线有功、无功降为 0，仿真线 5032、仿真线 5031 开关负荷电流降为 0，仿真 5828 线有功负荷增至 630MW

（4）光字牌信号

1）仿真 5827 线间隔光字牌：

"仿真 5827 线第一套保护动作""仿真 5827 线第二套保护动作"光字亮。

2）仿真线 5031 开关间隔光字牌：

"仿真线 5031 开关失灵保护（跟跳）动作""仿真线 5031 开关保护装置重合闸动作""仿真线 5031 开关保护操作箱重合闸动作""仿真线 5031 开关第一组控制回路断线""仿真线 5031 开关第二组控制回路断线""仿真线 5031 开关油泵启动""仿真线 5031 开关油压低闭锁重合闸"光字亮。

"仿真线 5031 开关间隔事故总信号""仿真线 5031 开关第一组跳闸出口""仿真线 5031 开关第二组跳闸出口"光字红色闪亮。

3）仿真线 5032 开关间隔光字牌：

"仿真线 5032 开关失灵保护（跟跳）动作""仿真线 5032 开关保护装置重合闸动作""仿真线 5032 开关保护操作箱重合闸动作""仿真线 5032 开关第一组控制回路断线""仿真线 5032 开关第二组控制回路断线""仿真线 5032 开关油泵启动""仿真线 5032 开关油压低闭锁重合闸"光字亮。

"仿真线 5032 开关间隔事故总信号""仿真线 5032 开关第一组跳闸出口""仿真线 5032 开关第二组跳闸出口"光字红色闪亮。

4）全站故障录波器动作光字亮。

（5）主要报文信息：

12:32:41.537　仿真 5827 线第二套线路保护启动

12:32:41.539　仿真 5827 线第一套线路保护启动

12:32:41.545　仿真 5827 线第二套差动保护 B 相动作

12:32:41.548　仿真 5827 线第一套纵联差动 B 相动作

12:32:41.571　仿真 5827 线第一套接地距离Ⅰ段 B 相动作

12:32:41.585　仿真线 5031 开关保护瞬时跟跳 B 相

12:32:41.586　仿真线 5032 开关保护瞬时跟跳 B 相

12:32:42.320　仿真线 5031 开关保护重合闸出口

12:32:42.330　仿真线 5031 开关保护沟通三跳

12:32:42.332　仿真 5827 线第一套线路保护三相跳闸

12:32:42.333　仿真 5827 线第二套线路保护三相跳闸

12:32:42.336　仿真线 5032 开关保护闭锁重合闸

12:32:42.336　仿真线 5032 开关保护沟通三跳

12:32:42.360　仿真线 5031 开关 A/B/C 三相分

12:32:42.362　仿真线 5032 开关 A/B/C 三相分

2. 现场一次设备检查

（1）仿真线 5032 开关、仿真线 5031 开关三相分闸位置，间隔内气室压力、开关压力均正常。

（2）仿真 5827 线线路避雷器动作次数均为 0，电压互感器均无异常情况。

（3）仿真 5827 线线路保护范围内所有一次设备外观检查情况正常，无明显放电痕迹。

3. 保护动作情况检查

（1）仿真 5827 线第一套线路保护屏。

CSC－103A 保护装置：

故障时间　　　　2014－7－12 12:32:41:539

3ms　　　保护启动

14ms　　　纵联差动保护动作

14ms　　　分相差动动作

$ICDa = 0.016\ 0A$

$ICDb = 4.563A$

$ICDc = 0.005\ 6$

跳 B 相

770ms　　　纵联差动保护动作

770ms　　　分相差动动作

$ICDa = 0.010\ 6A$

$ICDb = 4.123A$

$ICDc = 0.006\ 6$

跳 ABC 相

故障相电压　　　27.75V

故障相电流　　　1.195A

故障测距　　　　40.9km

故障相别　　　　B 相

（2）仿真 5827 线第二套线路保护屏。

PSL－603 保护装置：

故障时间　2014－7－12 12:32:41:537

2ms　　　保护启动

13ms　　　纵联差动保护动作

13ms　　　分相差动动作

跳 B 相

773ms　　　纵联差动保护动作

773ms　　分相差动动作

跳 ABC 相

故障相电压　　26.75V

故障相电流　　1.215A

故障测距　　42.1km

故障相别　　B 相

（3）仿真线 5031 开关保护屏。

WDLK－862A 保护装置：

故障时间　2014－7－12 12:32:41:538

0000ms　　保护启动

0047ms　　瞬时跟跳 B 相

772ms　　重合出口

776　　沟通三跳出口

（4）仿真线 5032 开关保护屏。

WDLK－862A 保护装置：

故障时间　2014－7－12 12:32:41:537

0000ms　　保护启动

0049ms　　瞬时跟跳 B 相

777ms　　沟通三跳开入

（5）500kV 线路故障录波器屏。

故障录波装置动作，故障分析报告为仿真 5827 线 B 相故障，第一、二套线路保护均正确动作，切除故障相。5031 开关重合闸正确动作，重合于故障，线路保护三相跳闸，5032 开关重合闸被闭锁，未重合。故障波形显示 B 相电流突增，故障电流明显大于 A、C 相负荷电流；B 相电压突减，故障电压明显低于 A、C 相电压；故障测距 41.4km。

五、主要处理步骤

（1）记录故障时间，清除音响。

（2）详细记录跳闸断路器编号及位置（可以拍照或记录），记录相关运行设备潮流，现场天气情况。

（3）在故障后 5min 内当值值长将收集到的故障发生的时间、发生故障的具体设备及其故障后的状态、故障跳闸开关及位置，相关设备潮流情况、现场天气等信息简要汇报调度、运维管理单位、站部管理人员。

（4）当值值长组织运维人员，分析监控后台重要光字、重要报文，初步判断故障性质及范围，并进行清闪、清光字。

（5）当值值长为事故处理的最高指挥，负责和当值调度、联系；同时合理分配当值人员，安排 1～2 名正值现场检查保护、故录动作情况，并打印相关报告，重点检查线路保护、开关保护动作情况；安排 1～2 名副值现场检查一次设备情况，重点检查线路保护范围内站内一次设备外观情况、相应开关实际位置、外观情况；所有现场检查人员需带对讲机以方便信息及时沟通。

（6）当值值长继续分析监控后台光字、报文（重要光字、报文需要全面，无遗漏），并合现场检查人员及时进行信息沟通，确保双方最新信息能够及时地传递到位，并负责和相关部门联系。

（7）运维人员到一次现场实地重点检查：5031、5032 开关的实际位置及外观检查、SF_6 气体压力、弹簧机构储能情况等，并检查站内仿真 5827 线线路保护范围内设备（包括线路压变、避雷器），并将检查情况及时通过对讲机汇报当值值长。

（8）运维人员到二次现场检查保护动作情况，记录保护动作报文，现场灯光指示（可以拍照或记录），并核对正确后复归各保护及跳闸出口单元信号，打印保护动作及故障录波器录波波形并分析；现场检查时，注意合理利用时间，同时将现场检查情况，特别是故障相别及时通过对讲机汇报当值值长，以方便现场一次设备检查人员更精确地进行故障设备排查和定位。

（9）当值值长汇总现场运维人员一、二次设备检查情况，根据保护动作信号及现场一次设备外观检查情况，判断故障原因为仿真 5827 线 B 相故障，第一、二套线路保护均正确动作，切除故障相。5031 开关重合闸正确动作，重合于故障，线路保护三相跳闸，5032 开关重合闸被闭锁，未重合。

（10）在故障后 15min 内，值长将上述一、二次设备检查、复归情况及故障原因初步判断情况汇报调度、运维管理单位及站部管理人员。

（11）做好记录，填报故障快报。

（12）根据调度指令做好强送或线路改检修操作准备。

>> 案例七：1 号高压站用变压器内部故障

一、设备配置及主要定值

1. 一次设备配置

（1）高压站用变压器：110kV/35kV 常规油浸式三相自冷有载调压变压器。

（2）低压站用变压器：35kV/0.4kV 常规油浸式三相自冷无载调压变压器。

2. 二次设备配置

（1）1 号站用变压器第一套电气量保护：CSC-326FA。

（2）1 号站用变压器第二套电气量保护：CSC-211。

（3）1 号高压站用变压器非电量保护：CSC-336C。

（4）1 号低压站用变压器非电量保护：CSC-336C。

3. 主要定值

（1）低压侧、低压 2 侧后备保护均停用。

（2）高压侧后备保护均停用。

（3）中压侧后备保护仅投入零流 I 段（采用 0.4kV 侧中性点电流，零压闭锁、方向均退出），1 时限跳 1 号站用变压器高、低侧开关，2 时限、3 时限均不用。中性点 TA 变比 2500/1，零流 I 段定值 0.8A，零流 I 段 1 时限 0.6s。

（4）差动保护定值，见表 4-32。

表 4 – 32   CSC – 326FA 差动保护定值

序号	定制名称	范围	定值单位	原整定值	新整定值
1	差动保护控制字	0000 – FFFF	—	—	0033
2	差动速断电流定值	0.5 – 100	A	—	2.3
3	差动保护电流定值	0.1 – 5	A	—	0.14
4	比率制动系数	0.20 – 0.70	—	—	0.5
5	断线开放差动定值	0.2 – 100	A	—	2.3
6	二次谐波制动系数	0.05 – 0.30	—	—	0.15

（5）1 号高压站用变压器非电量保护定值，见表 4 – 33。

表 4 – 33   1 号高压站用变压器非电量保护定值

序号	整定项目	装置相属	定值号	定值单位	新整定值	作用
1	本体重瓦斯	油速	Vbtzws	m/s	1	跳闸
2	本体轻瓦斯	容积	Rbtqws	cm³	261	信号
3	分接重瓦斯	油速	Vfjzws	m/s	1.2	跳闸
4	压力释放	—	—	—	—	信号

（6）1 号低压站用变压器非电量保护定值，见表 4 – 34。

表 4 – 34   1 号低压站用变压器非电量保护定值

序号	整定项目	装置相属	定值号	定值单位	新整定值	作用
1	本体重瓦斯	油速	Vbtzws	m/s	0.98	跳闸
2	本体轻瓦斯	容积	Rbtqws	cm³	293	信号
3	压力释放	—	—	—	—	信号

（7）1 号站用变压器过流保护：TA 变比 100/1，过流保护 Ⅱ 段允许负荷电流 28A，过流 Ⅲ 段、零序各段保护、电流反时限保护、过负荷保护、低周减载、重合闸、低压解列功能均停用。保护定值见表 4 – 35。

表 4 – 35   1 号站用变压器过流保护定值

序号	整定项目	整定范围	定值单位	原整定值	新整定值
1	过流 Ⅰ 段电流	0.05～20In	A	—	1.4
2	过流 Ⅰ 段时间	0.0～32.00	s	—	0.2
3	过流 Ⅱ 段电流	0.05～20In	A	—	0.4
4	过流 Ⅱ 段时间	0.1～32.00	s	—	0.6
5	过流 Ⅲ 段电流	0.05～20In	A	—	0.4
6	过流 Ⅲ 段时间	0.1～32.00	s	—	0.6

二、前置要点分析

1. 站用电采用二级降压

由于若采用一级降压方式，通过 110/0.4kV 变压器直接对 380V 站用负荷供电，虽具有接线简单、可靠性高的优点，但有两个问题：一是目前尚无 110kV 直接降压至 380V 变压器的成熟产品；二是 380V 系统的短路电流可能超过 40kA 与站用变压器阻抗电压有关），造成 380V 设备的选用困难。所以，浙江 3 个特高压变电站的站用电系统均采用二级降压方式，110/35kV，34/0.4kV 两级变压器串联、中间经电缆引接且不设任何开断设备。

2. 高低压站用变压器故障时的动作行为

由于高、低压站用变压器的二级串联变压器之间不设开断设备，因此其中任一台变压器故障均动作于高、低压侧断路器跳闸，即电量保护动作时不区分故障元件。

三、事故前运行工况

晴天，气温 32℃，正常运行方式。设备健康状况良好，正常运行方式。

四、主要事故现象

1. 后台监控现象

（1）监控系统事故音响、预告音响响。

（2）主接线画面状态变化：1 号站用变压器 1144 开关、1 号站用变压器低压开关 1DL 绿色闪光，4DL 开关红色闪光。

（3）光字牌状态变化：

1）1 号站用变压器间隔光字牌点亮：1 号高压站用变 1144 开关事故总信号、1 号站用变低压开关 1DL 开关事故总信号、1 号站用变非电量保护动作、1 号高压站用变 1144 开关操作箱跳闸出口、1 号站用变低压开关 1DL 开关操作箱跳闸出口、1 号站用变保护屏备自投装置动作。

2）0 号站用变压器间隔光字牌点亮：400V（Ⅰ/Ⅲ）母分段开关 4DL 机构弹簧未储能。

2. 一次现场设备动作情况

（1）1 号站用变压器 1144 开关、1 号站用变低压开关 1DL 在跳闸位置。

（2）400V（Ⅰ/Ⅲ）母分段开关 4DL 在合闸位置。

3. 保护动作情况

（1）在 1 号站用电保护屏，JFZ－13T 操作箱液晶上 1DL1 分位灯亮，自保持。

（2）在 1 号站用电保护屏，1 号高压站用变非电量保护 CSC－336C 型装置上跳闸灯亮，自保持。

4. 事故报文信息

重瓦斯跳闸。

五、主要处理步骤

（1）记录故障时间，清除音响。

（2）详细记录跳闸断路器编号及位置（可以拍照或记录），记录相关运行设备潮流，现场天气情况。

（3）在故障后 5min 内当值值长将收集到的故障发生的时间、发生故障的具体设备及其故障后的状态、故障跳闸开关及位置，相关设备潮流情况、现场天气等信息简要汇报调度、运维管理单位、站部管理人员。

（4）当值值长组织运维人员，分析监控后台重要光字、重要报文，初步判断故障性质及范围，并进行清闪、清光字。

（5）当值值长为事故处理的最高指挥，负责和当值调度、联系；同时合理分配当值人员，安排 1～2 名正值现场检查保护、故录动作情况，并打印相关报告，重点检查线路保护、开关保护动作情况；安排 1～2 名副值现场检查一次设备情况，重点检查 1 号站用变压器保护范围内站内一次设备外观情况、相应开关实际位置、外观情况；所有现场检查人员需带对讲机以方便信息及时沟通。

（6）当值值长继续分析监控后台光字、报文（重要光字、报文需要全面，无遗漏），并合现场检查人员及时进行信息沟通，确保双方最新信息能够及时地传递到位，并负责和相关部门联系。

（7）运维人员到一次现场实地重点检查：1144、1DL 开关的实际位置及外观检查、SF_6 气体压力、弹簧机构储能情况等，并检查站内 1 号高压站用变压器保护范围内设备，并将检查情况及时通过对讲机汇报当值值长。

（8）运维人员到二次现场检查保护动作情况，记录保护动作报文，现场灯光指示（可以拍照或记录），并核对正确后复归各保护及跳闸出口单元信号，打印保护动作及故障录波器录波波形并分析；现场检查时，注意合理利用时间，同时将现场检查情况，特别是故障相别及时通过对讲机汇报当值值长，以方便现场一次设备检查人员更精确地进行故障设备排查和定位。

（9）当值值长汇总现场运维人员一、二次设备检查情况，根据保护动作信号及现场一次设备外观检查情况，判断故障原因为 1 号高压站用变压器内部故障，1 号高压站用变压器非电量保护正确动作，切除 1 号站用变压器；备自投正确动作；事故具体原因待油色谱分析结果。

（10）在故障后 15min 内，值长将上述一、二次设备检查、复归情况及故障原因初步判断情况汇报调度、运维管理单位及站部管理人员。

（11）做好记录，填报故障快报。

（12）根据调度指令做好 1 号站用变压器送电或改检修操作准备。

》》案例八：1142 低压电容器爆炸引起差电流保护动作

一、设备配置及主要定值

1. 设备配置

110kV 电容器组由西安 ABB 电力电容有限公司生产,型号为 TBBA110-240000/538AQW 和 TBBA110-240000/556AQW，每组容量为 240Mvar，单星型双桥差接线 12 并 12 串接线方式，为每组并联电容器成套装置由 1 组电容器和 1 组串联电抗器串联组成，串联电抗器主要用于限制谐波、合闸涌流及短路电流。串抗率为 5% 的串联电抗器主要用于限制 3 次谐波，串抗率为 12% 的串联电抗器主要用于限制 3、5 次谐波（串联电抗器的串抗率＝串联电抗器的容量/该组电容器的容量）。

电容器配置许继电气公司的 GDR851-11 型保护，内含 WDR-851/P 保护装置、ZFZ-811/B 分相操作箱、F236 选相合闸装置及打印机。保护装置使用电流速断保护、过电流保护、过电压保护、失压保护和双桥差不平衡电流保护功能。

2. 主要定值

过流保护 TA 变比 1600/1，差电流保护 TA 变比 3/1，额定一次电流 1015.5A。主要定值见表 4-36。

表 4-36   主 要 定 值

序号	定值名称	范围	定值单位	新整定值
1	电流 I 段定值	0.4In～20In	A	3.2
2	电流 I 段时限	0.0s～100s	S	0.2
3	电流 II 段定值	0.1In～20In	A	1.3
4	电流 II 段时限	0.1s～100s	S	0.5
5	低电压定值	2～70V	V	50
6	低电压时限	0.1～100s	S	0.8
7	低压有流闭锁定值	0.04～2In	A	0.32
8	过电压定值	100～160V	V	118
9	过电压时限	0.1～100s	S	9
10	差电流 1 定值	0.1～20In	A	0.37
11	差电流 1 时限	0～100s	S	0.2
12	差电流 2 定值	0.1～20In	A	0.37
13	差电流 2 时限	0～100s	S	0.2

二、前置要点分析

1. 内熔丝

电容器组采用内置熔丝，在电容器组个别元件击穿时，与该元件同一串联段的完好元件将对击穿元件放电，形成一个较大的高频脉冲电流，与击穿元件串联的内熔丝在该电流的作用下以极快的速度（通常远小于微秒级）熔断，使得工频电流还来不及进入击穿元件，就将击穿件从串联段中隔离出来，使得电容器组得以保护并继续运行。其原理图如图 4-37 所示。

电容器组内熔丝保护动作将击穿的元件切除后，电容器组三相之间、同一组的桥臂之间或桥臂分支之间因电容量分布不均产生电压或电流的不平衡，反应电容器内部故障的继电保护就是利用这些不平衡电气量而动作将电容器组切除。电容器内部故障继电保护的动作原理均是由故障电容器在故障时引起的电容变化，使得故障支路与非故障支路之间的电流产生不平衡而动作，所以又称不平衡电流保护。

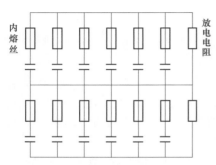

图 4-37   电容器单元内部接线原理图

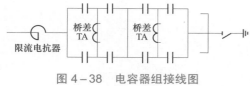

图 4－38　电容器组接线图

2. 电容器组接线

1000kV 特高压仿真站所使用的大容量电容器组，单组总容量大，电容器台数多，因此采用双桥差 12 并 12 串接线方式，每相配置两组桥差 TA，其接线图如图 4－38 所示。

三、事故前运行工况

天气晴，1000kV 母线电压偏低 1025kV（控制电压曲线为 1000－1070kV），500kV 母线电压为 508kV（控制电压曲线为 510～521kV），网调正令：2 号主变压器 42 号电容器从热备用改为运行，合上 2 号主变压器 1142 低容 1142 开关后，事故发生。

四、主要事故现象

1. 后台监控现象

（1）监控后台事故音响、预告音响。

（2）主接线画面状态变化：2 号主变压器 1142 低容 1142 开关三相闪绿。

（3）潮流变化：2 号主变压器 1142 低容电流、无功为零。

（4）光字牌状态变化：2 号主变 1142 低容光字牌点亮：2 号主变 1142 低容保护动作、2 号主变 1142 低容开关操作箱跳闸出口。

2. 一次设备动作情况

（1）2 号主变压器 1142 低容 1142 开关三相确在分闸位置。

（2）2 号主变压器 1142 低容 A 相 1－5 号电容器胀肚，1、4 号漏液，4 号电容器一侧绝缘子断裂，事故时有巨响，并伴有强光。

3. 保护动作情况

2 号主变压器 1142 低容保护屏，WDR－851 保护装置保护跳闸红灯亮。

4. 装置液晶面板上报文信息

差流保护 1 动作，I_a 差电流 1＝0.680A。

五、主要处理步骤

（1）记录时间，清除音响。

（2）在故障后 5min 内值长将收集的各开关跳闸等情况简要汇报调度。

（3）记录光字牌并核对正确后复归。

（4）根据所跳开关及监控后台信号等，初步判断故障范围。

（5）派一组运维人员到一次现场实地检查：2 号主变压器 1142 低容间隔设备情况，开关的实际位置及外观检查、SF_6 气体压力、弹簧机构储能情况等。

（6）派另一组运维人员到二次现场检查保护动作情况，记录保护动作信号并核对正确后复归各保护及跳闸出口单元及其信号，打印故障报告并分析。

（7）根据保护动作信号及现场一次设备检查情况，判断为 2 号主变压器 1142 低容 A 相 4 号电容器爆炸引起相邻电容器故障，电容器差电流保护动作切除故障。

（8）在故障后 15min 内，值长将故障详情汇报调度及站部管理人员。

（9）隔离故障点及处理：

1）2 号主变压器 42 号电容器从热备用改为冷备用；

2）2 号主变压器 42 号电容器从冷备用改为检修。

（10）做好记录及汇报缺陷等。

六、补充说明

电容器检修要对本体及构架充分放电，并挂设接地线。

≫ 案例九：1174 低压电抗器着火过电流保护动作

一、设备配置及主要定值

1. 设备配置

110kV 电抗器由北京电力设备总厂生产，型号为 BKK－80000/110，每组由 6 台电抗器组成，每相由两台电抗器串联组成。

110kV 电抗器保护使用许继电器的 GKB851－11 型保护，内含 WKB－851/P 保护装置、ZFZ－811/B 分相操作箱、F236 选相合闸装置及打印机。110kV 电抗器保护采用电流速断保护和过电流保护功能。

2. 主要定值

保护 TA 变比 1600/1，主要定值见表 4－37。

表 4－37　　　　　　　　　　主　要　定　值

序号	定值名称	范围	定值单位	新整定值
1	电流 I 段定值	0.4～20In	A	4.95
2	电流 I 段时限	0.0～100s	s	0.2
3	电流 II 段定值	0.1～20In	A	1.24
4	电流 II 段时限	0.1～100s	s	0.5

二、前置要点分析

由于特高压变电站 110kV 系统是不接地系统，因此在电抗器内部匝间绝缘破坏发生短路时，由于故障电流小，保护不能及时切除故障，故障点产生电弧并逐渐发展至电抗器着火，过流保护动作切除故障。

特高压站低压侧母线电压 110kV，低抗参数以北京电力设备总厂的低抗 BKK－80000/110 为例，额定电压，额定容量 Q＝80 000kvar（每台），额定电流 1320A，TA 变比 1600/1。每相由两台独立的干式空心电抗器串联组成，两台间距 2.6m。

特高压变电站主变压器低压侧为不接地系统，当低抗匝间短路时，负荷不对称，由于中性点偏移会产生零序电压即 $U_A+U_B+U_C\neq0$，但是零序电压只在三角形内部流通，形成零序环流，零序电压将被零序环流在绕组漏抗上的电压降平衡，不会作用到外电路中去，绕组两端零序电压为零，就是中性点虽然偏移，但是线电压还是对称的，且 $U_{AB}=U'_{AB}$，$U_{BC}=U'_{BC}$，$U_{CA}=U'_{CA}$。

利用 PSCAD/EMTDC 软件进行仿真分析如下：

1000kV 侧等效为大电源，电源电压 1050kV，等值阻抗采用"华东 500kV－1000kV 电网综合阻抗（大方式）"中的安吉 2 号主变压器等值阻抗（ZS^*＝0.128 0∠88.750，SB＝1000MVA，UB＝1050kV），500kV 侧等效为一星形接线大负荷：2000MW＋1000MVar（取自监控后台安吉 2 号主变压器某一时刻 500kV 侧负荷）。仿真模型如图 4－39 所示。

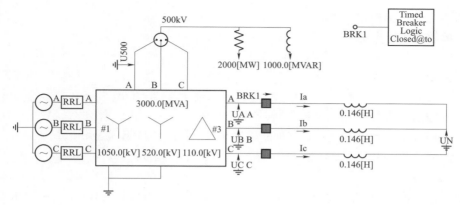

图 4-39 仿真模型

理论计算结果与仿真计算结果比较情况如图 4-40 所示。

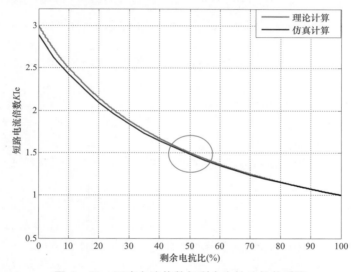

图 4-40 短路电流倍数与剩余电抗比的关系图

理论计算与仿真计算结果基本吻合，最大误差出现在完全匝间短路时，理论计算值 $K=3$，仿真计算值 $K=2.89$，此时误差为 3.5%。

从图 4-41 可以看出，当某相的一台电抗完全匝间短路，即剩余电抗比为 50% 时，故障相短路电流倍数的理论计算结果为 1.5Ie，仿真计算结果为 1.48Ie。

仿真变电站每台主变压器下设有两台低抗，长期运行数据显示：当投入一台时，110kV 母线电压在额定电压 105kV 附近；当投入两台时，110kV 母线电压在 101kV 附近，低压低抗额定运行电压。若此时发生匝间短路，短路电流应小于额定电压时的短路电流。

而低抗保护的最小动作定值为 1.5Ie，当 2 台低抗同时投入或系统原因导致 110kV 母线电压偏低时，某相低抗的一台发生匝间短路，即使 100% 匝间短路，故障电流也会小于 1.5Ie，即保护不会动作。

当匝间短路导致故障相熔断时，故障相电流降为 0，非故障相电流将为倍，电流均小于保护动作电流，保护也不会动作。

三、事故前运行工况

天气晴，4 号主变压器 1174 低抗运行。

四、主要事故现象

1. 后台监控现象

（1）监控后台事故音响、预告音响。

（2）主接线画面状态变化：4 号主变压器 1174 低抗 1174 开关三相闪绿。

（3）潮流变化：4 号主变压器 1174 低抗电流、无功为零。

（4）光字牌状态变化：

4 号主变压器 1174 低抗光字牌点亮：4 号主变 1174 低抗保护动作、4 号主变压器。1174 低抗开关操作箱跳闸出口

2. 一次设备动作情况

（1）4 号主变压器 1174 低抗 1174 开关三相确在分闸位置。

（2）1174 低抗 A 相着火，上端接线头烧断，线圈上部烧熔散垮。

3. 保护动作情况

4 号主变 1174 低抗保护屏，WKB－851/P 保护装置保护跳闸红灯亮。

4. 装置液晶面板上报文信息

过流Ⅱ段保护动作，故障电流 2.75A。

五、主要处理步骤

（1）记录故障时间，清除音响。

（2）详细记录跳闸断路器编号及位置（可以拍照或记录），记录相关运行设备潮流，现场天气情况。

（3）在故障后 5min 内，当值值长将收集到的故障发生的时间、发生故障的具体设备及其故障后的状态、故障跳闸开关及位置，相关设备潮流情况、现场天气等信息简要汇报调度；并安排人员将上述情况汇报设备管理单位、站部管理人员。

（4）当值值长组织运维人员，根据监控后台重要光字、重要报文、开关跳位信息，初步判断故障性质及范围，并进行清闪、清光字。

（5）当值值长为事故处理的最高指挥，负责和当值调度、联系；同时合理分配当值人员，安排 1～2 名正值现场检查保护、故录动作情况，并打印相关报告，重点检查主变压器保护、主变压器故录动作情况；安排 1～2 名副值现场检查一次设备情况，重点检查主变差动保护范围内的一次设备外观情况、相应开关实际位置、外观情况；所有现场检查人员需带对讲机以方便信息及时沟通。

（6）当值值长继续分析监控后台光字、报文（重要光字、报文需要全面，无遗漏），并和现场检查人员及时进行信息沟通，确保双方最新信息能够及时地传递到位，并负责和相关部门联系。

（7）运维人员到一次现场实地重点检查：2 号主变压器 1143 低抗间隔设备情况，开关的实际位置及外观检查、SF_6 气体压力、弹簧机构储能情况等。

（8）运维人员到二次现场检查保护动作情况，记录保护动作报文，现场灯光指示，并核对正确后复归各保护及跳闸出口单元信号，打印保护动作及故障录波器录波波形并分析；

现场检查时，注意合理利用时间，同时将现场检查情况，特别是故障相别及时通过对讲机汇报当值值长，以方便现场一次设备检查人员更精确地进行故障设备排查和定位。

（9）根据保护动作信号及现场一次设备检查情况，判断为 1143 低抗 A 相着火，上端接线头烧断，线圈上部烧熔散垮，过流保护动作切除故障。

（10）组织人员控制火势，并拨打火警电话 119。

（11）在故障后 15min 内，值长将故障详情汇报调度及站部管理人员。

（12）电抗器火熄灭后，隔离故障点及处理：

1）2 号主变压器 43 号低抗从热备用改为冷备用

2）2 号主变压器 43 号低抗从冷备用改为检修

（13）做好记录，填报故障快报及汇报缺陷等。

（14）检修人员到达现场，做好相应安措，并许可相应故障抢修工作票。